住房和城乡建设领域专业人员岗位培训考核系列用书

施工员考试大纲·习题集

（设备安装）

江苏省建设教育协会　组织编写

中国建筑工业出版社

图书在版编目（CIP）数据

施工员考试大纲·习题集（设备安装）/江苏省建设教育协会组织编写．—北京：中国建筑工业出版社，2014.4

住房和城乡建设领域专业人员岗位培训考核系列用书

ISBN 978-7-112-16602-2

Ⅰ．①施…　Ⅱ．①江…　Ⅲ．①建筑工程-工程施工-岗位培训-自学参考资料②房屋建筑设备-设备安装-工程施工-岗位培训-自学参考资料　Ⅳ．①TU7②TU8

中国版本图书馆 CIP 数据核字（2014）第 053518 号

本书是《住房和城乡建设领域专业人员岗位培训考核系列用书》中的一本，依据《建筑与市政工程施工现场专业人员职业标准》编写。全书共分三大部分。第一部分为专业基础知识，分为考试大纲、习题、参考答案；第二部分为专业管理实务，分为考试大纲、习题、参考答案；第三部分为模拟试卷。本书可作为设备安装专业施工员岗位考试的指导用书，又可作为施工现场相关专业人员的实用手册，也可供职业院校师生和相关专业技术人员参考使用。

*　　*　　*

责任编辑：刘　江　岳建光　范业庶
责任设计：张　虹
责任校对：李美娜　刘　钰

住房和城乡建设领域专业人员岗位培训考核系列用书
施工员考试大纲·习题集
（设备安装）
江苏省建设教育协会　组织编写
*
中国建筑工业出版社出版、发行（北京西郊百万庄）
各地新华书店、建筑书店经销
霸州市顺浩图文科技发展有限公司制版
北京圣夫亚美印刷有限公司印刷
*
开本：787×1092 毫米　1/16　印张：14½　字数：347 千字
2014 年 9 月第一版　　2014 年 9 月第一次印刷
定价：**38.00** 元
ISBN 978-7-112-16602-2
（25333）

住房和城乡建设领域专业人员岗位培训考核系列用书

编审委员会

出 版 说 明

为加强住房城乡建设领域人才队伍建设，住房和城乡建设部组织编制了住房城乡建设领域专业人员职业标准。实施新颁职业标准，有利于进一步完善建设领域生产一线岗位培训考核工作，不断提高建设从业人员队伍素质，更好地保障施工质量和安全生产。第一部职业标准——《建筑与市政工程施工现场专业人员职业标准》（以下简称《职业标准》），已于2012年1月1日实施，其余职业标准也在制定中，并将陆续发布实施。

为贯彻落实《职业标准》，受江苏省住房和城乡建设厅委托，江苏省建设教育协会组织了具有较高理论水平和丰富实践经验的专家和学者，以职业标准为指导，结合一线专业人员的岗位工作实际，按照综合性、实用性、科学性和前瞻性的要求，编写了这套《住房和城乡建设领域专业人员岗位培训考核系列用书》（以下简称《考核系列用书》）。

本套《考核系列用书》覆盖施工员、质量员、资料员、机械员、材料员、劳务员等《职业标准》涉及的岗位（其中，施工员、质量员分为土建施工、装饰装修、设备安装和市政工程四个子专业），并根据实际需求增加了试验员、城建档案管理员岗位；每个岗位结合其职业特点以及培训考核的要求，包括《专业基础知识》、《专业管理实务》和《考试大纲·习题集》三个分册。随着住房城乡建设领域专业人员职业标准的陆续发布实施和岗位的需求，本套《考核系列用书》还将不断补充和完善。

本套《考核系列用书》系统性、针对性较强，通俗易懂，图文并茂，深入浅出，配以考试大纲和习题集，力求做到易学、易懂、易记、易操作。既是相关岗位培训考核的指导用书，又是一线专业人员的实用手册；既可供建设单位、施工单位及相关高、中等职业院校教学培训使用，又可供相关专业技术人员自学参考使用。

本套《考核系列用书》在编写过程中，虽经多次推敲修改，但由于时间仓促，加之编者水平有限，如有疏漏之处，恳请广大读者批评指正（相关意见和建议请发送至JYXH05@163.com），以便我们认真加以修改，不断完善。

本书编写委员会

主　　编：罗能镇

副 主 编：徐义明

编写人员：谢上东　刘长沙　陈　静　董巍巍　郝冠男
王海波　余　雷　刘　杰　佘峻锋　占建波
唐传东　杨　志　王健鹏　陈　林　张云华
王世强　马二伟　孙武德　陈武军　王凤君
王升其　夏明军　向天威　何冠锋　黄远强

前　言

为贯彻落实住房城乡建设领域专业人员新颁职业标准，受江苏省住房和城乡建设厅委托，江苏省建设教育协会组织编写了《住房和城乡建设领域专业人员岗位培训考核系列用书》，本书为其中的一本。

施工员（设备安装）培训考核用书包括《施工员专业基础知识（设备安装）》、《施工员专业管理实务（设备安装）》、《施工员考试大纲·习题集（设备安装）》三本，反映了国家现行规范、规程、标准，并以施工工艺技术、施工质量安全为主线，不仅涵盖了现场施工人员应掌握的通用知识、基础知识和岗位知识，还涉及新技术、新设备、新工艺、新材料等方面的知识。

本书为《施工员考试大纲·习题集（设备安装）》分册，全书包括施工员（设备安装）专业基础知识和专业管理实务的考试大纲，以及相应的练习题并提供参考答案和模拟试卷。

本书既可作为施工员（设备安装）岗位培训考核的指导用书，也可供职业院校师生和相关专业技术人员参考使用。

目 录

第一部分

专业基础知识

一、考 试 大 纲

第1章　安装工程识图

1.1　工程图样的一般规定

（1）了解投影的基本原理

（2）了解工程图样的一般规定

1.2　图样的表达方式

（1）了解基本视图

（2）了解剖视图

（3）了解剖面图

1.3　建筑施工图识读

（1）了解建筑施工图的分类和常用图例

（2）了解建筑施工图的识读顺序

1.4　建筑给水排水及采暖图识读

（1）了解建筑给水排水及采暖图的常用图例

（2）了解管道施工图的识读顺序

（3）了解室内给水排水工程施工图的识读顺序

（4）了解采暖工程施工图的识读顺序

1.5　通风与空调工程施工图识读

（1）了解通风与空调工程施工图的概念

（2）了解通风与空调工程施工图的识读顺序

1.6　工程图样编排顺序及综合识读

（1）了解工程图样编排顺序

（2）了解工程图样综合识读

第2章　安装工程测量

2.1　工程测量概述

（1）了解工程测量的原理

2.2　工程测量的程序和方法

（1）熟悉工程测量的程序
（2）熟悉工程测量的方法

2.3　设备基础施工的测量方法

（1）熟悉设备基础施工测量步骤
（2）熟悉连续生产设备安装测量

2.4　管线工程测量方法

（1）熟悉管线工程测量步骤
（2）熟悉管线工程测量方法

2.5　机电末端与装修配合测量定位

（1）了解机电末端与装修配合测量定位的步骤

2.6　测量仪器的使用

（1）熟悉水准仪的使用
（2）熟悉经纬仪的使用
（3）熟悉全站仪的使用
（4）熟悉红外线激光水平仪的使用

第3章　安装工程材料

3.1　通用安装材料

（1）熟悉国内外标准及代号
（2）掌握黑色金属的分类、构成及适用范围
（3）熟悉有色金属的特性及适用范围
（4）掌握管材的选用方法及适用范围
（5）了解管件的规格及特点
（6）掌握阀门的功能及分类
（7）了解焊接材料的选用及特点
（8）熟悉绝热材料的特性及适用范围

3.2 通风空调器材

（1）掌握风管的材料特性
（2）熟悉风口的结构特点及适用范围
（3）了解调节阀的功能
（4）掌握防火阀的控制特点及分类
（5）熟悉消声器的适用特点

3.3 水暖器材

（1）了解卫生陶瓷及配件的分类
（2）掌握消防器材的特点
（3）熟悉水表和转子流量计的适用范围及特点
（4）熟悉压力表的分类及特点
（5）熟悉温度计的分类及特点

3.4 建筑电气工程材料

（1）熟悉电线的分类及适用范围
（2）了解控制、通信、信号机综合布线电缆的组成和特征
（3）掌握电力电缆的功能及使用场所
（4）熟悉母线、桥架的分类及特征

3.5 照明灯具、开关及插座

（1）熟悉照明灯具、开关及插座的分类
（2）了解照明灯具、开关及插座的基本术语及性能参数
（3）掌握照明灯具的功能用途及开关、插座的定义和用途
（4）掌握开关、插座的接线、安装要求

第4章　安装工程常用设备

（1）了解安装工程的分类
（2）熟悉安装工程项目通用机械设备的分类和性能
（3）了解安装工程项目专用设备的分类和性能
（4）熟悉安装工程项目静置设备的分类和性能
（5）熟悉安装工程项目电气设备的分类和性能

第5章　工程力学与传动系统

5.1 力矩和力偶基础理论

（1）掌握力矩概念

（2）掌握力偶基础理论
（3）熟悉力偶系的合成
（4）了解力偶的等效定理

5.2 基本变形与组合变形

（1）掌握杆件的内力分析
（2）熟悉杆件横截面上的应力分析
（3）了解组合变形分析

5.3 压杆稳定问题

（1）了解压杆临界力
（2）了解中柔度杆的临界应力

5.4 传动系统的特点

（1）了解摩擦轮传动的优缺点
（2）了解齿轮传动的优缺点
（3）了解蜗轮蜗杆传动的优缺点
（4）了解带传动的优缺点
（5）了解链传动的优缺点
（6）了解轮系的类型和特点
（7）了解液压传动的组成和优缺点
（8）了解气压传动的组成和优缺点

5.5 传动件的特点

（1）了解轴的分类、材料和特点
（2）了解键的分类、材料和特点
（3）了解联轴器和离合器的分类、材料和特点

5.6 轴承的特性

（1）了解轴承的类型
（2）了解轴承的特性
（3）了解轴承的润滑和密封方式

第6章 起重与焊接

6.1 起重机械基础知识

（1）掌握起重机械分类及使用特点
（2）掌握起重机荷载处理

（3）熟悉起重机的基本参数

6.2 起重机的选用

（1）掌握自行式起重机的选用步骤
（2）掌握桅杆式起重机的选用

6.3 常用吊装方法与吊装方案的编制

（1）熟悉常用的吊装方法
（2）掌握机电工程中常用的吊装方法
（3）掌握吊装方案的编制

6.4 焊接技术基础

（1）熟悉焊接方法和焊接设备
（2）熟悉焊接材料的选用
（3）了解焊接应力与焊接变形

6.5 焊接工艺评定及检测

（1）掌握焊接工艺评定

6.6 焊接检测

（1）熟悉焊接检验方法

第7章 流体力学和热工转换

7.1 流体的物理性质

（1）了解流体力学的研究内容
（2）掌握流体的主要物理性质

7.2 流体机械能的特性

（1）掌握流体静压强特性
（2）熟悉流体力学基本方程
（3）掌握流量与流速

7.3 热力系统工质能量转换关系

（1）了解热力学基本概念
（2）掌握热力学常用参数
（3）掌握热力学第一定律
（4）熟悉热力学第二定律

7.4　流体流动阻力的影响因素

（1）了解流体流动阻力产生的原因
（2）掌握流体流动类型
（3）掌握均匀流沿程水头损失的计算公式
（4）掌握局部水头损失
（5）掌握管路的总阻力损失
（6）掌握管路的经济流速

第8章　电路与自动控制

（1）了解单相电路
（2）了解三相交流电路的连接方法
（3）熟悉变压器的工作特性
（4）了解旋转电机工作特性
（5）熟悉电气设备
（6）掌握自动控制系统类型、组成和自动控制的方式

第9章　安装工程造价基础

9.1　工程定额的种类及计价依据

（1）了解定额的种类
（2）熟悉各类定额的用途
（3）掌握人工定额的计算
（4）了解人工定额及材料消耗定额的测定方法
（5）掌握人工定额的工时消耗分配
（6）掌握机械台班使用定额的计算
（7）掌握机械工作时间消耗的分类
（8）了解江苏省建设工程费用定额及建设工程计价表的内容

9.2　机电工程概预算概述

（1）了解机电工程概预算的性质、作用及分类
（2）了解投资估算的内容
（3）熟悉施工图预算的内容及作用
（4）熟悉施工预算的内容及作用
（5）了解工程结算的方式

9.3　机电工程费用

（1）了解《江苏省安装工程费用计算规则》的主要内容

（2）了解《江苏省安装工程费用计算规则》的适用范围及作用
（3）掌握安装工程费用项目的构成
（4）掌握各项安装工程费用项目的具体内容
（5）掌握各项安装工程费用项目的计算方法
（6）熟悉安装工程类别划分标准
（7）了解工业安装工程一类工程项目

第10章　安装工程专业施工图预算的编制

10.1　安装工程施工图预算的编制、审查与管理

（1）了解施工图预算的概念和作用
（2）了解施工图预算的编制程序
（3）熟悉施工图预算的编制方法
（4）了解施工图预算的审查内容
（5）熟悉施工图预算的审查方法

10.2　电气设备安装工程施工图预算的编制

（1）了解电气照明的方式及常用灯具安装方式
（2）熟悉常用的照明灯具安装高度
（3）了解配管配线的常用方式
（4）熟悉线管选用的原则及绝缘电线与线管的配合
（5）掌握接线盒安装的要求
（6）了解常用的电线电缆
（7）了解配电箱的相关知识
（8）了解防雷接地装置的相关知识
（9）掌握电气设备安装工程量的计算
（10）掌握电气设备安装工程施工图预算的编制

10.3　给水排水工程施工图预算的编制

（1）了解给水排水工程的基本知识
（2）掌握给水排水工程工程量的计算规则
（3）掌握给水排水工程工程量的计算
（4）掌握给水排水工程施工图预算的编制

10.4　供暖工程施工图预算的编制

（1）了解供暖工程的基本知识
（2）掌握供暖工程工程量的计算规则
（3）掌握供暖工程工程量的计算

(4) 掌握供暖工程施工图预算的编制

10.5 燃气安装工程施工图预算的编制

(1) 了解燃气安装工程的基本知识
(2) 掌握燃气安装工程工程量的计算规则
(3) 掌握燃气安装工程工程量的计算
(4) 掌握燃气安装工程施工图预算的编制

10.6 通风与空调施工图预算的编制

(1) 了解通风与空调工程的基本知识
(2) 掌握通风与空调工程工程量的计算规则
(3) 掌握通风与空调工程工程量的计算
(4) 掌握通风与空调工程施工图预算的编制

10.7 刷油、防腐蚀、绝热工程施工图预算的编制

(1) 了解本册定额的基本知识
(2) 熟悉本册定额中主要问题的说明及注意问题
(3) 掌握刷油、防腐蚀、绝热工程工程量的计算规则
(4) 掌握刷油、防腐蚀、绝热工程工程量的计算
(5) 掌握刷油、防腐蚀、绝热工程施工图预算的编制

10.8 工程量清单计价简介

(1) 了解工程量清单的主要意义
(2) 了解《建设工程工程量清单计价规范》GB 50500 的内容
(3) 熟悉工程量清单的编制时应注意的事项
(4) 了解工程量清单计价与施工图预算计价的区别

第11章 法律法规

11.1 建设工程合同的履约管理

(1) 掌握“黑白合同”的形成原因及表现形式
(2) 熟悉目前建设施工合同履约管理中存在的问题
(3) 了解建设施工合同的概念
(4) 了解建设施工合同履约管理的意义和作用

11.2 建设工程履约过程中的证据管理

(1) 掌握证据的特征、分类、种类、保全
(2) 熟悉证据收集及证明过程

（3）了解民事诉讼证据的概念

11.3 建设工程变更及索赔管理

（1）掌握工程索赔的概念及工程索赔应符合的条件

（2）熟悉工程量签证的形式、法律性质，以及签证中应注意的问题

（3）了解工程量的概念、作用及性质

（4）了解工程量签证的概念

11.4 建设工程工期及索赔管理

（1）掌握影响工期的因素、工期索赔的目的及分类

（2）熟悉建设工程竣工日期及实际竣工时间的确定

（3）熟悉顺延工期的基本知识

（4）熟悉建设工程停工的情形

（5）了解工期的概念

11.5 建设工程质量管理办法

（1）掌握影响建设工程质量的因素

（2）熟悉建设工程质量纠纷的处理原则

（3）了解建设工程质量的定义、特点

11.6 建设工程款纠纷的处理

（1）掌握违约金、定金与工程款利息的有关内容

（2）熟悉工程款利息的计付标准、工程款的优先受偿权

（3）了解违约金、定金、订金的概念

（4）了解工程项目竣工结算及其审核的有关内容

（5）了解延迟付款违约金和利息

11.7 建筑施工安全、质量及合同管理相关法律法规节选

（1）掌握《中华人民共和国建筑法》第五条、第十五条、条二十九条中有关建筑施工安全质量及合同管理相关法律法规

（2）掌握《建设工程质量管理条例》第四章、第八章中有关建筑施工安全、质量及合同管理相关法律法规

（3）掌握《建设工程安全生产管理条例》第三条、第四条、第四章、第七章中有关建筑施工安全、质量及合同管理相关法律法规

（4）掌握《安全生产许可证条例》第六条中有关建筑施工安全、质量及合同管理相关的法律法规

（5）掌握《最高人民法院关于审理建设工程施工合同纠纷案件适用法律问题的解释》第一条、第二条、第三条、第四条、第五条、第六条中有关建筑施工安全、质量及合同管理相关法律法规

（6）掌握《中华人民共和国刑法修正案（六）》第 134 条、第 135 条、第 139 条中有关建筑施工安全、质量及合同管理相关法律法规

第 12 章　职业健康与环境

12.1　建设工程职业健康安全与环境管理概述

（1）了解建设工程职业健康安全与环境管理的目的、特点及要求

12.2　建设工程安全生产管理

（1）掌握安全生产责任制度、许可证制度
（2）掌握政府安全生产监督检查制度
（3）掌握安全生产教育培训制度
（4）掌握安全措施计划制度
（5）掌握特种作业人员持证上岗制度
（6）掌握专项施工方案专家论证制度
（7）熟悉危及施工安全工艺、设备、材料淘汰制度
（8）熟悉施工起重机械使用登记制度
（9）熟悉安全检查制度
（10）熟悉生产安全事故报告和调查处理制度
（11）了解“三同时”制度
（12）了解安全预评价制度
（13）了解意外伤害保险制度

12.3　建设工程职业健康安全事故的分类和处理

（1）掌握职业伤害事故的分类
（2）熟悉建设工程安全事故的处理
（3）了解安全事故统计规定

12.4　施工员职业能力标准

（1）了解施工员职业主要工作

12.5　建设工程环境保护的要求和措施

（1）熟悉建设工程施工现场环境保护的措施

（2）了解建设工程施工现场环境保护的要求

12.6 职业健康安全管理体系与环境管理体系

（1）了解职业健康安全管理体系与环境管理体系标准、结构和模式

第13章 职业道德

（1）了解职业道德的基本概念、主要内容、职业道德修养的方法

二、习　题

第1章　安装工程识图

(一) 单项选择题

1. 投影法分为中心投影法和（　　）。

A. 正视图　　B. 斜投影　　C. 正投影　　D. 平行投影法

2. 投影线相互平行的投影法称为平行投影法，按平行投影法得到的投影称为（　　）。

A. 中心投影　　B. 斜投影　　C. 平行投影　　D. 正投影

3. 投影线汇交于一点的投影法称为（　　）。

A. 中心投影法　　B. 斜投影　　C. 平行投影法　　D. 正投影

4. 平行投影法中，投射线与投影面相倾斜时的投影称为（　　）。

A. 中心投影法　　B. 斜投影　　C. 平行投影法　　D. 正投影

5. 在工程制图中，广泛应用的是（　　），它的投影能够反映其物体的真实轮廓和尺寸大小，因此能够方便地表现物体的形体状况。

A. 中心投影法　　B. 斜投影法　　C. 平行投影法　　D. 正投影法

6. 物体的长度由三视图的（　　）同时反映出来，高度由主视图和左视图同时反映出来，宽度由俯视图和左视图同时反映出来。

A. 主视图和左视图　　B. 俯视图和左视图

C. 主视图和俯视图　　D. 俯视图和右视图

7. 图纸幅面，即图纸的基本尺寸，规定有（　　）种。

A. 3　　B. 4　　C. 5　　D. 6

8. A0图纸幅面是A4图纸幅面的（　　）倍。

A. 4　　B. 8　　C. 16　　D. 32

9. 标题栏和明细表用于填写安装项目的名称、图号、数量、材料、比例及责任者的签名和日期等内容。标题栏一般在图纸的（　　）。

A. 左下角　　B. 右下角　　C. 左上角　　D. 右上角

10. 三视图是指（　　）。

A. 中心投影　　B. 斜投影　　C. 多面正投影　　D. 单面正投影

11. 在将形体的结构、尺寸及形状表示清楚的前提下，视图数量应（　　），以便于作图。

A. 6个　　B. 3个　　C. 尽量少　　D. 尽量多

12. 除六个基本视图外，制图标准还规定有局部视图、斜视图、（　　）等，用来表达形体上某些在基本视图上表示不清楚的结构和形状。

A. 后视图　　　B. 旋转视图　　　C. 仰视图　　　D. 左视图

13.（　　）是用假想的剖切平面，在适当的位置剖开形体，移去观察者和剖切平面之间的部分，将其余部分向投影面投影所得的图形。

A. 剖视图　　　B. 旋转视图　　　C. 仰视图　　　D. 左视图

14. 主要轮廓线与水平成45°或接近45°时，则该图上的剖面线应为与水平成（　　）的平行线，但倾斜方向仍应与其他图形的剖面线一致。

A. 90°或30°　　　B. 30°或60°　　　C. 30°或15°　　　D. 60°或15°

15. 用一个剖切平面完全地剖开形体后所得到的剖视图叫做（　　）。

A. 全剖视图　　　B. 局部剖视图　　　C. 半剖视图　　　D. 旋转剖视图

16.（　　）一般配置在箭头所指的方向，并与基本视图保持对应的投影关系，标注为“X—X”剖视。

A. 斜剖视图　　　B. 局部剖视图　　　C. 半剖视图　　　D. 旋转剖视图

17.（　　）是将形体的部分结构用大于原图形所采用的比例画出的图形。

A. 斜剖视图　　　B. 局部放大图　　　C. 半剖视图　　　D. 旋转剖视图

18. 以下图形中属于简画法的是（　　）。

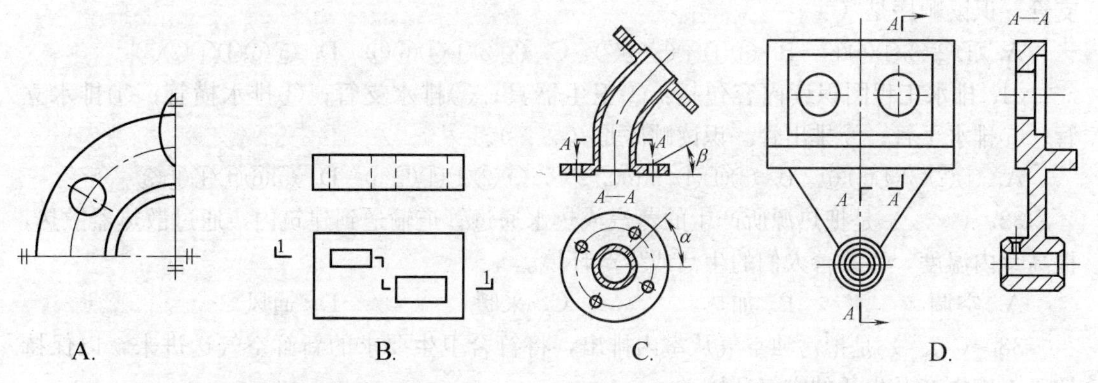

19. 管道工程是由管道组成件和（　　）组成，用以控制介质的流动，管道工程一般分为工业管道和给排水管道两大类。

A. 管道配件　　　B. 管道阀门　　　C. 管道支承件　　　D. 管道支架

20. 工业管道即在生产中输送各种介质的管道；给水排水管道是（　　）、生活用水和消防用水等系统中的管道。

A. 生产用水　　　B. 中水　　　C. 污水　　　D. 气体

21. 管径有时也用英制尺寸表示，如“DN25”相当于公称直径为（　　）的管子。

A. 1/2in　　　B. 3/5in　　　C. 3/4in　　　D. 1in

22. 中、小直径管道一般标注管道中心的标高，排水管等依靠介质的重力作用沿坡度下降方向流动的管道，通常标注管底的标高。大直径管道也较多地采用标注（　　）。

A. 管底的标高　　　B. 管中的标高　　　C. 管顶的标高　　　D. 管内顶的标高

23.（　　）是将管道安装并固定在建（构）筑物上的构件，并对管道有承重、导向和固定作用。

A. 配件　　　B. 管架　　　C. 弯管　　　D. 法兰

24. 识读管道施工图时，一般应按照先整体后局部、(　　)、从粗到细的方式进行。

A. 从小到大　　B. 从前到后　　C. 从大到小　　D. 从外到里

25. ①设计说明、②图样目录、③工艺流程图、④施工要求、⑤设备材料表，一般看图的顺序是(　　)。

A. ①②③④⑤　　B. ②①④③⑤　　C. ②①③④⑤　　D. ②①⑤③④

26. (　　)是表示工艺过程的图样，即工艺流程示意图。

A. 平面图　　B. 剖面图　　C. 流程图　　D. 大样图

27. (　　)是将水由当地供水干管供至建筑物外的线路图。

A. 室外给水系统　B. 室内给水系统　C. 给水系统　　D. 排水系统

28. (　　)把室外给水管网的水输配到建筑物内各种用水设备处，即表示出建筑物内部管线的走向和分布图。

A. 室外给水系统　B. 室内给水系统　C. 给水系统　　D. 排水系统

29. 室外给水排水图的识读内容包括：①管道节点图；②管道纵横剖面图；③平面图。识读顺序是(　　)。

A. ①②③　　B. ②①③　　C. ③②①　　D. ②③①

30. 给水工程图识读内容包括：①立管；②干管；③引入管；④横管；⑤水龙头；⑥支管。识读顺序是(　　)。

A. ①②③④⑤⑥　B. ③①④⑤⑥②　C. ③②①④⑥⑤　D. ⑤⑥④①②③

31. 排水工程图识读内容包括：①卫生器具；②排水支管；③排水横管；④排水立管；⑤排水干管；⑥排出管。识读顺序是(　　)。

A. ①②③④⑤⑥　B. ③①④⑤⑥②　C. ③②①④⑥⑤　D. ⑤⑥④①②③

32. (　　)是把热源所产生的蒸汽或热水通过管道输送到建筑内，通过散热器散热，提高室内温度，以改善人们的生活或生产环境。

A. 空调　　B. 加热　　C. 采暖　　D. 通风

33. (　　)是把污浊空气从室内排出，将符合卫生要求的新鲜空气送进来，以保持适于人们生产及生活的空气环境。

A. 空调　　B. 排风　　C. 送风　　D. 通风

34. (　　)是采用人工方法，创造和保持某一特定空间的空气温度、湿度、清洁度和空气流动速度，以满足一定要求的空气环境。

A. 空气调节　　B. 排风　　C. 送风　　D. 通风

35. 电气原理图阅读分析的步骤包括：

①分析主电路；②分析控制电路；③分析辅助电路；④分析联锁与保护环节；⑤综合分析。正确的步骤顺序是(　　)。

A. ①②③④⑤　　B. ②①④③⑤　　C. ②①③④⑤　　D. ②①⑤③④

36. (　　)是能够实现多台电动机启动、运动的相互联系又相互制约的控制电路。

A. 正反转控制电路　　B. 联锁控制电路

C. 点动控制电路　　D. 降压起动控制电路

37. 异步电动机在起动时要产生较大的起动电流，使系统供电电压降低，从而会影响其他设备正常工作，所以一般较大的电动机多采用(　　)。

A. 降压启动　　B. 升压启动　　C. 常压启动　　D. 降电流

38. 在电气工程图中导线的敷设部位一般要用文字符号进行标注，其中CC表示（　　）。

A. 暗敷设在梁内　　B. 暗敷设在柱内

C. 暗敷设在地面内　　D. 暗敷设在顶板内

39. 在电气工程图中导线的敷设部位一般要用文字符号进行标注，其中CLC表示（　　）。

A. 暗敷设在梁内　　B. 暗敷设在柱内

C. 暗敷设在地面内　　D. 暗敷设在顶板内

40. 在电气工程图中导线的敷设部位一般要用文字符号进行标注，其中BC表示（　　）。

A. 暗敷设在梁内　　B. 暗敷设在柱内

C. 暗敷设在地面内　　D. 暗敷设在顶板内

41. 在电气工程图中导线的敷设部位一般要用文字符号进行标注，其中CE表示（　　）。

A. 沿顶棚面或顶板敷设　　B. 暗敷设在柱内

C. 暗敷设在地面内　　D. 暗敷设在顶板内

42. 在电气工程图中导线的敷设方式一般要用文字符号进行标注，其中PR表示（　　）。

A. 穿焊接钢管敷设　　B. 用塑料线槽敷设

C. 用电缆线桥架敷设　　D. 穿金属软管敷设

43. 在电气工程图中导线的敷设方式一般要用文字符号进行标注，其中CT表示（　　）。

A. 穿焊接钢管敷设　　B. 用塑料线槽敷设

C. 用电缆线桥架敷设　　D. 穿金属软管敷设

44. 在电气工程图中导线的敷设方式一般要用文字符号进行标注，其中SC表示（　　）。

A. 穿焊接钢管敷设　　B. 用塑料线槽敷设

C. 用电缆线桥架敷设　　D. 穿金属软管敷设

45. 在电气工程图中导线的敷设方式一般要用文字符号进行标注，其中CP表示（　　）。

A. 穿焊接钢管敷设　　B. 用塑料线槽敷设

C. 用电缆线桥架敷设　　D. 穿金属软管敷设

46. 建筑施工图主要表示建筑物的总体布局、（　　）、内部装饰、细部构造及施工要求等，具体包括平面图、立面图、剖面图、结构图、详图和建筑构配件通用图集等，是建筑施工的主要依据。

A. 外部造型　　B. 内部造型　　C. 外形尺寸　　D. 所占面积

47. （　　）是房屋立面平行的投影面上所作的房屋的正投影图，其主要反映房屋的高度、层数、外貌和外墙装饰构造。

A. 剖面图　　B. 立面图　　C. 平面图　　D. 详图

48.（　　）主要表示建筑结构构件的布置、类型、数量、大小及做法等，它包括设计说明、结构布置图及构件详图。

A. 剖面图　　B. 立面图　　C. 结构图　　D. 详图

49. 对于有较高安全性、可靠性要求的生产装置，为满足其要求，除了应合理地选择拖动、控制方案外，在控制线路中还设置了一系列（　　）和必要的电气联锁。

A. 电气控制　　B. 安全　　C. 环保　　D. 电气保护

50.（　　）根据主电路中各电动机和执行元件的控制要求，找出控制电路中的每一个控制环节，将控制电路“化整为零”，按功能不同分成若干个局部控制线路来进行分析，如控制线路复杂，则可先排除照明、显示等与控制关系不密切的电路，以便集中精力进行分析。

A. 分析控制电路　B. 分析主电路　C. 分析辅助电路　D. 综合分析

（二）多项选择题

1. 管道系统图表示管道的空间位置情况，通过识读系统图可达到下列目的：（　　）

A. 掌握管道系统的空间立体走向，弄清楚管道标高、坡度坡向，管路出口和入口的组成

B. 了解干管、立管及支管的连接方式，掌握管件、阀门、器具设备的规格型号、型号、数量

C. 了解管路与设备的连接方式、连接方向及要求

D. 管道支架的形式作用，数量及其构造

E. 掌握控制点的状况

2. 平面图是表示管道平面布置的图样，通过识读平面图可达到以下目的：（　　）

A. 了解建筑物的基本构造、轴线分布及有关尺寸

B. 了解设备编号、名称、平面定位尺寸、接管方向及其标高

C. 掌握各条管线的编号、平面位置、介质名称、管子及管路附件的规格、型号、种类、数量

D. 管道支架的形式作用，数量及其构造

E. 掌握控制点的状况

3. 管道流程图是表示工艺过程的图样，即工艺流程示意图，通过识读流程图可达到下列目的：（　　）

A. 了解建筑物的基本构造、轴线分布及有关尺寸

B. 掌握设备的种类、名称、型号

C. 了解物料介质的流向，弄清楚原料转变为成品的过程，搞明白工艺流程

D. 掌握管子、管件、阀门的规格、型号

E. 掌握控制点的状况

4. 管道立（剖）面图表示管道在某个立面或剖面上的布置情况，通过识读可达到以下目的：（　　）

A. 了解建筑物竖向构造、层次分布、尺寸及标高

B. 了解设备的立面布置情况、接管要求及标高尺寸

C. 掌握各条管线的立面布置上的状况，坡度坡向、标高尺寸等，以及管子、管道附件的各类参数

D. 管道支架的形式作用，数量及其构造

E. 掌握控制点的状况

5. 电气原理图由主电路、（　　）等部分组成。

A. 特殊控制电路　　B. 辅助电路　　C. 控制电路

D. 用电设备　　E. 保护及联锁环节

6. 建筑施工图主要表示建筑物的总体布局、外部造型、内部装饰、细部构造及施工要求等，具体包括平面图、详图和（　　）等，是建筑施工的主要依据。

A. 立面图　　B. 剖面图　　C. 结构图

D. 建筑构配件通用图集　　E. 家具图

7. 与房屋立面平行的投影面上所作的房屋的正投影图，立面图主要反映房屋的（　）。

A. 内部造型　　B. 高度　　C. 层数

D. 外貌　　E. 外墙装饰构造

8. 各种管道图均可分为基本图样和详图两大部分，基本图样包括图样目录、设计施工说明、材料表、设备表、（　　）等。

A. 工艺流程图　　B. 局部剖面图　　C. 平面图

D. 立面图　　E. 系统图

9. 导线有裸导线和绝缘导线两种，裸导线有（　　）。

A. 铜绞线　　B. 铝绞线　　C. 铁绞线

D. 铜芯铁绞线　　E. 铜芯铝绞线

10. 对于有较高安全性、可靠性要求的生产装置，为满足其要求，除了应合理地选择拖动、控制方案外，在控制线路中还设置了一系列（　　）。

A. 电气控制　　B. 安全　　C. 必要的电气联锁

D. 电气保护　　E. 电气环保

11. 哪几种视图组成三视图。（　　）

A. 主（正）视图　　B. 局部剖面图　　C. 平面图

D. 俯视图　　E. 左（侧）视图

12. 可见轮廓线包括下列哪几种线。（　　）

A. 粗实线　　B. 中实线　　C. 粗虚线

D. 细实线　　E. 中点划线

（三）判断题（正确填 A，错误填 B）

1. 平行投影法中，投射线与投影面相倾斜时的投影称为斜投影。（　　）

2. 平行投影法中，投射线与投影面相垂直时的投影称为斜投影。（　　）

3. 全剖视图是用一个剖切平面完全地剖开形体后所得到的剖视图。（　　）

4. 局部剖视图读图时，一半表达形体的外部形状，另一半表达形体的内部结构。（　　）

5. 斜剖视图是用不平行于任何投影面的剖切平面剖开形体所得的视图。（　）

6. 局部放大图是将形体的部分结构用大于原图形所采用的比例画出的图形。（　）

7. 如果两根管线投影交叉，高的管不论是用双线还是用单线表示，它都应该显示完整。高的管线画成单线时要断开表示，以此说明这两根管线不在同一标高上。（　）

8. 排水系统是将建筑物内生活或生产废水排除出去，排水系统分室外排水系统和室内排水系统。（　）

9. 室外给水排水图按平面图→管道节点图→管道纵横剖面图的顺序进行读图，读图时注意分清管径、管件和构筑物，以及它们间的相互位置关系、流向、坡度坡向、覆土等有关要求和构件的详细长度、标高等。（　）

10. 通风工程图由基本图、详图、节点图及文字说明等组成。（　）

11. 辅助电路包括执行元件的工作状态显示、电源显示、参数测定、照明和故障报警等部分。（　）

12. 对于有较高安全性、可靠性要求的生产装置，为满足其要求，除了应合理地选择拖动、控制方案外，在控制线路中还设置了一系列电气保护和必要的电气联锁。（　）

13. 平行投影法中，投射线与投影面相垂直时的投影称为正投影。（　）

14. 平行投影法中，投射线与投影面相倾斜时的投影称为正投影。（　）

15. 粗实线为可见轮廓线。（　）

第2章　安装工程测量

（一）单项选择题

1. 工程测量包括控制网测量和施工过程控制测量两部分内容。它们之间的相互关系是：（　），两者的目标都是为了保证工程质量。

A. 控制网测量是采用精度较低的仪器，施工过程测量使用的仪器精度较高

B. 控制网测量是测量的基础，施工过程测量是控制网测量的具体应用

C. 控制网测量是土建工程施工的任务，施工过程控制测量是机电安装的任务

D. 控制网测量是工程施工的先导，施工过程控制测量是施工进行过程的眼睛

2. 某项目部安装钳工小组在同一车间同时测量的多台设备基础的高程，他们应该选用（　）。

A. 高差法　B. 仪高法　C. 水准仪测定法　D. 经纬仪测定法

3. 测定待测点高程的方法是（　）。

A. 竖直角测量法　B. 水平角测量法　C. 仪高法　D. 三角测量法

4. 采用水准仪和水准尺测点与已知点之间的高差，通过计算得到待定点的高程的方法是（　）。

A. 高差法　B. 三边测量法　C. 仪高法　D. 三角测量法

5. 三角测量网的布设要求各等级的首级控制网宜布设为近似等边三角形的网，其三角形的内角不应（　）。

A. 小于50°　B. 小于45°　C. 小于30°　D. 小于20°

6. 高程测量常用的方法为（　　）。

A. 水准测量法　　B. 电磁波测距三角高程测量法

C. 高差法　　D. 仪高法

7. 采用水准测量法进行高程控制点布设，要求一个测区及其周围至少应有（　　）。

A. 2 个水准点　B. 3 个水准点　C. 2 对水准点　D. 3 个以上水准点

8. 设备安装过程中，测量时最好使用（　　）作为高程起算点。

A. 1 个水准点　B. 2 个水准点　C. 3 个水准点　D. 2 对水准点

9. 设备安装纵、横向基准线是确定设备（　　）位置的基准线。

A. 水平　B. 坐标　C. 空间　D. 立体

10. 设备基础标高的测量，是根据（　　），用水准仪进行测量，经过计算，将设备基础的实际标高标在基础的适当位置。

A. 附近已定设备的标高　　B. 附近水准点

C. 附近地面标高　　D. 测量控制网

11. 一般情况下，设备基础的标高是根据（　　）来确定的。

A. 相对标高　B. 绝对标高　C. 测量控制网　D. 主要设备的标高

12. 在设置设备安装纵、横向基准线时，下列设备安装需要预埋永久标板的是（　　）。

A. 大型精密设备　　B. 一个车间内安装多台设备

C. 连续生产设备　　D. 振动大的设备

13. 为了便于管线施工时引测高程及管线纵、横断面测量，应设管线敷设（　　）。

A. 永久水准点　B. 临时水准点　C. 永久控制点　D. 临时控制点

14. 为了便于管线施工，管线高程控制测量时一般要根据（　　）进行测量。

A. 永久性标高标板　　B. 临时标高水准点

C. 设计标高　　D. 附近设备的标高

15. 地下管线工程测量必须在回填前，测量出管线的起止点、窨井的坐标和（　　），应根据测量资料编绘竣工平面图和纵断面图。

A. 管线的位置　B. 管线的走向　C. 管顶标高　D. 管线的深度

16. 一般不需要与装修配合测量定位的机电末端有（　　）。

A. 喷头　B. 风口　C. 灯具　D. 风柜

17. 初步整平仪器是通过调节三个脚螺旋使圆水准器气泡（　　），从而使仪器的竖轴大致铅垂，视准轴粗略水平。

A. 偏左　B. 居中　C. 偏右　D. 偏上

18. 安装标高基准点一般埋设在（　　）的位置。

A. 基础上表面　　B. 基础边缘便于观察

C. 基础中心　　D. 基础下表面

19. 大型静置设备安装测量的重点是（　　）。

A. 垂直度测量　B. 水平度测量　C. 同心度测量　D. 位置精度测量

20. 厂房（车间、站）基础施工测量重点是（　　）。

A. 钢柱基础　B. 屋面测量　C. 墙体测量　D. 设备测量

(二) 多项选择题

1. 测定待测点高程的方法有（　　）。

A. 高差法　　B. 高度测量法　　C. 仪高法

D. 三角测量法　　E. 仪器测量法

2. 基准线测量的方法有（　　）。

A. 高差法　　B. 水平角测量法　　C. 仪高法

D. 竖直角测量法　　E. 仪器测量法

3. 采用全站仪进行距离测量，主要应用于（　　）。

A. 建筑工程平面控制网水平的测量及测设

B. 安装控制网的测设

C. 建筑安装过程中水平距离的测量

D. 建筑物铅垂度的测量

E. 大地高程的测量

4. 光学经纬仪的主要功能是（　　）。

A. 测量纵、横轴线（中心线）

B. 设备及构筑物垂直度的控制测量

C. 建（构）筑物建立平面控制网的测量

D. 水平线上两直线夹角的测量

E. 设备基础标高的测量

5. 平面控制网建立的测量方法有（　　）。

A. 水平角测量法　　B. 三角测量法　　C. 竖直角测量法

D. 三边测量法　　E. 导线测量法

6. 三边测量的主要技术要求是（　　）。

A. 当平均边长较短时，应控制变数

B. 宜布设成直伸形状，相邻边长不宜相差过大

C. 当作首级控制时，应布设成环形网，网内不同环节点的点不宜相距过近

D. 各等边三角网的起始边至最远边之间的三角形个数不宜多于10个

E. 各等级三边网的边长宜近似相等，其组成的各内角应符合规定

7. 设备基础施工的测量步骤包括（　　）。

A. 选择使用测量水准点

B. 设置大型设备内控制网

C. 进行基础定位，绘制大型设备中心线测设图

D. 进行基础开挖与基础底层放线

E. 进行设备基础上层放线

8. 管线中心测量定位的依据主要是（　　）。

A. 根据地面上已有建筑物进行管线定位

B. 根据相应设备的位置和标高进行定位

C. 根据设计图纸进行定位

D. 根据控制点进行管线定位

E. 根据管线安装位置的实际情况进行定位

9. 管线测量步骤有（　　）。

A. 根据设计施工图纸，按实际地形作好实测数据记录，绘制施工平面草图和断面草图

B. 按平、断面草图对管进进行测量、放线并对管线施工过程进行控制测量

C. 在管线施工完毕后，以最终测量结果绘制平、断面竣工图

D. 根据现场已有的标高点进行管线施工

E. 根据管线安装位置的实际情况进行定位

10. 机电末端与装修配合测量定位的步骤（　　）。

A. 在装修面层上确定机电末端的具体位置，并作好标记，由装修单位配合进行装修面层上开孔

B. 根据主体结构建筑标高水准点，确定并设置装修区域内装修标高水准点

C. 与装修配合，完成机电末端点位深化设计图纸

D. 根据设备基础尺寸进行设备安装

E. 根据装修标高水准点，利用红外线激光水平仪、水准仪等测量工具进行机电末端点位的放线

11. 常用的测量仪器有（　　）。

A. 水准仪　　　B. 经纬仪　　　C. 全站仪

D. 压力表　　　E. 红外线激光水平仪

12. 水准仪使用步骤（　　）。

A. 仪器检测　　　B. 仪器的安置　　　C. 粗略整平

D. 瞄准水准尺　　　E. 精确整平和读数

（三）判断题（正确填A，错误填B）

1. 返测丈量，当全段距离量完之后，尺端要调头，读数员互换，按同法进行反测，往返丈量一次为一测回，一般应测量一测回即可。（　　）

2. 采用水准仪和水准尺测定待测点与已知点之间的高差，通过计算得到待定点的高程的方法叫做高差法。（　　）

3. 采用水准仪和水准尺，只需计算一次水准仪的高程，就可以简单地测算几个前视点的高程的方法叫做仪高法。（　　）

4. 导线测量法主要用于隐蔽地区、带状地区、城建区及地下工程等控制测量。（　　）

5. 平面控制网的坐标系统，应满足测区内投影长度变形值不大于3.5cm/km。（　　）

6. 三角测量的网（锁），各等级的首级控制网，宜布设为近似等边三角形的网（锁），其三角形的内角不应小于20°；当受地形限制时，个别角可放宽，但不应小于15°。（　　）

7. 所有测量仪器必须经过专门检测机构的检定且在检定合格有效期内方可投入使用。

否则，测量数据不具备法律效应。（ ）

8. 高程控制测量的目的是确定各控制点的高程，并最终建立高程控制网。（ ）

9. 高程控制测量等级依次划分为一、二、三、四、五等。各等级视需要，均可作为测区的首级高程控制。（ ）

10. 设备安装测量时，最好使用一个水准点作为高程起算点。当厂房较大时，可以增设水准点，但其观测精度应提高。（ ）

11. 水准点应选在土质坚硬、便于长期保存和使用方便的地点；墙水准点应选设在稳定的建筑物上，点位应便于寻找、保存和引测。（ ）

12. 中心标板应在浇灌基础时，应配合土建埋设，或在基础养护期满前埋设。（ ）

13. 标高基准点一般有两种：一种是简单的标高基准点；另一种是预埋标高基准点。（ ）

14. 管线工程测量包括：给水排水管道、各种介质管道、长输管道等的测量。管理工程测量的主要内容包括：管道中线测量、管线纵横断面测量和管道施工测量。（ ）

15. 管线中线测量的任务是将设计管道底部的位置在地面测设出来。（ ）

16. 管道纵断面测量任务是根据管道中心线所测的桩点高程和桩号绘制成纵断面图。（ ）

17. 为了便于管线施工时引测高程及管线纵、横断面的测量，应设管线永久水准点。其定位允许偏差应符合规定。（ ）

18. 在装修阶段，机电末端的安装需要与装修进行配合定位，一般涉及的机电末端有：喷头的安装、风口的安装、灯具的安装、喇叭的安装、烟感温感的安装、插座及开关的安装等。（ ）

19. 水准仪精平后，应立即用十字丝的中丝在水准尺上读数。直接读出米、分米、厘米、毫米。（ ）

20. 经纬仪整平时要先用脚螺旋使水准气泡居中，以粗略整平，再用管水准器精确整平。（ ）

21. 经纬仪读数时要先调节反光镜，使读数窗明亮，旋转显微镜调焦螺旋，使刻画数字清晰，然后读数。（ ）

22. 全站仪具有角度测量、距离（斜距、平距、高差）测量、三维坐标测量、导线测量、交会定点测量和放样测量等多种用途。（ ）

(四) 计算题或案例分析题

【题一】 A公司承接了某水泥厂房机电工程，施工范围包括：球磨机、回转窑、提升机、风机等大型设备的安装及调试。在整个施工过程中需要A公司进行控制网的测量和施工过程控制测量，以保证工程质量。

1. 在控制网的测量中，A公司对标高基准点的测量所采用的仪器是（ ）。

A. 激光准直仪　　B. 经纬仪　　C. 水准仪　　D. 全站仪

2. 对于平面控制网的测量方法，A公司不可以采用的是（ ）。

A. 三线测量法　　B. 三边测量法　　C. 三角测量法　　D. 导线测量法

3. 对于高程控制网的测量方法，A公司可以采用的是（ ）。

A. 水平测量法　　　　　　　　　　B. 三边测量法

C. 电磁波测距三角高层测量　　　　D. 导线测量法

4. A公司使用水准仪对高程测量的步骤中，不属于的是（　）。

A. 仪器检测　　　B. 仪器安置　　　C. 粗略整平　　　D. 瞄准水准尺

5. A公司对于设备安装高程控制的水准点，做法不妥的是（　　）。

A. 可单独埋设在设备所在建筑物的平面控制网的标桩

B. 可利用场地附近的水准点

C. 当施工中水准点不能保存时，可把高程点作好书面记录，即可进行设备安装

D. 当施工中水准点不能保存时，应该将其高程引测至稳固构筑上

【题二】 A施工队承接了某厂区内管线施工项目，管线工程包括：给水排水管道、消防管道、工业废水管道、工业冷却水管道等。除给水排水管道地下敷设外，其余管道地上管廊分布。根据设计施工图纸，熟悉管线布置及工艺设计要求，按实际地形做好实测数据，绘制施工平面草图和断面草图；然后按平、断面草图对管线进行测量、放线并对管线施工过程进行控制测量。在管线施工完毕后，以最终测量结果绘制竣工平面图、竣工断面图。

1. 管道工程测量的主要内容包括：（　）

A. 管线起点测量、管线终点测量和管线转折点测量

B. 管道高程测量、管线深度测量和管道施工测量

C. 管道平面测量、管线纵横断面测量和管道施工测量

D. 管道中线测量、管线纵横断面测量和管道施工测量

2. 管道高程控制的测量方法是（　）。

A. 正确设置管线临时水准点　　　　B. 正确选择适合的测量工具

C. 正确绘制施工平面图　　　　　　D. 正确记录好实测数据

3. 关于地下管线测量，A施工队以下做法错误的是（　　）。

A. 安装后测量出起点的坐标　　　　B. 回填后测出窨井的坐标

C. 安装后测出终点的坐标　　　　　D. 回填前测出管顶标高

4. 管线定位允许偏差：厂区内地上和地下管线定位允许偏差为（　　）。

A. 10mm　　　　B. 20mm　　　　C. 30mm　　　　D. 40mm

5. 在管线测量时，A施工队使用了水准仪，水准仪的组成（　　）。

A. 目镜、物镜、水准管、制动螺旋、微动螺旋、校正螺丝、脚螺旋、三脚架

B. 接收筒、发射筒、照准头、振荡器、混频器、控制箱、电池、反射棱镜、三脚架

C. 发射部件、接收部件、附件

D. 目镜、物镜、水准管、制动螺旋、微动螺旋、对光螺旋、脚螺旋、制动按钮、读书显微镜、三脚架

第3章　安装工程材料

（一）单项选择题

1. 国内常用标准中，GB/T代表（　　）标准。

A. 国家标准（强制性）　　　　　　B. 国家标准（推荐性）

C. 国家军用标准　　　　　　　　　D. 电力行业标准

2. 常用国际标准、国外标准代号中，ANSI代表（　）标准。

A. 国际标准化组织标准　　　　　　B. 日本工业标准

C. 英国标准　　　　　　　　　　　D. 美国国家标准

3. 碳素钢分类中，低碳钢含碳量≤（　）。

A. 1.8‰　　B. 2.0‰　　C. 2.5‰　　D. 3.0‰

4. 根据《砂型离心铸铁管》GB/T 3421 的规定，此种管材按（　）的不同，压力等级分为P级和G级。

A. 壁厚　　B. 压力　　C. 使用范围　　D. 管径

5. 建筑用铜管件主要连接方式为（　）。

A. 卡压　　B. 钎焊　　C. 沟槽　　D. 法兰

6. 阀门分类按公称压力分类中，低压阀指的工作压力少于（　）MPa 的压力。

A. 2.5　　B. 3.2　　C. 1.6　　D. 1.0

7. 阀体材料用汉语拼音字母表示，Z代表（　）材质。

A. 灰铸铁　　B. 铜及铜合金　　C. 可锻铸铁　　D. 钛及钛合金

8. 阀门安装前，应在每批（同牌号、同型号、同规格）数量中抽查（　），且不少于一个，作强度和严密性试验。

A. 30%　　B. 25%　　C. 20%　　D. 10%

9. 螺旋缝焊接钢管试验压力最大压力不得超过 20.7MPa，并且保持压力不少于（　）。

A. 5s　　B. 10s　　C. 30min　　D. 60min

10. 下图为（　）风口。

A. 单层百叶　　B. 双层百叶　　C. 防雨百叶　　D. 散流器

11.（　）适用于大型生产车间、体育馆、电影院、候车厅等高大建筑的通风空调送风。

A. 圆形喷射式送风口　B. 散流器　　C. 活动百叶风口　D. 扩散孔板

12.（　）一般只应用于防排烟系统。

A. 酚醛复合风管　　　　　　　　B. 复合玻纤板风管

C. 无机玻璃钢风管　　　　　　　D. 聚氨酯复合风管

13. 在绝热材料中，具有良好的吸音性能，对各种声波噪音均有良好的吸音效果的是（　）。

A. 矿物棉　　B. 玻璃棉　　C. 硅酸铝棉　　D. 石棉

14. 防火调节阀用于通风排烟共用系统时，（　）℃关闭。

A. 70　　B. 100　　C. 180　　D. 280

15. 下图为室内消火栓型号的表示方法，第二个字段为出口数量代号。室内消火栓的常用类型主要分为单阀单出口型和双阀双出口型，其中双出口用（　　）表示。

SQ X X XX —X

A. S　　B. T　　C. D　　D. Q

16. 以下（　　）不是无衬里消防水带特点。

A. 重量轻　　B. 体积小　　C. 耐压低　　D. 成本低

17. 下图为减压型单阀单出口室内消火栓结构示意，其中“5”代表的是（　　）。

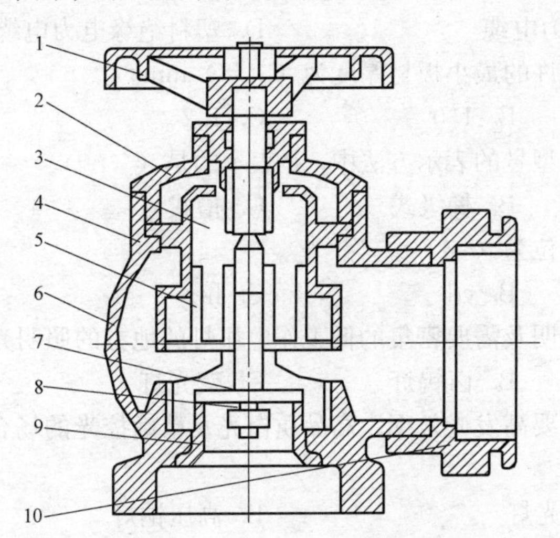

A. 弹簧　　B. 阀瓣　　C. 密封垫　　D. 活塞

18. （　　）水表是最常用的型号，直径较小，价格便宜，适用于中、小用户。

A. 螺翼式　　B. 复式　　C. 旋翼式　　D. 磁传多流速

19. 压力式温度计测量的介质压力不能超过（　　）。

A. 5MPa　　B. 6MPa　　C. 10MPa　　D. 12MPa

20. 电线是把电能输送到负荷终端的载体，是电器元件联接和实现电能（　　）过程中不可缺少的材料之一。

A. 传输　　B. 变压　　C. 转换　　D. 生效

21. 裸电线标识分类裸电线加工方法中，字母N表示（　　）。

A. 镀镍　　B. 胶制　　C. 镀锡　　D. 扩径

22. 铝绞线的截面范围为（　　）mm^2。

A. 10～800　　B. 10～600　　C. 16～400　　D. 150～400

23. （　　）主要适用于室内桥架、电缆沟直埋等可承受较大机械外力的固定场合敷设。

A. 细钢丝铠装控制电缆　　B. 钢带铠装控制电缆

C. 普通塑料绝缘控制电缆　　D. 乙炳绝缘氯磺化聚乙烯护套控制电缆

24. 通信电缆字母型号代码中，HR表示（　　）。

A. 海底通信电缆　　B. 局内电缆　　C. 长途通信电缆　　D. 电话软线

25. 信号电缆用英文字母（　　）表示。

A. P　　B. I　　C. M　　D. E

26. 电力电缆的常用电缆型号字母含义中，绝缘种类 X 表示（　　）。

A. 聚氯乙烯　　B. 丁基橡皮　　C. 天然橡胶　　D. 交联聚乙烯

27. 耐火、阻燃电力电缆允许长期工作温度≤（　　）℃。

A. 120　　B. 100　　C. 80　　D. 70

28.（　　）的缺点是耐热性差，允许运行温度较低，易受机械损伤，遇到油类或其他化学物时易变质损坏。

A. 塑料绝缘架空电力电缆　　B. 橡胶绝缘电缆

C. 耐火、阻燃电力电缆　　D. 塑料绝缘电力电缆

29. 托盘、桥架允许的最小板材厚度为（　　）mm。

A. 0.8　　B. 1.0　　C. 1.2　　D. 1.5

30. 一般电缆桥架型号的表示方法中，P 表示的是（　　）。

A. 托盘式　　B. 梯级式　　C. 槽式　　D. 组合式

31. 光照强度的单位为（　　）。

A. lm　　B. cd　　C. lux　　D. K

32. 常用于家庭照明及需要密集的低工作电压灯的地方的照明光源为（　　）。

A. 白炽灯　　B. 卤钨灯　　C. 荧光灯　　D. 低压钠灯

33. 广泛应用在需要高发光效率、高品质白光及精确控光的场合尤其适宜的照明光源为（　　）。

A. 高流明单端荧光灯　　B. 高压钠灯

C. 高压汞灯　　D. 金属卤化物灯

34. 在灯具命名规则中，灯种代号 X 表示的为（　　）。

A. 地面嵌入式灯具　　B. 吸顶灯具

C. 疏散照明灯具　　D. 射灯

35. 如下图所示，该组开关接线为（　　）。

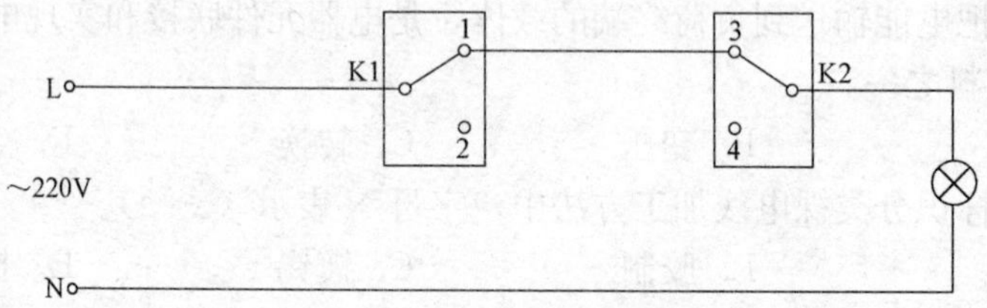

A. 单联双控开关　　B. 双联双控开关

C. 三联单控开关　　D. 单联单控开关

36. 插座的安装要求中，插座在托儿所、幼儿园，住宅及小学等安装不应低于（　　）。

A. 1.3m　　B. 1.4m　　C. 1.5m　　D. 1.8m

（二）多项选择题

1. 板材按其材质分类有（　　）。

A. 冷轧薄钢板　　B. 普通碳素钢板　　C. 低合金结构钢板

D. 不锈钢板　　　　　E. 镀锌钢薄板

2. 下列属于轻金属的有（　　）。

A. 钨　　　B. 锌　　　C. 铝　　　D. 铜　　　E. 镁

3. 低压流体输送用镀锌焊接钢管适用于输送（　　）和空气等较低压力的流体。在安装工程中的给水、消防和热水供应管道中广泛采用。

A. 水　　　B. 煤气　　　C. 工业蒸汽　　　D. 采暖蒸汽　　E. 油

4. 工程塑料 ABS 管可用于给水排水管道、环保工程用管及（　　）等。

A. 采暖用管　　　　B. 压缩空气配管　　　　C. 电气配管

D. 工业用管　　　　E. 海水输送管

5. 可锻铸铁管件表面镀锌管件用于（　　）。

A. 输送生活冷、热水　　　　B. 燃气管道　　　　C. 采暖热水管道

D. 蒸汽管道　　　　E. 油品管道

6. 下列阀门属于自动阀门的有（　　）。

A. 液动阀　　　B. 止回阀　　　C. 安全阀　　　D. 减压阀　　　E. 疏水阀

7. 玻璃棉作为常用的隔热材料，具有（　　）优点。

A. 密度小　　　B. 导热系数小　C. 不燃烧　　　D. 无粉尘　　　E. 耐腐蚀

8. 组合消声器可按（　　）的要求选型。

A. 消声量　　　B. 管径　　　C. 风速　　　D. 风量　　　E. 风速

9. 室外消火栓是室外给水管网向火场供应消防用水的主要设备，分为（　　）。

A. 地上式消火栓　　　　B. 地下式消火栓　　　　C. 明装式消火栓

D. 暗装式消火栓　　　　E. 壁挂式消火栓

10. 消火栓箱是将室内消火栓、消防水带、水枪以及相关电气装置（消防泵启动、控制按钮）集装于一体，具有（　　）功能。

A. 警铃　　　B. 给水　　　C. 灭火　　　D. 控制　　　E. 报警灯

11. 有衬里消防水带特点为（　　）。

A. 膨胀性好　　　　B. 使用方便　　　　C. 不渗漏

D. 水压损失大　　　　E. 耐压高

12. 玻璃转子流量计具有（　　）等特点。

A. 性能可靠　　　　B. 压力损失小　　　　C. 读数方便、直观

D. 结构简单　　　　E. 安全性好

13. 安装工程中常用的温度计有（　　）。

A. 光测温度计　　　　B. 内标式温度计　　　　C. 玻璃管温度计

D. 压力式温度计　　　　E. 双金属温度计

14. 裸电线是没有绝缘层的电线，主要用于（　　）。

A. 户外架空　　　　B. 室内汇流排　　　　C. 电气元件连接

D. 绝缘导线线芯　　　　E. 配电柜、箱内连接

15. 型线的品种型号及主要用途中，（　　）用作供电机、电器、配电设备及其他电工方面应用。

A. 扁铜线　　　B. 铜母线　　　C. 扁铝线　　　D. 梯形铜排　　E. 铝母线

16. 绝缘电线的分类中，按工作类型分类可分为（　　）。
A. 耐高温、耐寒型　　B. 防火阻燃型　　C. 屏蔽型
D. 补偿型　　E. 普通型
17. 以下（　　）种类的电力电缆能承受机械外力作用，且可承受相当大的拉力，可敷设在竖井内、高层建筑的电缆竖井内，且适用于潮湿场所。
A. VLV 型　　B. VLV22 型　　C. VV22 型
D. VLV32 型　　E. VV32 型
18. 塑料绝缘电力电缆主要特点是（　　）。
A. 重量轻　　B. 绝缘层耐压　　C. 柔软性不及橡胶绝缘电缆
D. 弯曲性能好　　E. 机械强度较低
19. 密集型插接封闭母线槽具有特点为（　　）。
A. 占据空间小　　B. 施工周期短　　C. 较高的绝缘性和动、热稳定性
D. 运行安全可靠　　E. 结构简单
20. 电缆桥架按结构形式分，可分为（　　）。
A. 钢制式　　B. 托盘式　　C. 梯级式　　D. 槽式　　E. 组合式
21. 灯具的分类按安装方式可分为（　　）。
A. 嵌入式　　B. 移动式　　C. 明装式　　D. 固定式　　E. 吸顶式
22. 荧光灯的性能主要取决于（　　）。
A. 灯管的几何尺寸　　B. 填充气体的容积　　C. 填充气体的种类
D. 涂敷荧光灯粉　　E. 热释电式接近开关
23. 以下开关属于接近开关的有（　　）。
A. 直流式接近开关　　B. 电流式接近开关　　C. 霍尔接近开关
D. 光电式接近开关　　E. 控制电路的形式

（三）判断题（正确填 A，错误填 B）

1. 碳素结构钢具有良好的塑性和韧性，易于成型和焊接，常以冷轧态供货，一般不再进行热处理，能够满足一般工程构件的要求，所以使用极为广泛。（　　）
2. 耐热钢焊条要求在电弧焊接高温下有良好的化学稳定性和足够的强度。（　　）
3. 埋弧焊只能在平焊位置施焊。（　　）
4. 沟槽式管接头的主要类型有刚性接头、挠性接头和机械三通接头，其材质采用牌号不低于 QT450-10 的球磨铸铁制造，强度较高、耐腐蚀。（　　）
5. 阀体标志识别涂漆中，不锈钢、耐酸钢阀体，可不涂颜色。（　　）
6. 在铜和铜合金的焊接中，除了用纯铜焊条焊接纯铜外，目前采用较多的是用黄铜焊条来焊接各种铜和铜合金、铜与钢等。（　　）
7. 凡是用于溶解动、植物、树脂、沥青、纤维素衍生物和增塑剂等成膜物质的挥发性液体，都成为溶剂。（　　）
8. 岩棉主要以玄武岩为主要原料制成的无机纤维材料，具有导热系数小、吸声性好、不燃、化学稳定性好的特点，而且质量较轻。（　　）
9. 建筑用铜管件管件与管道采用承插式接口，钎焊连接。管件公称压力有 PN1.0、

PN2.0 两种。（ ）

10. 常温阀门指的是工作温度为 0～120℃的阀门。（ ）

11. 重力式防火阀，平时处于常开状态，当空气温度达到 70℃时，易熔片熔断，阀门叶片在弹簧片复位作用下自动关闭，从而起到防火作用。（ ）

12. 圆形密闭式多叶调节阀的流通性、密闭性和调节性优于国标，广泛应用于工业与民用建筑通风空调及净化空调。（ ）

13. 聚氨酯复合风管在医院、食品加工厂、地下室等有防尘要求和高湿度场所不能使用。（ ）

14. 玻镁复合风管主要应用于建筑、装饰、消防等领域，尤其适合餐厅、宾馆、商场等人流密集场所的装修以及地下室、人防和矿井等潮湿环境的工程。（ ）

15. 排烟阀平常关闭，根据火灾信号自动或手动开启阀门配合排烟风机排烟，手动复位；输出阀门开启信号，与有关消防控制设备联锁；烟气温度达到 280℃时温度熔断器动作，阀门自动关闭。（ ）

16. 压力式温度计适用于近距离测量非腐蚀性液体、气体或蒸汽的温度。（ ）

17. 内标式温度计可以用水银或甲苯、乙醇、石油醚等有机液体。（ ）

18. 玻璃转子流量计适用于不透明介质和腐蚀性介质的流量测量。（ ）

19. 螺翼式水表对涡流敏感，当水流有涡流时，会有较大计量误差。（ ）

20. 螺翼式水表均为法兰连接。（ ）

21. 异径接口用来连接两个不同口径的水带、水枪、消火栓等。接口为外扣式。（ ）

22. 消防水泵接合器其型号标示方法中安装形式代号 D 表示地上式。（ ）

23. 线槽表面及其附件必须经过镀锌过其他防腐处理才能使用。（ ）

24. 密集型插接封闭母线槽具有结构紧密、传输负荷电流大、占据空间小、系列配套、安装迅速方便、施工周期短、运行安全可靠和使用寿命长等特点，并具有较高的绝缘性和动、热稳定性。（ ）

25. VLV32 型、VV32 型电缆能承受机械外力作用，但不能承受大的拉力，可敷设在地下。（ ）

26. BLX 型、BLV 型：铝芯电线，由于其重量轻，通常用于架空线路尤其是长度输电线路。（ ）

27. TZXP 镀锡斜纹铜编织套的主要用途是电气装置或电子元件的耐振连接线。（ ）

28. 塑料绝缘电力电缆成品电缆应经受 3500V/5min 的耐压试验。（ ）

29. 色温以绝对温度（K）来表示，色温值越高，表示冷感越强。（ ）

30. 紧凑型荧光灯又称为节能灯。（ ）

31. 在灯具命名规则中 YPZ 代表的是白炽类普通照明球形灯泡。（ ）

32. 双联开关表示一个开关按键能控制两个或两组用电器。（ ）

33. 对单相三线插座，面对插座右面接相线，左面接零线，上面接接地线或零线。（ ）

34. 车间及试验室的明暗插座一般距地高度 0.3m。（ ）

（四）计算题或案例分析题

【题一】 钢是最重要的工程金属材料，钢是铁与 C（碳）以及少量的其他元素所组成的合金。钢按化学成分分为碳钢、合金钢两大类。碳钢除以铁、碳为主要成分外，还含有少量的锰、硅、硫、磷等杂质元素。碳钢即含碳量低于2.16%的铁碳合金。

1. 碳素结构钢牌号表示方法中，代表屈服点的代号为（　）。

A. W　　B. D　　C. Q　　D. N

2. 高碳钢的含碳量大于（　）。

A. 0.60%　　B. 0.25%　　C. 0.40%　　D. 0.80%

3. 600MW 超临界电站锅炉汽包使用的型钢强度等级为（　）。

A. Q345　　B. Q460　　C. Q550　　D. Q620

4. 电站锅炉钢架的立柱通常采用型钢为（　）。

A. H 型钢　　B. 36kg　　C. 52kg　　D. 40.1kg

5. 高压锅炉的汽包材料常用（　）制造。

A. 优质碳素钢　　B. 不锈钢板　　C. 锅炉碳素钢　　D. 低合金钢

【题二】 某民用建筑工程中，空调通风系统按中压系统选用，所有空调送、回风管，新风管均采用复合风管（包括设置于管井内的）；排烟系统风管按高压系统选用，防排烟系统风管采用镀锌钢板。

1. 传统风管镀锌钢板风管广泛用于各种空调场合，但在（　）环境下使用会使风管寿命降低。

A. 露天　　B. 地下室　　C. 高湿度　　D. 高温

2. 适用于低、中压空调系统及潮湿环境，但对高压及洁净空调、酸碱性环境和防排烟系统不适用的为（　）。

A. 无机玻璃钢风管　　B. 复合玻纤板风管

C. 酚醛复合风管　　D. 玻镁复合风管

3. 易燃且燃烧时会产生带火熔滴，释放出有毒气体的复合风管材料为（　）。

A. 复合玻纤板　　B. 硬质聚氨酯发泡材料

C. 无机玻璃钢风管　　D. 无机玻璃钢

4. 常用消声器中对中、高频有良好的消声效果为（　）。

A. 矩形阻抗复合式消声器　　B. 末端消声器

C. 组合消声器　　D. 微孔板消声器

5. 板式排烟口其性能特点是（　）。

A. 烟气温度达到70℃时熔断器动作，排烟口开启

B. 烟气温度达到280℃时熔断器动作，排烟口开启

C. 烟气温度达到70℃时熔断器动作，排烟口关闭

D. 烟气温度达到280℃时熔断器动作，排烟口关闭

【题三】 电线是把电能输送到负荷终端的载体，是电器元件联接和实现电能转换过程中不可缺少的材料之一。可作为导电材料制造电线的金属种类很多，而铜、铝是选用最多的导电材料。在某些特殊用途上，也采用其他金属用来制造导电体。

1. 适合用于架空导线、通信用载波避雷线，大跨越导线的为（　）。

A. 软圆铝线　　B. 镀银圆铜线　　C. 圆铜线　　D. 铝包钢圆线

2. 绝缘电线的表示聚氯乙烯绝缘的符号为（　）。

A. X　　B. V　　C. VV　　D. Y

3. 机电工程现场中的电焊机至焊钳的连线多采用（　　）电线。

A. RV 型　　B. BV 型　　C. BLX 型　　D. BVV 型

4. 主要用于发电厂、核电站、地下铁路、高层建筑和石油化工等阻燃防火要求高的场合，可作为配电装置中电器仪表传输信号及控制、测量用的为（　　）。

A. 数字巡回检测用屏蔽型控制电缆　　B. 塑料绝缘控制电缆

C. 细钢丝铠装控制电缆　　D. 乙丙绝缘氯磺化聚乙烯护套控制电缆

5. 普通橡胶绝缘电力电缆适用于额定电压（　　）及以下交流输配电线路，大型工矿企业内部接线、电源线及临时性电力线路上的低压配电系统中。

A. 220kV　　B. 110kV　　C. 10kV　　D. 6kV

第 4 章　安装工程常用设备

（一）单项选择题

1. 机械工程设备是指归（　　）所有、为满足合同要求、组成工程实体的各种设备。

A. 分包　　B. 总包　　C. 监理　　D. 业主

2. 机电工程常用的工程设备种类很多，按现行国家《建设工程分类标准》（征求意见稿）的划分，有（　　）、电气设备、静置设备和专用设备。

A. 机械设备　　B. 起重设备　　C. 电梯设备　　D. 锅炉设备

3. 机电工程常用的电气设备有电动机、（　　）、高压电器及成套装置、低压电器及成套装置、电工测量仪器仪表等。

A. 发电机　　B. 变压器　　C. 断路器　　D. 电力线路

4. 高压电器是指交流电压（　　）直流电压 1500V 及其以上的电器。

A. 1500V　　B. 1200V　　C. 1000V　　D. 900V

5. 我国规定低压电器是指在交流电压 1200V、直流电压（　　）及以下的电路中起通断、保护、控制或调节作用的电器产品。

A. 1200V　　B. 1300V　　C. 1500V　　D. 1800V

6. 静置设备的性能主要由其（　　）来决定，其主要作用有：贮存、均压、交换、反应、过滤等。

A. 压力　　B. 功能　　C. 参数　　D. 结构

7. 机电工程的通用机械设备是指通用性强、（　　）的机械设备。

A. 用途较广泛　　B. 性能较优异　　C. 价格较便宜　　D. 制造较方便

8. 一幢 30 层的高层建筑，其消防水泵的扬程应在（　　）m 以上。

A. 80　　B. 100　　C. 120　　D. 140

9. 压缩机按压缩气体方式可分为容积型和（　　）两大类。

A. 转速型　　B. 轴流型　　C. 速度型　　D. 螺杆型

10. 具有挠性牵引件的输送设备包括（　　）。

A. 螺旋输送机　　B. 滚柱输送机　　C. 气力输送机　　D. 带式输送机

11. 单台连续输送机的性能是沿着一定路线向（　　）连续输送物料。

A. 一个方向　　B. 多个方向

C. 在平面内多方向　　D. 在立体内任何方向

12. 按金属切削机床的适用范围分类可分为（　　）。

A. 仪表机床　　B. 专用机床　　C. 精密机床　　D. 仿形机床

13. 金属切削机床的静态特性包括（　　）。

A. 运动精度　　B. 热变形　　C. 刚度　　D. 噪声

14. 为保障设备和人身安全，故锻压设备上都设有（　　）。

A. 自动进料装置　　B. 安全显示装置　　C. 事故警戒装置　　D. 安全防护装置

15. 铸造设备分类中负压铸造设备属于（　　）。

A. 特种铸造设备　　B. 普通砂型铸造设备

C. 特种湿砂型铸造设备　　D. 化学硬砂型铸造设备

16. 扬程是（　　）的性能参数。

A. 风机　　B. 泵　　C. 压缩机　　D. 压气机

17. 同步电动机常用于拖动恒速运转的大、中型（　　）机械。

A. 低速　　B. 高速　　C. 中速　　D. 慢速

18. 异步电动机与同步电动机相比，其缺点是（　　）。

A. 调整方法少　　B. 功率因数不能调整

C. 设备多　　D. 结构复杂

19. 直流电动机常用于对（　　）较高的生产机械的拖动。

A. 速度变化要求　　B. 启动电流限制要求

C. 启动力矩　　D. 转速恒定要求

20. 变压器是输送交流电时所使用的一种交换电压和（　　）的设备。

A. 变换功率　　B. 变换频率　　C. 变换初相　　D. 变换电流

21. 高压电器及成套装置的性能由其在（　　）中所起的作用来决定。

A. 电路　　B. 保护　　C. 控制　　D. 通断

22. 电工测量仪器仪表的（　　）由被测量来决定。

A. 结构　　B. 量程　　C. 显示　　D. 性能

23. 填料塔是静置设备中的（　　）。

A. 换热设备　　B. 反应设备　　C. 分离设备　　D. 过滤设备

24. 再沸器是静置设备中的（　　）。

A. 反应设备　　B. 分离设备　　C. 换热设备　　D. 过滤设备

25. 缓冲罐是静置设备中的（　　）。

A. 反应设备　　B. 分离设备　　C. 换热设备　　D. 容器类设备

26. 启闭机是属于（　　）设备。

A. 水力发电　　B. 火力发电　　C. 风力发电　　D. 核电

27. 筛分设备是属于（　　）设备。

A. 采矿　　B. 选矿　　C. 冶炼　　D. 轧钢

28. 专用设备适用于单品种大批量加工或（　　）。

A. 间断生产　　B. 自动化生产　　C. 订单生产　　D. 连续生产

29. 静置设备是根据工艺需要，专门设计制造且未列入（　）目录的设备。

A. 国家设备产品　　B. 施工设计图纸　　C. 标准图集　　D. 制造厂家产品

30. 指示仪表能够直读被测量的大小和（　）。

A. 数值　　B. 单位　　C. 变化　　D. 差异

（二）多项选择题

1. 机电工程的通用机械设备是指通用型强、用途较广泛的机械设备。一般是指（　）、输送设备、风机设备、泵设备、压缩机设备等，设备的性能一般以其参数表示。

A. 切削设备　　B. 铸造设备　　C. 锅炉设备

D. 数控设备　　E. 锻压设备

2. 常用高压电器设备包括高压断路器、高压接触器、高压隔离开关、（　）、高压电容器、高压绝缘子及套管、高压成套设备等。

A. 高压负荷开关　　B. 限流电抗器　　C. 接地变压器

D. 高压熔断器　　E. 高压互感器

3. 高压电器及成套装置的性能由其在电路中所起的作用来决定，主要有（　）几大性能。

A. 通断　　B. 保护　　C. 控制

D. 调节　　E. 变压

4. 电工测量仪器仪表中的指示仪表按工作原理可分为磁电系、（　）等。

A. 直流系　　B. 电磁系　　C. 电动系

D. 感应系　　E. 静电系

5. 静置设备按设备在生产工艺过程中的作用原理分为（　）等几类。

A. 反应设备　　B. 换热设备　　C. 分离设备

D. 压力设备　　E. 储存设备

6. 机电工程项目静置设备的分类有（　）、按介质安全性质分级等几种方法。

A. 按结构材料分类

B. 按设备在生产工艺过程中的作用原理分类

C. 按设备的工作压力、温度、介质的危害程度分类

D. 按设备的工作原理分类

E. 按设备重量分类

7. 专用设备中的石油化工设备包括工艺塔类设备、（　）橡胶塑料机械等。

A. 玻璃生产设备　　B. 热交换器　　C. 反应器

D. 贮罐　　E. 分离过滤设备

8. 泵按输送介质分为（　）。

A. 清水泵　　B. 杂质泵　　C. 耐腐蚀泵

D. 潜水泵　　E. 螺杆泵

9. 普通砂型铸造包括（　）、化学硬化砂型铸造等。

A. 泥型铸造　　B. 实型铸造　　C. 湿砂型

D. 干砂型　　　　E. 离心铸造

10. 异步电动机具有结构简单、制造容易、(　　) 等优点。

A. 价格低廉　　　　B. 损耗低　　　　C. 运行可靠

D. 维护方便　　　　E. 坚固耐用

11. 变压器的性能主要由变压器线圈的 (　　) 来决定。

A. 连接组别方式　　　　B. 外部接线方式　　　　C. 外接元器件

D. 输入电压大小　　　　E. 绕组匝数

12. 静置设备按设备重量分类可分为 (　　)。

A. 小型设备　　　　B. 中型设备　　　　C. 大型设备

D. 重型设备　　　　E. 超大型设备

13. 发电设备包括 (　　)。

A. 风力发电设备　　　　B. 火力发电设备　　　　C. 太阳能发电设备

D. 水力发电设备　　　　E. 核能发电设备

14. 锅炉设备包括 (　　)、超临界锅炉、超超临界锅炉。

A. 低压锅炉　　　　B. 中压锅炉　　　　C. 高压锅炉

D. 亚临界锅炉　　　　E. 超高压锅炉

(三) 判断题 (正确填 A，错误填 B)

1. 机电工程的通用机械设备是指通用型强、用途较广泛的机械设备。(　　)
2. 泵的性能由其功能加以表述。(　　)
3. 风机按照它所能达到的排气压强或压缩比分为鼓风机、压缩机和真空泵三类。(　　)
4. 压缩机的性能参数包括容积、流量、吸气压力、排气压力、工作效率。(　　)
5. 金属切削机床的技术性能由加工精度和生产效率加以评价。(　　)
6. 锻压设备按传动方式的不同，分为曲柄压力机、旋转锻压机和螺旋压力机。(　　)
7. 铸造机械设备一般按造型方法来分类，习惯上分为普通砂型铸造和特种铸造。(　　)
8. 电动机分为直流电动机、交流同步电动机和交流异步电动机。(　　)
9. 变压器根据冷却方式可分为干式、油浸式。(　　)
10. 静置设备又称为非标准设备或非定型设备。(　　)
11. 专用设备针对性强，效率低。(　　)
12. 比较仪器是把被测量与采样器进行比较后确定被测量的仪器。(　　)
13. 随着技术进步，智能测量仪表以微处理器为核心获得了高速发展和应用。(　　)
14. 电工测量仪器仪表的性能由被测量对象来决定。(　　)
15. $G>50$t 的静置设备属于大型设备。(　　)

第5章　工程力学与传动系统

(一) 单项选择题

1. (　　) 既体现了力对物体作用的转动效果，也综合反映了力的三要素之特征。

A. 力偶　　B. 力矩　　C. 扭矩　　D. 力偶矩

2. 力的三要素是力的大小、方向及（　　）。

A. 作用力　　B. 位置　　C. 标高　　D. 作用点

3. 力偶是由（　　）、方向、不共线的二平行力组成的力系，它对物体仅产生转动效果。

A. 等值　　B. 相同　　C. 大小　　D. 不同

4. 大小相等、方向相反、作用线互相平行但不重合的两个力所组成的力系，成为（　　）。

A. 力偶　　B. 力矩　　C. 扭矩　　D. 力偶矩

5. 平面力偶系平衡的充要条件是各力偶矩的（　　）和为零。

A. 矢量　　B. 代数　　C. 扭矩　　D. 力偶矩

6. 弹性体在荷载作用下发生变形，其上各点发生相对运动，从而产生相互作用力，杆件内部这种阻止变形发展的抗力就是（　　）。

A. 内力　　B. 应力　　C. 压力　　D. 剪力

7. 计算杆件横截面上内力常采用（　　），即沿所研究的截面把物体分离成两部分，选择其中一部分为研究对象；绘制研究对象的受力图（包括作用在研究对象上的荷载和约束力，以及所研究的截面上的待定内力）。

A. 面积法　　B. 微分法　　C. 截面法　　D. 统计法

8. 所谓（　　），是指力偶作用面为轴的横截面，它使杠轴产生扭转变形。

A. 力矩　　B. 力偶矩　　C. 扭转力偶　　D. 力偶

9. 剪切胡克定律是（　　）。

A. $A \geqslant \frac{N}{[\sigma]}$　　B. $\tau = G\gamma$　　C. $\tau_{\max} = \frac{M_t}{W_t}$　　D. $\sigma = E \cdot \frac{y}{\rho}$

10. 下列关于惯性矩和惯性积，说法错误的是（　　）。

A. 主惯性轴——凡是使图形惯性积等于零的一对正交坐标轴

B. 主惯性矩——图形对主惯性轴的惯性矩

C. 形心主惯性轴——通过图形形心的主惯性轴，简称形心主轴

D. 形心主惯性矩——图形对主惯性轴的惯性矩

11. 在工程中，衡量结构物是否具有足够的承载能力，要从三个方面来考虑：（　　）。

A. 强度、柔度、稳定性　　B. 强度、刚度、稳定性

C. 强度、刚度、牢固性　　D. 强度、柔度、牢固性

12. 齿轮传动的类型较多，其中两（　　）之间的传动是平面齿轮传动。

A. 垂直轴　　B. 相交轴　　C. 平行轴　　D. 交错轴

13. 在液压系统中，用于控制液体的压力、流量和方向的各种液压阀为系统的（　　）。

A. 动力装置　　B. 控制装置　　C. 执行装置　　D. 辅助装置

14. 带传动是通过中间挠性件（带）传递运动和动力，适用于两轴中心距（　　）的传动。

A. 交叉　　B. 对称　　C. 较大　　D. 垂直

15. 在链传动中，齿形链同许多齿形链板用铰链连接而成，多用于高速或运动（　　）要求较高的传动。

A. 速度　　B. 精度　　C. 条件　　D. 方向

16. 在各种传动系统中，其中（　　）不能保证固定不变的传动比。

A. 链传动　　B. 齿轮传动　　C. 带传动　　D. 蜗轮蜗杆传动

17. 蜗轮蜗杆传动是用于传递空间互相（　　）而不相交的两轴间的运动和动力。

A. 垂直　　B. 重叠　　C. 平行　　D. 交错

18. 由一系列相互（　　）的齿轮组成的齿轮传动系统称为轮系。

A. 运动　　B. 垂直　　C. 平行　　D. 啮合

19. 气压传动是以（　　）为工作介质进行能量传递或信号传递的传动系统。

A. 液体气体　　B. 高温气体　　C. 压缩空气　　D. 低压气体

20. 在机械设备中，轴、键、联轴器和离合器是最常见的传动件，用于支持、固定（　　）零件和传递扭矩。

A. 平移　　B. 摩擦　　C. 旋转　　D. 箱体

21. 把楔键打入轴和轮毂槽内时，其表面产生很大的预紧力，工作时主要靠（　　）传递扭矩。

A. 压力　　B. 摩擦力　　C. 张力　　D. 内力

22. 按（　　）不同，花键联结可分为矩形花键、三角形花键和渐开线花键等。

A. 直轴　　B. 曲轴　　C. 挠性钢丝钢　　D. 心轴

23. 按轴线的不同，内燃机的主轴采用（　　）。

A. 直轴　　B. 曲轴　　C. 挠性钢丝轴　　D. 心轴

24. 轴的设计计算主要是轴的强度和刚度计算，必要时还必须校核其（　　）。

A. 表面特性　　B. 尺寸公差　　C. 振动稳定性　　D. 疲劳特性

25. 对于不重要或受力较小的轴，通常采用（　　）。

A. 碳素结构钢　　B. 特殊性能钢　　C. 合金钢　　D. 不锈钢

26. 联轴器和离合器主要用于轴与轴或轴与其他旋转零件之间的联结，使其一起（　　），并能传递转矩和运动。

A. 滑移　　B. 摩擦　　C. 紧固　　D. 回转

27. 按（　）的不同，轴可分为：转轴、传动轴和心轴。

A. 承受载荷　　B. 安装定位　　C. 结构形式　　D. 运动速度

28. 向心滑动轴承中，由轴承盖、轴承座、轴瓦和连接螺栓等组成的是（　　）。

A. 整体式　　B. 调心式　　C. 剖分式　　D. 推力式

29. 常见的轴瓦和轴承衬材料除了轴承合金（又称白合金或巴氏合金）、特殊性能轴承材料外，（　　）也应是轴承材料。

A. 不锈钢　　B. 青铜　　C. 合金钢　　D. 碳素钢

30. 在轴承中，推力滑动轴承受（　　）荷载。

A. 径向及轴向　　B. 径向　　C. 随力的方向变化　　D. 轴向

31. 能同时承受很大径向、轴向联合载荷的滚动轴承是（　　）。

A. 圆锥滚子轴承　　B. 调心球轴承　　C. 圆柱滚子轴承　　D. 推力球轴承

32. 滚动轴承一般由内圈、外圈、滚动体和保持架组成。其中（　　）装在轴颈上。

A. 外圈　　B. 滚动体　　C. 内圈　　D. 保持架

33. 推力滑动轴承的（　　）可以利用轴的端面，也可以在轴的中段做出凸肩。

A. 支撑面　　B. 止推面　　C. 摩擦面　　D. 滑动面

34. 滑动轴承与滚动轴承相比有更好的（　　）。

A. 承载能力　　B. 易于更换　　C. 润滑能力　　D. 高效率

35. 按承受载荷的（　　）或公称接触角的不同，滚动轴承可分为向心轴承和推力轴承。

A. 大小　　B. 作用点　　C. 方向　　D. 大小及方向

（二）多项选择题

1. 力 F 使刚体绕 O 点转动效果的强弱取决于：（　　），即为力矩矢的三要素。

A. 力矩的大小　　B. 力矩的转向

C. 力和矢径所组成平面的方位　　D. 力的大小

E. 力的方向

2. 力偶的三要素为：（　　）

A. 力偶的大小　　B. 力偶的转向

C. 力偶矩矢的大小　　D. 力偶的转向

E. 力偶作用面的方向

3. 下列说法正确的是：（　　）

A. 轴力，它将使杆件产生轴向变形（伸长或缩短）

B. 剪力，它将使杆件产生剪切变形

C. 弯矩，它将使杆件产生弯曲变形

D. 力偶，大小相等、方向相反、作用线互相平行的两个力所组成的力系

E. 力矩，力对点之矩、力对轴之矩

4. 下列关于面积矩说法正确的是（　　）。

A. 某图形对某轴的面积矩若等于零，则该轴必通过图形的形心

B. 图形对于通过形心的轴的面积矩恒等于零

C. 形心在对称轴上，凡是平面图形具有两根或两根以上对称轴则形心必在对称轴的交点上

D. 某图形对某轴的面积矩若等于零，则该轴垂直于该图形

E. 图形对于通过形心的轴的面积矩不一定为零

5. 下列关于弯曲变形，说法正确的是（　　）。

A. 梁在平面弯曲时，其轴线将在形心主惯性平面内弯曲成一条平面曲线。这条曲线称为梁的挠曲线

B. 梁在弯曲变形后，其横截面的位移包括三部分：挠度、弯曲、水平位移

C. 挠度为横截面形心处的铅垂位移，约定向下的位移为正

D. 水平位移为横截面形心沿水平方向的位移

E. 当荷载所引起的效应为荷载的线性函数时，则多个荷载同时作用所引起的某一效

应等于每个荷载单独作用时所引起的该效应的矢量和

6. 下列关于细长压杆各类支持方式的压杆的临界应力计算正确的是：（　）

A. 一端自由，一端固定，$F_{cr}=\frac{\pi^2 EI}{(2l)^2}$

B. 两端铰支，$F_{cr}=\frac{\pi^2 EI}{(l)^2}$

C. 一端铰支，一端固定，$F_{cr}=\frac{\pi^2 EI}{(0.7l)^2}$

D. 两端固定，$F_{cr}=\frac{\pi^2 EI}{(0.5l)^2}$

E. 两端铰支，$F_{cr}=\frac{\pi^2 EI}{(l)^2}$

7. 轮系广泛应用于各种机械中，根据其特点，主要用于（　）等方面。

A. 远距两轴传动　B. 提高运动速度　C. 获得较大的传动比

D. 实现变速传动　E. 获得较小的扭力

8. 齿轮运动是机械传动中最重要，应用最广泛的一种传动。它可以用于（　）两轴间的传动，以及改变运动速度和形式。

A. 任意角交错的　B. 平行的　C. 远距离的

D. 能无级变速的　E. 任意角相交的

9. 通过工作介质能量传递的传动方式有（　）。

A. 链传动　B. 带传动　C. 液压传动

D. 气压传动　E. 蜗轮蜗杆传动

10. 齿轮传动的主要优点有（　）。

A. 适用的圆周速度和功率范围广

B. 不宜适用两轴远距离之间的传动

C. 传动比准确、稳定、效率高

D. 可实现平行轴、任意角相交轴和任意角交错角之间的传动

E. 工作性能可靠，使用寿命长

11. 气压传动的组成部分有（　）。

A. 气源装置　B. 控制装置　C. 执行装置

D. 工作介质　E. 辅助装置

12. 轴的结构设计应满足（　）等要求。

A. 定位与固定　B. 制造与安装　C. 受力状况

D. 回转与平移　E. 应力集中状况

13. 根据各类键的特点，其中（　）具有良好的定心性能。

A. 平键　B. 半圆键　C. 切向键

D. 楔向键　E. 花键

14. 按承受荷载的不同，能传递扭矩的轴应是（　）。

A. 心轴　B. 支撑轴　C. 转轴

D. 凸轮轴　E. 传动轴

15. 在机械设备中最常见的传动件有（　　）。

A. 轴承　　B. 轴　　C. 键

D. 离合器　　E. 联轴器

16. 离合器的类型有（　　）。

A. 牙嵌式离合器　　B. 电磁离合器　　C. 摩擦式离合器

D. 自动离合器　　E. 刚性离合器

17. 主要承受径向荷载的滚动轴承有（　　）。

A. 调心滚子轴承　　B. 调心球轴承　　C. 圆柱滚子轴承

D. 推力球轴承　　E. 滚针轴承

18. 轴承润滑除了降低摩擦，减少磨损的作用，同时还起到（　　）等作用。

A. 冷却　　B. 升温　　C. 防锈

D. 减振　　E. 密封

19. 滑动轴承适用于（　　）的场合。

A. 低速　　B. 结构上要求剖分　　C. 高精度

D. 承受轴向荷载　　E. 重载

20. 滚动轴承和滑动轴承相比，具有（　　）等优点。

A. 摩擦阻力小　　B. 效率高　　C. 启动灵敏

D. 润滑简便　　E. 不易更换

（三）判断题（正确填A，错误填B）

1. 力对点之矩、力对轴之矩统称为力偶。（　　）

2. 力对点的矩是度量力使物体绕其支点（或矩心）转动效果的物理量。（　　）

3. 力矩的方向按左手螺旋法则来确定：以左手的四指由矢径的方向转至力的方向，则大拇指所指的方向即为力矩矢的方向。（　　）

4. 平面问题中力对点的矩是代数量。通常规定：力使刚体绕矩心逆时针转为正，顺时针转为负。（　　）

5. 若力系存在合力，合力对某一点之矩，等于力系中所有力对同一点之矩的矢量和。（　　）

6. 力偶中两个力所组成的平面称为力偶作用面，两个力作用线之间的垂直距离称为力偶臂。（　　）

7. 只要保持力偶矩矢量不变，力偶可在其作用面内任意移动和转动，也可以连同其作用面一起沿着力偶矩矢量作用线方向平行移动，而不会改变力偶对刚体的作用效应。（　　）

8. 只要保持力偶矩矢量不变，可以同时改变组成力偶的力和力偶臂的大小，而不会改变力偶对刚体的作用效应。（　　）

9. 当摩擦轮传动传递同样大的功率时，轮廓尺寸和作用在轴与轴承上的载荷都比齿轮传动大，故能传递很大的功率。（　　）

10. 平面齿轮传动用于两平行齿轮传动是依靠主动齿轮依次拨动从动齿来实现的，它

可以用于空间任意两轴间的传动，以及改变运动速度和形式，一般用于两轴远距离传动。（ ）

11. 蜗轮蜗杆传动是用于传递空间互相垂直而不相交的两轴间的运动和动力。因轴向力大，易发热，效率低，故只能单向传动。（ ）

12. 带传动是通过中间挠性件（带）传递运动和动力，适用于两轴中心距较大的传动，但不能保证固定不变的传动比，传动效率较低。（ ）

13. 链传动特点：没有滑动，效率较高，能在温度较高、湿度较大的环境中使用，宜在荷载变化很大和急促反向的传动中应用。（ ）

14. 将主动轴的转速变换为从动轴的多种转速，获得很大传动比，由一系列相互啮合的齿轮组成的齿轮传动系统为轮系。（ ）

15. 液压传动是以液体的压力能进行能量传递、转换和控制的一种传动形式。它由动力装置、执行装置、控制装置、辅助装置等组成。（ ）

16. 气压传动是以压缩空气为工作介质进行能量传递或信号传递的传动系统。它工作介质是空气，来源方便；传递运动平稳、均匀但噪声较大。（ ）

17. 轴是机器中重要零件之一，用于支承回转零件和传递运动和动力。按承受荷载的不同，可分为直轴、曲轴和挠性钢丝轴。（ ）

18. 平键的两侧是工作面，上表面与轮毂槽底之间留有间隙。其定心性能好，装拆方便。常用的平键有普通平键和导向平键两种。（ ）

19. 按齿形不同，花键联结可分为矩形花键、三角形花键和半圆花键等。花键联结可以做成静联结，也可以做成动联结。（ ）

20. 用联轴器联结的两根轴，在机器工作中就能方便地使它们分离或结合。（ ）

21. 用离合器联结的两根轴，只有在机器停止工作后，经过拆卸才能把它们分离。（ ）

22. 滑动轴承按照承受的载荷分为：向心滑动轴承，主要承受轴向载荷；推力滑动轴承，主要承受径向荷载。（ ）

23. 轴瓦是轴承中的关键零件。根据轴承的工作情况，轴瓦材料应摩擦系数小、导热性好、热膨胀系数小、耐磨、耐蚀、胶合能力强、有足够的机械强度和可塑性等性能。（ ）

24. 滚动轴承与滑动轴承相比，具有摩擦阻力小、启动灵敏、效率高、润滑简便和易于更换、抗冲击能力较好、高速时出现噪声、工作寿命不如液体润滑的滑动轴承等特点。（ ）

25. 轴承的润滑方式多种多样，常用的有油杯润滑、油环润滑和油泵循环供油润滑。（ ）

26. 轴承密封方式主要有：密封胶、填料密封、密封圈（O、V、U、Y形）、机械密封、防尘节流密封和防尘迷宫密封等。（ ）

（四）计算题或案例分析题

【题一】 某火力发电厂烟气脱硫工程，脱水楼主要是对烟气脱硫后产生的石膏进行脱水，石膏经真空皮带脱水机脱水后，再由输送带传送至石膏仓库。脱水楼主要设备是真空皮带脱水机、石膏传送带。真空皮带脱水机主要靠皮带传动，皮带下方有成排辊轴，辊轴之间由齿轮进行传动，辊轴与机架之间安装滚动轴承，真空皮带脱水机动力由电机提供，为保持匀速运动，与辊轴采用链条传动。真空管道和石灰石浆液管道上安装气动阀门，由气压传动控制阀门的启闭。真空管道由真空泵提供动力，石灰石浆液由石灰石浆液泵提供动力，安装时施工单位对水泵联轴器进行同心度的对中，保证了安装精度。输送带的动力由电机带动，由皮带进行带动辊轴，辊轴滚动带动输送带的运输。

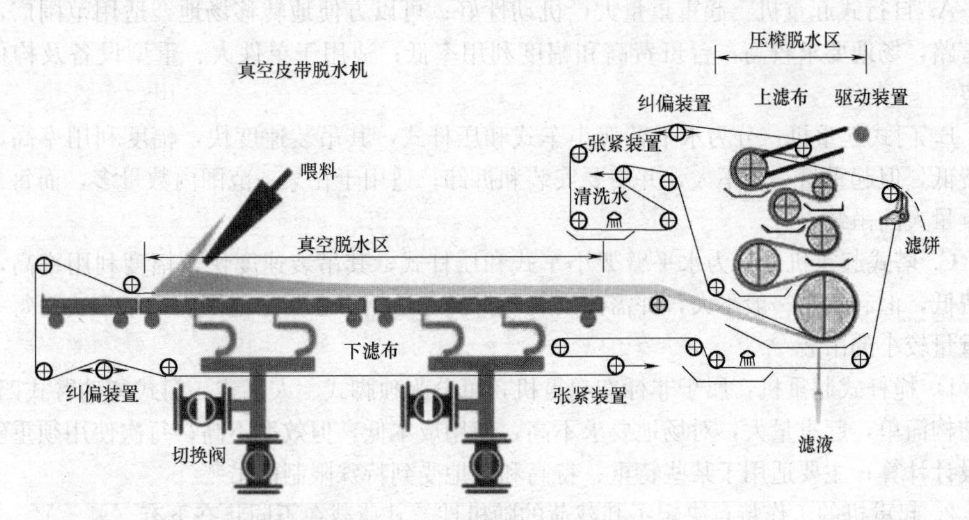

1. 以上背景材料中未涉及的传动方式是（　　）。

A. 齿轮传动　　B. 带传动　　C. 蜗轮传动　　D. 链传动

2. 不属于齿轮传动的优点的是（　　）。

A. 传动比大

B. 工作性能可靠，使用寿命长

C. 可实现平等轴、任意角相交轴和任意角交错轴之间的传动

D. 适用的圆周速度和功率范围广

3. 不属于带传动的优点的是（　　）。

A. 适用于两轴中心距较大的传动

B. 带具有良好的挠性，可缓和冲击，吸收振动

C. 结构简单，成本低廉

D. 效率较高

4. 石灰石浆液泵联轴器，主要作用是（　　）。

A. 水泵与电机轴之间的联结，使其一起回转并传递转矩和运动

B. 为支承轴及轴上零件，承受其荷载，交保持轴的旋转精度，减少轴与支承的摩擦和磨损

C. 水泵轴和电机轴之间的周向固定以传递扭矩

D. 支承回转零件和传递运动和动力

5. 真空皮带脱水机轴承为了降低摩擦、减少磨损，可采取哪项措施（　　）。

A. 密封圈　　B. 油环润滑　　C. 机械密封　　D. 填料密封

第6章 起重与焊接

(一) 单项选择题

1. 下列关于起重机械使用特点，不正确的是（　　）。

A. 自行式起重机：起重重量大，机动性好；可以方便地转移场地，适用范围广，但对道路，场地要求较高，台班费高和幅度利用率低；适用于单件大、重型设备及构件的吊装

B. 门式起重机：分为水平臂架小车式和压杆式，其吊装速度快，幅度利用率高，台班费低，但起重量一般不大，并需要安装和拆卸；适用于在某一范围内数量多，而每一单件重量大的吊装

C. 塔式起重机：分为水平臂架小车式和压杆式，其吊装速度快，幅度利用率高，台班费低，但起重量一般不大，并需要安装和拆卸；适用于在某一范围内数量多，而每一单件重量较小的吊装

D. 桅杆式起重机：属于非标准起重机，可分为独脚式、人字式、门式和动臂式四类。其结构简单，起重量大，对场地要求不高，使用成本低，但效率不高；每次使用须重新进行设计计算；主要适用于某些特重、特高和场地受到特殊限制的吊装

2. 起重机的工作特点决定了其载荷的随机性，其荷载在不同状态下有（　　）。

A. 基本荷载、附加荷载、特殊荷载

B. 起重机金属结构、机构、动力和电气设备等

C. 起重机自身重量、起升质量、外在荷载

D. 起重机自身重量、附加荷载、特殊荷载

3. 起重机交付使用前，必须进行静态和动态试验。静态试验荷载为额定荷载的（　　）倍。

A. 1.05　　B. 1.10　　C. 1.15　　D. 1.25

4. 起重机交付使用前，必须进行静态试验和动态试验。动态试验荷载为额定荷载的（　　）倍。

A. 1.05　　B. 1.10　　C. 1.15　　D. 1.25

5. 自行式起重机的选择步骤是：（　　）。

① 根据被吊装设备或构件的就位位置、现场具体情况等确定起重机的站车位置，站车位置一旦确定，其幅度也就确定了

② 根据被吊装设备或构件的就位高度、设备尺寸吊索高度等和站车位置（幅度），由起重机的特性曲线，确定其臂长

③ 根据上述已确定的幅度、臂长以及起重机的起重特性曲线，确定起重机能够吊装的荷载

④ 如果起重机能够吊装的荷载大于被吊装设备或构件的重量，则起重机选择合理，否则必须重新选择

A. ①→③→②→④　　B. ①→②→③→④

C. ①→②→④→③　　　　　　　　D. ①→④→②→③

6. 下面关于桅杆式起重机说法错误的是：（　　）。

A. 桅杆式起重机主要由桅杆本体、起升系统、稳定系统、动力系统组成

B. 桅杆本体包括桅杆、起升系统及其附件

C. 起升系统主要由滑轮组、导向轮和钢丝绳等组成

D. 动力系统主要是电动卷扬机，也有采用液压装置的

7. 在起重工程中，用作缆风绳的安全系数不小于（　　）。

A. 2.0　　B. 2.5　　C. 3.0　　D. 3.5

8. 在起重工程中，用作滑轮组跑绳的安全系数一般不小于（　　）。

A. 3.5　　B. 4.0　　C. 4.5　　D. 5.0

9. 在起重工程中，用作吊索的安全系数一般不小于（　　）。

A. 6.0　　B. 7.0　　C. 8.0　　D. 9.0

10. 在起重工程中，如果用于载人，则安全系数不小于（　　）。

A. 6.0～8.0　　B. 8.0～10.0　　C. 10.0～12.0　　D. 12.0～14.0

11. 以下不属于吊装方案编制内容是（　　）。

A. 吊装方案编制的主要依据

B. 施工步骤与工艺岗位分工

C. 按方案选择的原则、步骤，进行比较、选择，并得出结论，确定采用的方案

D. 临时用电布置

12. 吊装方案的选择步骤是（　　）。

①技术可行性论证；②安全性分析；③进度分析；④成本分析；⑤根据具体情况作综合选择

A. ①→⑤→③→②→④　　　　B. ①→②→③→④→⑤

C. ①→②→④→③→⑤　　　　D. ①→④→②→③→⑤

13. 大型储罐罐底焊缝的致密性，应采用（　　）方法进行检查。

A. 充水试验　　B. 氨气试验　　C. 真空箱试验　　D. 煤油渗漏试验

14. 下列关于焊接工艺评定报告，正确的说法是（　　）。

A. 焊接工艺评定报告可直接指导生产

B. 同一份焊接工艺评定报告可作为几份焊接工艺卡的依据

C. 焊接细则卡是简单地重复焊接工艺评定报告

D. 同一份焊接工艺卡必须来源于一份焊接工艺评定报告

15. 以外部涂有涂料的焊条作为电极及填充金属，电弧在焊条端部和被焊工件表面之间燃烧，这种焊接属于（　　）。

A. 焊条电弧焊　　B. 埋弧焊　　C. 钨极气体保护焊　　D. 等离子弧焊

16. 焊接中钨极不熔化，只起电极作用的焊接是（　　）。

A. MIG 焊　　　　　　　　B. 钨极气体保护焊

C. MAG 焊　　　　　　　　D. 药芯焊丝电弧焊

17. 具有结构相对简单、制造方便、使用可靠、维修容易、效率高、成本低等优点的焊条电弧焊电源是（　　）。

A. 弧焊变压器　　B. 直流电源　　C. 弧焊整流器　　D. 逆变弧焊电源

18. 焊条电弧焊电源按好坏排列依次是（　）。

A. 直流弧焊发电机、晶闸管弧焊整流电源、弧焊变压器

B. 晶闸管弧焊整流电源、直流弧焊发电机、弧焊变压器

C. 弧焊变压器、直流弧焊发电机、晶闸管等弧焊整流电源

D. 晶闸管弧焊整流电源、弧焊变压器、直流弧焊发电机

19. 焊接合金结构钢时，焊条选择通常要求焊缝金属的主要（　　）与母材金属相同或相近。

A. 屈服强度　　B. 抗拉强度　　C. 合金成分　　D. 冲击韧性

20. 对于（　），通常要求焊接金属的主要合金成分与母材金属相同或相近。

A. 普通结构钢　　B. 母材中C、S、P等元素含量偏高的结构钢

C. 刚性大的结构钢　　D. 合金结构钢

21. 在被焊结构刚性大、接头应力高，焊缝易产生裂纹的情况下，可以考虑选用（　）的焊条。

A. 比母材低一强度级别　　B. 比母材高一强度级别

C. 与母材相同强度级别　　D. 韧性指标高的低氢型

22. 结构复杂、刚性大及厚大焊件，应选用抗裂性好的（　）焊条。

A. 低氢　　B. 酸性　　C. 全位置焊接的　　D. 铁粉

23. 唯一适合于焊接的单一活性气体是（　　）。

A. $Ar+CO_2$　　B. CO_2　　C. $Ar+CO_2+O_2$　　D. $Ar+He$

24. 焊接检验包括焊前检验、焊中检验和焊后检验。指出下面选项中，属于焊中检验的是（　　）。

A. 超声波探伤　　B. 装配组对检验

C. 金属化学成分分析　　D. 多层焊接层间缺陷的自检

25. 下列选项中，对焊接质量没有直接影响的环境因素是（　）。

A. 风　　B. 噪声　　C. 温度　　D. 湿度

26. 焊前对焊工重点审查的项目是（　）。

A. 年龄　　B. 学历　　C. 职业级别　　D. 焊接资格

27. 焊缝的余高主要依靠（　）进行检查。

A. 低倍放大镜　　B. 肉眼　　C. 焊接检查尺　　D. 直尺

28. 采用电弧焊焊接，当风速等于或大于（　　）时，如未采取适当的防护措施，应立即停止焊接工作。

A. 2m/s　　B. 4m/s　　C. 6m/s　　D. 8m/s

29. 射线探伤（X，γ）方法（RT）是能发现焊缝（　）气孔、夹渣、裂纹及未焊透等缺陷。

A. 内部　　B. 外部　　C. 表面　　D. 背面

30. 目前应用较为广泛的无损检测方法，能发现焊缝内部气孔、夹渣、裂纹及未焊透等缺陷，这种检测方法是（　）。

A. 射线探伤　　B. 超声波探伤　　C. 磁性探伤　　D. 渗透探伤

31. 主要检测焊缝表面或表面缺陷的无损检测方法是（　　）。

A. 射线探伤　　B. 超声波探伤　　C. 磁性探伤　　D. 渗透探伤

32. 常用来控制角变形和防止壳体局部下塌的方法是（　　）。

A. 散热法　　B. 反变形法　　C. 刚性固定法　　D. 自重法

（二）多项选择题

1. 轻小起重机具包括：（　　）。

A. 千斤顶（齿条、螺旋、液压）　　B. 滑轮组

C. 手动和电动葫芦　　D. 卷扬机（手动、电动、液动）

E. 吊绳

2. 起重机包括：（　　）。

A. 自行式起重机　　B. 塔式起重机

C. 门座式起重机　　D. 桅杆式起重机

E. 叉车

3. 起重机的基本技术参数主要有：（　　）。

A. 额定起重量　　B. 最大起升高度

C. 机构工作速度　　D. 跨度或幅度

E. 起重机类型

4. 桅杆式起重机地锚类型有（　　）。

A. 全埋式　　B. 半埋式

C. 活动式　　D. 简便式

E. 利用建筑物

5. 使用电动卷扬机时应注意：（　　）。

A. 钢丝绳应从卷筒下方绕入卷扬机，以保证卷扬机的稳定

B. 卷筒上的钢丝绳不能全部放出，至少保留 3～4 圈，以保证钢丝绳固定端的牢固

C. 应尽可能保证钢丝绳绕入卷筒的方向在卷筒中部与卷筒轴线垂直，以保证卷扬机受力的对称性

D. 卷扬机与最后一个导向轮的最小距离不得小于 25 倍卷筒长度，以保证当钢丝绳绕到卷筒一端时与中心线的夹角符合规定

E. 卷扬机与最后一个导向轮的最小距离不得小于 40 倍卷筒长度，以保证当钢丝绳绕到卷筒一端时与中心线的夹角符合规定

6. 起重工程中常用的吊装方法有（　　）。

A. 对称吊装法　　B. 滑移吊装法

C. 悬空吊装法　　D. 超高空斜承索吊运设备吊装法

E. 气（液）压顶升法

7. 吊装方案编制的主要依据（　　）。

A. 有关规程、规范

B. 施工总组织设计

C. 起重设备的设计图纸及有关参数、技术要求等

D. 施工现场条件，包括场地、道路、障碍等

E. 机具情况

8. 焊工应严格按照（　　）的规定进行焊接。

A. 焊接工艺卡　　B. 焊接工艺评定报告

C. 实际焊接条件　　D. 焊接试验方法

E. 焊接作业指导书

9. 埋弧焊是以连续送进的焊丝作为电极和填充金属的，其优点是（　　）。

A. 可以采用较大焊接电流

B. 焊接速度高

C. 焊缝质量好

D. 特别适合于焊接大型工件的直缝和环缝

E. 较好地控制热输入

10. 我国焊条电弧焊机类型主要有（　　）。

A. 交流弧焊变压器　　B. 直流弧焊发电机

C. 弧焊整流器　　D. 交直流两用机

E. 逆变弧焊电源

11. 焊接中检验之一为是否执行了焊接工艺要求，包括（　　）。

A. 焊接材料　　B. 焊接设备

C. 焊接规范　　D. 焊接方法

E. 焊接顺序

12. 焊接环境主要指（　　）。

A. 焊接环境温度　　B. 湿度

C. 风的防护　　D. 气压

E. 雷电

13. 外观检验主要指（　　）。

A. 利用低倍数放大镜观察焊缝表面是否有咬边、夹渣、气孔、裂纹等表面缺陷

B. 用焊接检验尺测量焊缝余高、焊瘤、凹陷、错边等

C. 检验焊件是否变形

D. 检验焊件是否有内部气孔

E 检验焊缝是否有夹渣

14. 常用焊缝无损检测方法包括（　　）。

A. 射线探伤　　B. 超声波探伤

C. 磁粉探伤　　D. 渗透探伤

E. 落锤断裂检测

15. 主要用于检测焊缝表面缺陷的检测方法有（　　）。

A. 渗透探伤　　B. 超声波探伤

C. 声发射试验　　D. 射线探伤

E. 磁性探伤

16. 焊接残余应力的危害包括（　　）。

A. 降低构件承受静载能力　　　　　　B. 结构易发生脆性断裂
C. 提高结构的抗疲劳强度　　　　　　D. 影响外观质量
E. 易产生应力腐蚀开裂

17. 预防焊接变形的合理装配工艺措施包括（　　）。
A. 反变形法　　　　　　　　　　　　B. 合理安排焊缝位置
C. 合理的焊接顺序　　　　　　　　　D. 预留焊缝收缩余量法
E. 刚性固定法

（三）判断题（正确填 A，错误填 B）

1. 自行式起重机：起重重量大，机动性好；可以方便地转移场地，适用范围广，但对道路，场地要求较高，台班费高和幅度利用率低；适用于单件大、重型设备及构件的吊装。（　　）

2. 起重机的工作速度包括起升速度、变幅速度、吊装速度和行走速度。（　　）

3. 钢丝绳的规格较多，起重工程常用的为 6×19+1、6×37+1、6×61+1 三种。（　　）

4. 在同等直径下，6×19+1 钢丝绳中的钢丝直径较大，强度较低，但柔性高，常用作缆风绳。6×61+1 钢丝绳中的钢丝最细，柔性好，但强度高。（　　）

5. 起重工程中一般采用快速卷扬机。（　　）

6. 选择电动卷扬机的额定拉力时，应注意滑轮组跑绳的最大拉力不能大于电动卷扬机额定拉力的 85%。（　　）

7. 吊装方法的选用原则是安全、有序、快捷、经济。（　　）

8. 电阻焊是目前应用最广泛的焊接方法。（　　）

9. 熔化极气体保护焊的优点是可以方便地进行各种位置焊接，焊接速度快、熔敷率较高。（　　）

10. 熔化极气体保护焊机特性是温度高、能量集中、较大冲击力、比一般电弧稳定、各项有关参数调节范围广的特点。（　　）

11. 用焊缝检验尺测量焊接变形。（　　）

12. 用气体为介质进行气压强度试验，试验压力一般为设计压力的 1.25 倍。（　　）

13. 水压试验的耐压试验压力一般为设计压力的 1.25 倍。（　　）

14. 渗透探伤主要用于检测焊缝表面或近表面检测。（　　）

15. 焊接变形的面外变形包括角变形、收缩变形、弯曲变形、扭曲变形。（　　）

16. 反变形法常用来控制弯曲变形和防止壳体局部下榻。（　　）

17. 储罐底板焊接，可以先焊长焊缝，再焊短焊缝。（　　）

（四）计算题或案例分析题

【题一】 某工程为储罐安装项目，底板材质为碳钢，采用 CO_2 气体保护焊打底，然后采用埋弧焊盖面的焊接工艺。

1. 气体保护焊和埋弧焊属于常用的焊接方法中的（　　）。
A. 气焊　　　　B. 电阻焊　　　　C. 钎焊　　　　D. 电弧焊

2. CO_2 气体是唯一适合于焊接的（　　）。

A. 单一活性气体　B. 非活性气体　C. 惰性气体　D. 氧化性气体

3. 为了防止底板焊接变形，合理选择装配程序，底板焊接可以先焊（　　）

A. 短焊缝　B. 长焊缝　C. T 角缝　D. 大角缝

4. 下面不属于埋弧焊的特点的是（　　）。

A. 可以采用较小焊接电流　B. 焊接速度高

C. 焊缝质量好　D. 适合焊接大型工件的直缝和环缝

5. 大型储罐罐底焊缝的致密性，应采用（　　）方法进行检查。

A. 充水试验　B. 氨气试验　C. 真空箱试验　D. 煤油渗漏试验

第 7 章　流体力学和热工转换

（一）单项选择题

1. 流体最基本的特征是（　　）。

A. 延展性　B. 流动性　C. 压缩性　D. 惯性

2. 流体是（　　）一种物质。

A. 不断膨胀直到充满容器的　B. 实际上是不可压缩的

C. 不能承受剪切力的　D. 在任一剪切力的作用下不能保持静止的

3. 流体中发生机械能损失的根源是（　　）。

A. 惯性　B. 万有引力特征

C. 黏性　D. 压缩性和膨胀性

4. 下列物体属于非牛顿流体的是（　　）。

A. 水　B. 酒精　C. 空气　D. 油漆

5. 毛细管现象属于流体的哪种物理性质（　　）。

A. 惯性　B. 万有引力特性

C. 黏性　D. 表面张力特性

6. 流体在外力作用下是处于相对平衡还是作机械运动是由流体本身的（　　）决定的。

A. 物理力学性质　B. 万有引力特性

C. 黏性　D. 表面张力特性

7. 液体的温度增高时黏性（　　）。

A. 增加　B. 不变　C. 减少　D. 先增加后减少

8. 液体黏度随温度的升高而（　　），气体黏度随温度的升高而（　　）。

A. 减小，升高　B. 增大，减小　C. 减小，不变　D. 减小，减小

9. 下列关于流体说法不正确的是（　　）。

A. 流体静压强总是沿着作用面的内法线方向

B. 某一固定点上流体静压强的大小与作用面的方位无关

C. 同一点上各个方向的流体静压强大小相等

D. 静止流体中存在切应力

10. 对于液体流动问题，工程上一般采用（　　）。

A. 体积流量　　B. 质量流量　　C. 重量流量　　D. 密度流量

11. 变直径管，直径 $D_1=320\text{mm}$，$D_2=160\text{mm}$，流速 $v_1=1.5\text{m/s}$，v_2 为（　　）。

A. 3m/s　　B. 4m/s　　C. 6m/s　　D. 9m/s

12. 我们把实现热能和机械能相互转化的媒介物质称为（　　）。

A. 工质　　B. 热源　　C. 冷源　　D. 热能

13. 把内燃机进、排气及燃烧膨胀过程一起研究时，取气缸为划定的空间是（　　）。

A. 闭口系统　　B. 开口系统　　C. 热力系统　　D. 简单可压缩系统

14. 热力学温标的温度单位是开尔文，规定为（　　）。

A. 273.16K　　B. 273.18K　　C. 273K　　D. 278K

15. 压力表的读值是（　　）。

A. 绝对压强　　B. 绝对压强与当地大气压的差值

C. 绝对压强加当地大气压　　D. 当地大气压与绝对压强的差值

16. 相对压强是指该点的绝对压强与（　　）的差值。

A. 标准大气压　　B. 当地大气压　　C. 工程大气压　　D. 真空压强

17. 流动阻力与水头损失的大小取决于（　　）。

A. 流速　　B. 流量　　C. 过水面积　　D. 流道的形状

18. 使流体的运动具有截然不同的两种运动状态的是（　　）。

A. 摩擦力　　B. 流道的形状　　C. 流速　　D. 实际流体黏性的存在

19. 层流流态的判别是（　　）。

A. $Re>Rec=2000$　　B. $Re<Rec=2000$

C. $Re\geqslant Rec=2000$　　D. $Re\leqslant Rec=2000$

20. 管网内各管段的管径是根据（　　）决定的。

A. 流量与流速　　B. 经济流速　　C. 水头损失　　D. 成本

21. 均匀流是（　　）。

A. 当地加速度为零　　B. 迁移加速度为零

C. 向心加速度为零　　D. 合成加速度为零

22. 输水管道在流量和水温一定时，随着直径的增大，水流的雷诺数 Re 就（　　）。

A. 增大　　B. 减小　　C. 不变　　D. 不定

23. 雷诺实验中，由层流向紊流过渡的临界流速 v_{cr} 和由紊流向层流过渡的临界流速 v_{cr}之间的关系是（　　）。

A. $v_{cr}>v_{cr}$　　B. $v_{cr}<v_{cr}$　　C. $v_{cr}=v_{cr}$　　D. 不确定

24. 半满管流，直径为 D，则水力半径 $R=$（　　）。

A. $D/2$　　B. $2D$　　C. $D/4$　　D. $4D$

25. 变直径管流，细断面直径 D_1，粗断面直径 $D_2=2D_1$，粗细断面雷诺数的关系是（　　）。

A. $Re_1=0.5Re_2$　　B. $Re_1=Re_2$　　C. $Re_1=1.5Re_2$　　D. $Re_1=2Re_2$

26. 雷诺数 Re 反映了（　　）的对比关系。

A. 黏滞力与重力

B. 重力与惯性力

C. 惯性力与黏滞力

D. 黏滞力与动水压力

27. 圆管层流流量变化与（　　）。

A. 黏度成正比

B. 管道半径的平方成正比

C. 压降成反比

D. 黏度成反比

28. 水力半径是（　　）。

A. 湿周除以过水断面积

B. 过水断面积除以湿周的平方

C. 过水断面积的平方根

D. 过水断面积除以湿周

29. 管道中紊流运动，过水断面流速分布符合（　　）。

A. 均匀分布

B. 直线变化规律

C. 抛物线规律

D. 对数曲线规律

30. 输送流体的管道，长度及两段的压强差不变，层流流态，欲使管径放大一倍，$d_2=2d_1$，则流量$\frac{Q_2}{Q_1}$应为（　　）。

A. 2　　B. 4　　C. 8　　D. 16

（二）多项选择题

1. 属于液体的表面张力特性的是（　　）。

A. 水面可以高出碗口不外溢

B. 钢针可以水平地浮在液面上不下沉

C. 毛细管现象

D. 液体没有一定的形状，随容器的形状而变

E. 液体的压缩性

2. 适用于牛顿内摩擦定律的流体是（　　）。

A. 酒精　　B. 空气　　C. 油漆

D. 泥浆　　E. 浓淀粉糊

3. 属于流体静压强的特性的是（　　）。

A. 垂向性　　B. 各向等值性　　C. 稳定性

D. 恒定性　　E. 黏性

4. 实际流体总流的能量方程是工程流体力学中最常用的基本方程之一，其应用条件是（　　）。

A. 流动是恒定的

B. 流动的密度是常数

C. 质量力中只有重力

D. 流体不可压缩，密度为常量

E. 流体可压缩，密度为常量

5. 研究热力过程时，常用的状态参数有（　　）。

A. 压力　　B. 温度　　C. 体积

D. 热力学能　　E. 质量

6. 在长直管道或长直明渠中，流动为（　　）。

A. 急变流　　B. 旋涡流　　C. 均匀流

D. 渐变流　　E. 紊流

7. 四个基本热力过程，分别是（　　）。

A. 定容过程　　B. 定压过程　　C. 等温过程

D. 压缩过程　　E. 绝热过程

8. 下面说法正确的是（　　）。

A. 流体的压缩性是指流体受压，体积缩小，密度加大，除去外力后能恢复原状的性质

B. 流体的压缩性是指流体受压，体积缩小，密度加大，除去外力后不能恢复原状的性质

C. 流体的膨胀性是指流体受热，体积膨胀，密度减少，温度下降后能恢复原状的性质

D. 流体的膨胀性是指流体受热，体积缩小，密度加大，温度下降后能恢复原状的性质

E. 液体和气体虽然都是流体，但它们的压缩性和膨胀性大不一样

9. 下面说法正确的是（　　）。

A. 我们把实现热能和机械能相互转化的媒介物质叫做工质

B. 把工质从中吸取热能的物质叫热源，或称高温热源

C. 把接受工质排出热能的物质叫做冷源，或称低温热源

D. 热源和冷源可以是恒温的，也可以是变温的

E. 热源和冷源可以是恒温的，不可以是变温的

10. 下面说法正确的是（　　）。

A. 流动阻力与水头损失的大小取决于流道的形状

B. 将流动阻力与水头损失分为两种类型：沿程阻力与沿程水头损失、局部阻力与局部水头损失

C. 在流道发生突变的局部区域，流动属于变化较剧烈的急变流

D. 在实际情况下，大多急变流产生的部位会产生局部水头损失

E. 在实际情况下，大多急变流产生的部位会产生沿程水头损失

（三）判断题（正确填 A，错误填 B）

1. 气体的黏性则主要由分子内聚力和分子间的动量交换产生。（　　）

2. 流体的密度随温度和压强的变化而变化。（　　）

3. 对于液体流动问题，工程上一般采用体积流量，简称流量，实验室中常采用重量流量。（　　）

4. 某一固定点上流体静压强的大小与作用面的方位有关。（　　）

5. 把内燃机进、排气及燃烧膨胀过程一起研究时，取气缸为划定的空间就是开口系统。（　　）

6. 开口系统又叫做控制质量。（　　）

7. 在工程实际中，通常采用上临界雷诺数 Rec 作为流态判别的标准。（　　）

8. 流动阻力与水头损失的大小取决于流道的形状。（　　）

9. 在一个标准大气压下，不同温度下水和空气的密度值不一样。（　　）

10. 气体的黏性随温度增高而增大。（　　）

第8章　电路与自动控制

(一) 单项选择题

1. 若电流 $i=i_1+i_2$，且 $i_1=10\sin\omega t$A，$i_2=10\sin\omega t$A，则 i 的有效值为（　　）。

A. 20A　　B. $\frac{20}{\sqrt{2}}$A　　C. 10A　　D. $\frac{10}{\sqrt{2}}$A

2. 一个正弦交流电压的瞬时值可用三角函数式（解析式）来表示，表示式为（　　）。

A. $u(t)=U\text{m}\sin(\omega t+\psi)$　　B. $u(t)=U\text{m}\cos(\omega t+\psi)$

C. $u(t)=U\text{m}\tan(\omega t+\psi)$　　D. $u(t)=U\text{m}\cot(\omega t+\psi)$

3. 周期 T、频率 f、角频率 ω 三者间内在的联系是（　　）。

A. $\omega=\pi T=\pi/f$　　B. $\omega=\pi f=\pi/T$

C. $\omega=2\pi T=2\pi/f$　　D. $\omega=2\pi f=2\pi/T$

4. 实际工程中，交流仪表所测出的数值都是（　　）。

A. 最大值　　B. 有效值　　C. 瞬时值　　D. 最小值

5. 下列哪个为储能元件（　　）。

A. 电阻元件　　B. 电感元件　　C. 电容元件　　D. 以上都是

6. 忽略了电阻且不带铁芯的电感线圈组成的交流电路可近似看成（　　）。

A. 电阻电路　　B. 纯电感电路　　C. 电容电路　　D. 串联电路

7. 反映电容对交流电流阻碍作用程度的电路参数叫做（　　）。

A. 电路电阻　　B. 电路电感　　C. 电容电抗　　D. 电路电压

8. 为了提高电力系统的功率因数的常用方法是（　　）。

A. 在负载两端并联电容器　　B. 在负载两端串联电容器

C. 在负载两端并联电感器　　D. 在负载两端串联电感器

9. 不属于正弦交流电三要素的是（　　）。

A. 有效值　　B. 初相角　　C. 频率或周期　　D. 角频率

10. 最常用的是三相交流发电机。三相发电机的各相电压的相位互差（　　）。

A. 30°　　B. 60°　　C. 90°　　D. 120°

11. 三相电源星形联接时，线电压是相电压的（　　）。

A. 1.414 倍　　B. 1.732 倍　　C. 2 倍　　D. 3 倍

12. 中性线是三相电路的公共回线，中性线能保证三相负载成为三个互不影响的独立回路，如果一相发生故障（　　）。

A. 其他相均可正常工作　　B. 不能正常工作

C. 其他相不一定能正常工作　　D. 只有一个相能正常工作

13. 属于三相电源联接方式有（　　）。

A. 方形联接　　B. 星形联接　　C. 圆形联接　　D. 十字联接

14. 测量高电压、大电流时使用的一种特殊的变压器叫做（　　）。

A. 心式变压器　　B. 仪用变压器　　C. 电焊变压器　　D. 电炉变压器

15. 以下关于变压器分类说法错误的是：(　　)。

A. 按照用途分，主要有电力变压器、调压变压器、仪用互感器和供特殊电源用的变压器（如整流变压器、电炉变压器）

B. 按照绕组数目分，主要有双绕组变压器、三绕组变压器、多绕组变压器和自耦变压器

C. 按照冷却方式分，主要有干式变压器、湿式变压器和油浸式变压器

D. 按照调压方式分，主要有无载调压变压器、有载调压变压器和自动调压变压器

16. 变压器额定值（铭牌参数）没有（　　）。

A. 额定电阻　　B. 额定电压　　C. 额定电流　　D. 额定容量

17. 电机结构中静止不动，且能产生磁场的是（　　）。

A. 转轴　　B. 转子铁芯　　C. 转子绕组　　D. 定子

18. 三相异步电动机确定每个导体力 F 方向的一个简单的方法是采用（　　）。

A. 右手二手指定则　　B. 右手三手指定则

C. 左手二手指定则　　D. 左手三手指定则

19. 三相异步电动机的同步转速与电源频率的关系、与定子的关系分别是（　　）。

A. 两者均成正比　　B. 两者均成反比

C. 前者成正比，后者成反比　　D. 前者成反比，后者成正比

20. 把电压和频率固定不变的交流电变换为电压或频率可变的交流电的装置称作(　　)。

A. 变频器　　B. 电动机　　C. 变压器　　D. 发电机

21. 电动机启动方式没有（　　）。

A. 直接启动　　B. 降压启动　　C. 并电抗器启动　　D. 软启动

22. 它在电路中是通过的电流超过规定值并经过一定的时间后熔体（熔丝或熔片）熔化而分断电流，断开电路，起到过载（过负荷）和短路保护。它的名称是（　　）。

A. 隔离开关　　B. 负荷开关　　C. 熔断器　　D. 断路器

23. 能隔离高压电源，以保证对其他电器设备及线路的安全检修及人身安全的电气设备是（　　）。

A. 隔离开关　　B. 负荷开关　　C. 熔断器　　D. 断路器

24. 具有简单的灭弧装置，能通断一定的负荷电流和过负荷电流，但是不能用它来断开短路电流，它常与熔断器一起使用，具有分断短路电流的能力的电气设备是（　　）。

A. 隔离开关　　B. 高压负荷开关　　C. 熔断器　　D. 断路器

25. 具有完善的灭弧装置，不仅能通断正常的负荷电流和过负荷电流，而且能通断一定的短路电流，并能在保护装置作用下，自动跳闸，切断短路电流的电气设备是（　　）。

A. 隔离开关　　B. 高压负荷开关　　C. 熔断器　　D. 高压断路器

26. 按一定的线路方案将有关的低压一、二次设备组装在一起的一种成套配电装置称为（　　）。

A. 高压成套配电装置　　B. 低压成套配电装置

C. 变压器　　D. 配电箱

27. 不属于常用的低压开关设备有：(　　)。

A. RN 型熔断器　　B. 刀开关

C. 刀熔开关　　D. 负荷开关

28. 生产过程中80%左右的控制系统是（　　）系统。

A. 串级控制系统　　B. 简单控制

C. 比值控制系统　　D. 选择性控制

29. 两只调节器串联工作，其中一个调节器的输出作为另一个调节器的给定值的系统叫做（　　）。

A. 串级控制系统　　B. 简单控制

C. 比值控制系统　　D. 选择性控制

30. 测取进入过程的干扰（包括外界干扰和设定值变化），并按其信号产生合适的控制作用去改变操纵变量，使受控变量维持在设定值上的系统成为（　　）。

A. 比值控制系统　　B. 串级控制系统

C. 选择性控制　　D. 前馈控制系统

31. 不属于前馈控制系统的特点的是（　　）。

A. 是一个闭环控制　　B. 是按一种扰动大小进行补偿的控制

C. 是对象特性而定的专用控制器　　D. 作用是克服一种扰动、干扰

（二）多项选择题

1. 只含有电阻元件的交流电路叫做纯电阻电路，以下哪些为纯电阻电路（　　）。

A. 白炽灯　　B. 电机

C. 电炉　　D. 电风扇

E. 电烙铁

2. 电感线圈在电路中的作用（　　）。

A. 通直流、阻交流　　B. 通直流、阻高频

C. 通低频、阻高频　　D. 通低频、阻交流

E. 阻交流、阻高频

3. RLC串联电路根据阻抗角φ为正、为负、为零的3种情况，将电路分为（　　）。

A. 电压性电路　　B. 感性电路

C. 容性电路　　D. 电阻性电路

E. 电流性电路

4. 按电路联接的不同，电路谐振有哪几种（　　）。

A. 电压谐振　　B. 串联谐振

C. 电流谐振　　D. 并联谐振

E. 混合谐振

5. 以下关于RLC电路特点说法正确的是（　　）。

A. 当感抗大于容抗时，则电压超前电流，电路呈电感性

B. 当感抗等于容抗时，此时电路的工作状态称为谐振

C. 当感抗等于容抗时，则电压与电流同相，电路呈电阻性

D. 当感抗小于容抗时，则电压滞后电流，电路呈电容性

E. 当感抗小于容抗时，此时电路的工作状态称为谐振

6. 串联谐振特点（　　）。

A. 电流与电压同相位，电路呈电阻性；阻抗最小，电流最大

B. 电感电压与电容电压大小相等，相位相反，电阻电压等于总电压

C. 电流与电压同相位，电路呈电容性；阻抗最大，电流最小

D. 电感电压与电容电压有可能大大超过总电压

E. 电感电压与电容电压大小相等，相位相同，电阻电压等于总电压

7. 三相电源的输电方式（　　）。

A. 三相三线制　　B. 三相四线制

C. 三相五线制　　D. 三相六线制

E. 三相七线制

8. 变压器可以按照相数分类分为（　　）。

A. 三相变压器　　B. 多相变压器

C. 单相变压器　　D. 四相变压器

E. 五相变压器

9. 变压器的基本机构有（　　）。

A. 铁芯　　B. 绕组　　C. 变速器

D. 气缸　　E. 其他部件

10. 旋转电机按功能用途分，可分为（　　）。

A. 发电机　　B. 柴油机　　C. 电动机

D. 变压器　　E. 控制电机

11. 交流电动机按使用的电源相数分为（　　）。

A. 单相电动机　　B. 线绕式电动机

C. 鼠笼式电动机　　D. 变压器

E. 发电机

12. 三相异步电动机的结构由（　　）组成。

A. 油箱　　B. 定子　　C. 转子

D. 油枕　　E. 附件

13. 电动机的外壳上都附有一块铭牌，若显示为 Yl60L-4，则表示为（　　）。

A. Y 表示（笼型）异步电动机　　B. 160 表示机座中心高为 160mm

C. L 表示长机座　　D. 4 表示 4 极电动机

E. 160L 表示机座长 160 mm

14. 熔断器可分为（　　）。

A. 高压管式熔断器　　B. 跌开式熔断器

C. 跌落式熔断器　　D. 隔离熔断器

E. 负荷熔断器

15. 高压隔离开关按安装地点，分为户内式和户外式两大类；按有无接地开关可分为（　　）。

A. 不接地　　B. 四接地　　C. 三接地

D. 双接地　　E. 单接地

16. 高压断路器按照分断速度分为（　　）。

A. 低速 $C<0.2s$　　B. 低速 $C>0.2s$

C. 中速 0.1～0.2s　　D. 中速 0.01～0.2s

E. 高速 $C<0.01s$

17. 常用的成套配电装置按电压高低可分为（　　）。

A. 高压成套配电装置　　B. 高压开关柜

C. 变压器　　D. 低压成套配电装置

E. 低压配电屏和配电箱

18. 以提高系统质量为目的的复杂控制系统，主要有（　　）。

A. 比值控制系统　　B. 串级控制系统

C. 选择性控制　　D. 前馈控制系统

E. 分程控制系统

19. 简单控制系统特点（　　）。

A. 结构简单

B. 所需自动化装置数量少

C. 能迅速克服进入副回路的二次扰动

D. 投资低、操作维护简单

E. 在一般情况下容易满足控制要求

20. 自动控制系统根据系统元件的属性可分为（　　）。

A. 机电系统　　B. 前馈系统

C. 液动系统　　D. 气动系统

E. 分程系统

21. 按给定信号的特征划分，自控控制系统可分为（　　）。

A. 机电控制系统　　B. 恒值控制系统

C. 随动控制系统　　D. 程序控制系统

E. 液动控制系统

（三）判断题（正确填A，错误填B）

1. 我国的交流电源电压称为工频电压，它的有效值为220V、频率为50Hz。（　　）

2. 正弦交流的最大值是有效值的2倍。（　　）

3. 正弦交流电压和电流的振幅之间满足欧姆定律，为：$I=U/R$。（　　）

4. 有功功率反映了电路在一个周期内消耗电能的平均速率，公式为 $P=U^2/R$。（　　）

5. 电感电路中，在相位上，电感电压比电流滞后90°（或 $\pi/2$）。（　　）

6. 电容电路中，在相位上，电容电压比电流超前90°（或 $\pi/2$）。（　　）

7. 并联谐振特点：电流与电压同相位，电路呈电阻性；阻抗最大，电流最小。（　　）

8. 三相电源三角形联接时，线电压的大小与相电压的大小相等。（　　）

9. 标准、规范的导线颜色：A相用黄色，B相用红色，C相用绿色，N线用蓝色，

PE线用黄绿双色。 （ ）

10. PE线在供电变压器侧和N线接到一起，进入用户侧后也可当作零线使用。 （ ）

11. 三相电源三角形联接时，相电流是线电流的$\sqrt{3}$倍。 （ ）

12. 变压器是一种通过电磁感应作用将一定数值的电压、电流、阻抗的交流电转换成同频率的另一数值的电压、电流、阻抗的交流电的静止电器。 （ ）

13. 对于电阻性和感性负载来说，变压器外特性曲线是稍向下倾斜的，而且功率因数越低，下降得越慢。 （ ）

14. 根据电源的不同，电机可分为直流电机和交流电机两大类。 （ ）

15. 按照电机的结构或转速分，可分为变压器和发电机。 （ ）

16. 目前广泛应用的异步电动机，它具有结构简单、坚固耐用、运行可靠、维护方便、启动容易、成本较低，调速好、功率因数高等优点。 （ ）

17. 软启动器的优点是降低电压启动，启动电流小，适合所有的空载、轻载异步电动机使用。缺点是启动转矩小，不适用于重载启动的大型电机。 （ ）

18. 自耦变压器降压启动的优点是可以直接人工操作控制，也可以用交流接触器自动控制，经久耐用，设备成本和维护成本低，适合所有的空载、轻载启动异步电动机使用。 （ ）

19. RN系列户内高压管式熔断器RN1、RN2、RN3、RN4、RN5及RN6等。主要用于3～35kV配电系统中作短路保护和过负荷保护。 （ ）

20. 隔离开关没有灭弧装置，但可容许通断一定的大电流。 （ ）

21. 高压真空断路器是利用“真空”作为绝缘和灭弧介质，具有无爆炸、低噪声、体积小、重量轻、寿命长、电磨损少、结构简单、无污染等优点，但可靠性不高、维修麻烦。 （ ）

22. 配电装置是按电气主接线的要求，把一、二次电气设备如开关设备、保护电器、监测仪表、母线和必要的辅助设备组装在一起构成在供配电系统中接受、分配和控制电能的总体装置。 （ ）

23. 满足特定要求的控制系统，主要有比值控制系统、前馈控制系统、分程控制系统、选择性控制系统。 （ ）

24. 均匀控制系统应具有如下特点：允许表征前后供求矛盾的两个变量在一定范围内变化，但不能保证它们的变化不过于剧烈。 （ ）

25. 一个典型的反馈控制系统总是由控制对象和各种结构不同的职能元件组成的。 （ ）

第9章 安装工程造价基础

（一）单项选择题

1. 国家建设行政主管部门组织编制和发布，并在全国范围内使用的定额是（ ）。

A. 国家定额 B. 全国定额 C. 行业定额 D. 地区定额

2. 以建筑物或构筑物各个分部分项工程为对象编制的定额是（　　）。

A. 施工定额　　B. 预算定额　　C. 概算定额　　D. 概算指标

3. 按照生产要素内容，建设工程定额分为（　　）。

A. 人工定额、材料消耗定额、施工机械台班使用定额

B. 施工定额、预算定额、概算定额、概算指标、投资估算指标

C. 国家定额、行业定额、地区定额、企业定额

D. 建设工程定额、设备安装工程定额、建筑安装工程费用定额、工程建设其他费用定额及工具、器具定额

4. 投资估算指标的适用对象通常是（　　）。

A. 独立的单项工程　　B. 各个分部分项工程

C. 扩大的分部分项工程　　D. 整个建筑物

5. 预算定额是以特定范围的工程为对象编制的定额。这一特定范围的工程是指（　　）。

A. 独立的单项工程　　B. 各个分部分项工程

C. 扩大的分部分项工程　　D. 整个建筑物

6. 编制项目建议书和可行性研究报告书投资估算的依据是（　　）。

A. 预算定额　　B. 概算定额　　C. 概算指标　　D. 投资估算指标

7. 设计单位编制设计概算或建设单位编制年度投资计划的依据是（　　）。

A. 施工定额　　B. 概算定额　　C. 概算指标　　D. 投资估算指标

8. 可以反映施工企业生产与组织的技术水平和管理水平的是（　　）。

A. 施工定额　　B. 概算定额　　C. 概算指标　　D. 预算定额

9. 编制人工定额时要考虑（　　）。

A. 正常的施工条件

B. 拟定定额时间

C. 正常的施工条件及拟定定额时间

D. 正常的施工条件、拟定定额时间及工人的劳动效率

10. 在时间定额的概念中，每个工日表示（　　）。

A. 6小时　　B. 7小时　　C. 8小时　　D. 9小时

11. 生产某产品的工人小组由5人组成，产量定额为$2m^2$/工日，则时间定额应为（　　）。

A. 0.5工日/m^2　　B. 0.2工日/m^2

C. 0.67工日/m^2　　D. 2.5工日/m^2

12. 生产某产品的工人小组由5人组成，每个小组的人员工日数为1工日，机械台班产量为$4m^2$/工日，则时间定额应为（　　）。

A. 0.5工日/m^2　　B. 0.98工日/m^2

C. 1.03工日/m^2　　D. 1.25工日/m^2

13. 下列方法中，可以用来测定人工定额的是（　　）。

A. 理论计算法　　B. 图纸计算法

C. 假设法　　D. 比较类推法

14. 确定机械台班定额消耗量时，首先应（　　）。

A. 确定正常的工作条件　　B. 确定机械正常生产率

C. 确定机械工作时间的利用率　　D. 确定机械正常的生产效率

15. 下列哪一项不属于必需消耗的时间（　　）。

A. 有效工作时间　　B. 自然需要的时间

C. 停工时间　　D. 不可避免的中断时间

16. 某工程有独立设计的施工图纸和施工组织设计，但建成后不能独立发挥生产能力，此工程应属于（　　）。

A. 分部分项工程　　B. 单项工程

C. 分项工程　　D. 单位工程

17.《江苏省安装工程计价表》整套包含（　　）册。

A. 10　　B. 11　　C. 12　　D. 13

18.《江苏省建筑工程费用定额》最新版本是何时施行的（　　）。

A. 2001. 5. 1　　B. 2003. 5. 1　　C. 2006. 5. 1　　D. 2009. 5. 1

19. 按照我国有关规定，预付款的预付时间应不迟于约定的开工日期前（　　）天。

A. 6　　B. 7　　C. 8　　D. 9

20. 某施工单位甲与地产公司乙签订一份某工程的施工合同，合同中约定工程开工时间为 2013 年 4 月 1 日，地产公司乙最迟应在（　　）支付施工单位甲本工程的预付款。

A. 2013. 3. 25　　B. 2013. 3. 6　　C. 2013. 4. 1　　D. 2013. 4. 8

21. 在上题案例中，地产公司乙未在规定的时间内将工程的预付款支付给施工单位甲，甲于 2013 年 4 月 4 日向乙发出要求预付的通知，但直至 2013 年 4 月 15 日，乙仍未向甲支付工程预付款，预付款每天的利息为 1 千元，甲可采取的措施包括（　　）。

A. 停工，并要求乙支付利息 1.1 万元

B. 不能停工，但可要求乙支付利息 2.2 万元

C. 停工，并要求乙支付利息 2.2 万元

D. 不能停工，但可要求乙支付利息 1.1 万元

22. 下列不属于分部分项工程费的是（　　）。

A. 人工费　　B. 规费

C. 施工机械使用费　　D. 企业管理费

23. 下列不属于措施项目费的是（　　）。

A. 临时设施费　　B. 安全文明施工费

C. 环境保护费　　D. 总承包服务费

24. 以下哪一项不应计入人工费（　　）。

A. 辅助工资　　B. 生产工人基本工资

C. 生产工人工资性补贴　　D. 职工养老保险

25. 建安工程造价中的税金不包括（　　）。

A. 营业税　　B. 所得税

C. 城乡维护建设税　　D. 教育费附加

26. 夜间施工增加费是指因夜间施工所发生的夜间补助费、夜间施工照明设备摊销、

照明用电及（　　）等费用。

A. 夜间补助费　　B. 夜间施工降效

C. 夜间劳保费　　D. 安全措施费

27. 如下各项费用中计算公式不正确的是（　　）。

A. 人工费 =Σ(工日消耗量×日工资单价)

B. 材料费 =Σ(材料消耗量×材料基价)

C. 施工机械使用费 =Σ(施工机械台班消耗量×机械台班单价)

D. 日基本工资 =生产工人平均年工资/年平均法定工作日

28. 某建设项目业主与施工单位签订了可调价合同。合同中约定：主导施工机械一台为施工单位自有设备，台班单价 1000 元/台班，折旧费为 150 元/台班，人工日工资单价为 60 元/工日，窝工工费 20 元/工日。合同履行中，因场外停电全场停工 2 天，造成人员窝工 20 个工日；因业主指令增加一项新工作，完成该工作需要 5 天时间，机械 5 台班，人工 20 个工日，材料费 5000 元，则施工单位在不考虑管理费及利润的情况下可以向业主提出分部分项工程费补偿额为（　　）元。

A. 11200　　B. 11600　　C. 11500　　D. 11900

29. 下列不属于材料预算价格的费用是（　　）。

A. 材料原价　　B. 材料包装费

C. 材料采购保管费　　D. 新型材料实验费

30. 我国现行建筑安装工程费用构成中，材料的二次搬运费应计入（　　）。

A. 分部分项工程费　　B. 措施项目费

C. 企业管理费　　D. 规费

31. 江苏省 2012 年对工程预算工资单价进行了调整，其中包工包料的安装、市政工程预算工资单价调整为（　　）。

A. 一类工 63 元/工日，二类工 60 元/工日，三类工 56 元/工日

B. 一类工 70 元/工日，二类工 67 元/工日，三类工 63 元/工日

C. 一类工 70 元/工日，二类工 67 元/工日，三类工 56 元/工日

D. 一类工 63 元/工日，二类工 61 元/工日，三类工 58 元/工日

32. 某新建工程，采购一批型钢 200 吨，此型钢的供应价格为 4280 元/吨，运费为 60 元/吨，运输损耗为 0.25%，采购保管费率为 1%，则该型钢的预算价格为（　　）元。

A. 3999.9　　B. 4030　　C. 4350.85　　D. 4394.36

33. 斗容量为 $1m^3$ 的挖掘机，挖三类土，装车，深度 3m 内，小组成员 2 人，机械台班产量为 4.8（定额单位 $100m^3$），则挖 $100m^3$ 的人工时间定额为（　　）。

A. 0.19 工日　　B. 0.38 工日　　C. 0.42 工日　　D. 1.5 工日

34. 机械工作时间，按其性质分为（　　）。

A. 必须消耗的时间和损失时间　　B. 有效工作时间和损失时间

C. 必须消耗的时间和多余工作时间　　D. 必须消耗的时间和停工时间

35. 某安装工程直接工程费为 1500 万元，其中人工费为 500 万元，间接费率为 42%，利润率为 10%，税率为 3.3%，若该工程以人工费为取费基数，则该安装工程造价为（　　）万元。

A. 1710.20　　B. 1800.66　　C. 1818.08　　D. 2000.50

36. 某建设工程使用保温棉，净用量为500m^3，保温棉的损耗率为3%，则该保温棉的总消耗量为（　　）。

A. 500m^3　　B. 515m^3　　C. 501.5m^3　　D. 550m^3

37. 人工定额是指在正常的施工技术和组织条件下完成单位合格产品所必需的人工（　　）标准。

A. 施工　　B. 使用　　C. 消耗量　　D. 含量

38. 下列不属于材料消耗定额的是（　　）。

A. 主要材料　　B. 周转性材料　　C. 技术材料　　D. 零星材料

39. 施工定额是从事某项工作的基础。这项工作是（　　）。

A. 施工企业计划管理　　B. 施工企业管理工作

C. 计算工人劳动报酬　　D. 组织施工生产

40. 某施工用机械，折旧年限为10年，年平均工作300台班，台班折旧费为800元，残值率为5%，则该机械的预算价格为（　　）万元。

A. 116.4　　B. 120　　C. 123.6　　D. 252.6

（二）多项选择题

1. 人工定额按表现形式的不同，可分为（　　）。

A. 时间定额　　B. 单项工序定额

C. 产量定额　　D. 综合定额

E. 分部工程定额

2. 制定人工定额常用的方法有（　　）。

A. 技术测定法　　B. 统计分析法

C. 比较类推法　　D. 经验估算法

E. 观察测定法

3. 施工机械时间定额，包括（　　）。

A. 有效工作时间　　B. 必须消耗的工作时间

C. 不可避免的中断时间　　D. 损失时间

E. 不可避免的无负荷工作时间

4. 按照编制程序和用途，建筑工程定额分为（　　）。

A. 施工定额　　B. 预算定额

C. 材料消耗定额　　D. 概算指标

E. 投资估算指标

5. 下列各项属于措施项目费的有（　　）。

A. 为临时工程搭设脚手架发生的费用

B. 为工程建设缴纳的工程排污费

C. 为加快施工进度发生的夜间施工费

D. 对已完工程进行设备保护而发生的费用

E. 施工现场管理人员的工资

6. 施工机械使用费，是指施工机械作业发生的（ ）。

A. 机械使用费　　B. 机械安拆费

C. 场外运费　　D. 机械折旧费

E. 运输损耗费

7. 下列各项不属于规费的是（ ）。

A. 工程排污费　　B. 管理人员工资

C. 社会保障费　　D. 住房公积金

E. 劳动保险费

8. 下列各项属于企业管理费的是（ ）。

A. 管理人员工资　　B. 固定资产使用费

C. 危险作业意外伤害保险　　D. 工会经费

E. 劳动保险费

9. 施工企业对建筑材料、构件进行一般性鉴定性检查所发生的费用属于（ ）。

A. 材料费　　B. 规费

C. 检验试验费　　D. 直接费

E. 措施费

10. 下列安装工程的分项工程中，属于一类工程的有（ ）。

A. 10kV 以上变配电装置

B. 建筑物使用空调面积为 14000m^2 的单独中央空调分项安装工程

C. 运行速度为 2m/s 的单独自动电梯分项安装工程

D. 23 层建筑的水电安装工程

E. 锅炉单炉蒸发量为 10t/h 的锅炉安装及其相配套的设备、管道、电气工程

（三）判断题（正确填 A，错误填 B）

1. 基本建设概预算一般包括设计概算、施工图预算和施工预算三部分。（ ）

2. 工程费用由分部分项工程费、措施项目费、规费和税金四部分组成。（ ）

3. 概算指标既是设计单位编制设计概算或建设单位编制年度投资计划的依据，也可作为编制估算指标的基础。（ ）

4. 教育费附加是以城市建设维护税的税额为计征基数。（ ）

5. 汽车装货和卸货时的停车时间属于损失时间。（ ）

6. 机械设备的司机及和其他工作人员的工资应列入施工机械台班单价。（ ）

7. 环境保护费属于规费的一种。（ ）

8. 招标人在工程量清单中提供的用于支付必然发生但暂时不能确定价格的材料的单价以及专业工程的金额称为暂列金额。（ ）

9. 高危毒险种施工作业防护补贴费属于规费中的社会保障费。（ ）

10. 建筑物空调面积 6000 m^2 的单独中央空调分项安装工程属于二类安装工程。（ ）

（四）计算题或案例分析题

【题一】 甲单位与乙单位于 2013 年 3 月 5 日就某消防工程签订施工总承包合同，甲

作为该工程的施工总承包单位，该工程建筑面积为20000m²，合同约定本工程于2013年3月15日开工，开工初期，甲需采购5吨角钢制作支架，角钢的供应价格为4100元/吨，运费为70元/吨，运输损耗0.2%，采购保管费率为1%。

1. 本工程属于（　　）类工程。

A. 一类　　B. 二类　　C. 三类　　D. 四类

2. 乙单位需最迟在（　　）将工程预付款支付给甲单位。

A. 2013.3.5　　B. 2013.3.8　　C. 2013.3.15　　D. 2013.3.20

3. 工程开工时，甲单位为施工人员支付了意外伤害保险费，这笔费用属于建筑安装工程的（　　）。

A. 人工费　　B. 措施费

C. 规费　　D. 企业管理费

4. 购买角钢过程中，材料费不包括（　　）。

A. 材料运费　　B. 材料保管费

C. 材料使用费　　D. 检验试验费

5. 本批角钢的预算价格为（　　）元/吨。

A. 4108.2　　B. 4220.12

C. 4211　　D. 4178.2

第10章　安装工程专业施工图预算的编制

（一）单项选择题

1. 施工图预算是按照主管部门制定的预算定额、费用定额和其他取费文件等编制的单位工程或单项工程预算价格的文件，其编制时间是（　　）。

A. 投资估算完成之后　　B. 施工图设计完成以后

C. 设计概算完成之前　　D. 施工图设计完成之前

2. 施工单位在施工前组织材料、机具、设备及劳动力供应，以及编制进度计划、统计完成工作量、进行经济核算的主要参考依据是（　　）。

A. 统一计价规范　　B. 施工图预算

C. 施工图设计规范　　D. 工程量清单

3. 下列关于施工图预算价格的说法错误的是（　　）。

A. 是按照施工图纸在工程实施前所计算的工程价格

B. 是按照主管部门统一规定的预算单价、取费标准、计价程序计算得到的计划价格

C. 是根据企业自身的实力和市场供求及竞争状况计算的市场价格

D. 是按照招标文件编制的商务价格

4. 按照工程量清单规范规定的全国统一的工程量计算规则，由招标人提供工程量清单和有关技术说明，投标人根据企业自身的定额水平和市场价格进行的计价的模式是（　　）。

A. 传统计价模式　　B. 工程量清单计价模式

C. 现实计价模式　　　　　　　　　　D. 施工图预算计价模式

5. 下列有关施工预算和施工图预算说法正确的是（　）。

A. 施工预算的编制是以预算定额为主要依据

B. 施工预算是投标报价的主要依据

C. 施工图预算既适用建设单位也适用施工单位

D. 施工图预算是施工企业内部管理的一种文件

6. 下列哪项是施工图预算对施工企业的作用（　　）。

A. 根据施工图预算修正建设投资

B. 根据施工图预算确定招标的标底

C. 根据施工图预算拟定降低成本措施

D. 根据施工图预算调整投资

7. 下列哪项不是施工图预算编制的依据（　　）。

A. 经审批的设计施工图纸、设计施工说明书以及必需的通用设计图（标准图）

B. 工程协议或合同条款中有关预算编制原则和取费标准规定

C. 国家或地区颁发的现行预算定额及取费的标准以及有关费用文件、材料预算价格等

D. 施工组织设计（施工方案）或技术组织措施等

8. 施工图预算编制的传统计价模式和工程量清单模式的主要区别是（　　）。

A. 费用构成不同　　　　　　　　　　B. 编制主体不同

C. 计算方式不同　　　　　　　　　　D. 所起作用不同

9. 计算出定额直接费后，以定额直接费中的（　　）为计算基础，根据《建筑安装工程费用定额》中规定的各项费率，计算出工程费用总额，即单位工程预算造价。

A. 人工费　　　　　　　　　　　　　B. 机械费

C. 材料费　　　　　　　　　　　　　D. 人工费十材料费

10. 某单位工程进行施工图预算编制时发现设计内容与定额项目中的内容不一致，此时应该采用什么方法（　）。

A. 直接套用预算单价　　　　　　　　B. 编制补充单价

C. 采用清单计价　　　　　　　　　　D. 换算预算单价

11. 定额单价法中根据施工图设计文件和预算定额，按分部工程顺序先计算出分项工程量，然后乘以对应的定额单价，求出（　　）。

A. 分项工程直接费　　　　　　　　　B. 单位工程直接工程费

C. 分项工程间接工程费　　　　　　　D. 单位工程间接工程费

12. 采用定额单价法套用的定额单价计算直接费，若分项工程施工工艺条件与定额单价或单位估价表不一致而造成人工、机械数量增减，一般的做法是（　）。

A. 按实际价格换算预算价格　　　　　B. 编制补充单价表

C. 调量不换价　　　　　　　　　　　D. 直接套用预算单价

13. 用实物法编制施工图预算，主要是先用计算出的各分项工程的实物工程量，分别套取相关定额中的工、料、机消耗指标，并按类相加，求出单位工程所需的各种人工、材料、施工机械台班的总消耗量，然后分别乘以当时当地各种人工、材料、机械台班的单

价，求得人工费、材料费和施工机械使用费，再汇总求和。相关定额是指（ ）。

A. 预算定额　　B. 材料消耗定额

C. 劳动定额　　D. 机械使用定额

14. 采用实物法编制施工图预算，所用人、材、机单价都是当时当地的实际价格，编制出的预算误差较小，适用的情况是市场经济条件（ ）。

A. 波动较小　　B. 较平稳

C. 不变　　D. 波动较大

15. 采用定额单价法和实物法时，都需要做的一项工作是（ ）。

A. 编制工料分析表　　B. 计算工程量

C. 套用预算单价　　D. 套用消耗定额

16. 我国目前实行的工程量清单计价采用的综合单价是部分费用综合单价，既不完全费用综合单价。单价中未包括措施费、其他项目费、规费和（ ）。

A. 风险费　B. 管理费　C. 利润　D. 税金

17. 采用实物法编制施工图预算时，对于措施费、间接费、利润和税金等的计算，可以采用与定额单价法相似的计算程序，而需要根据当时当地建筑市场供求情况予以确定的是（ ）。

A. 利率　B. 费率　C. 汇率　D. 利润率

18. 采用定额单价法和实物法编制施工图预算的主要区别是（ ）。

A. 计算工程量的方法不同　　B. 计算间接费的方法不同

C. 计算直接工程费的方法不同　　D. 技术其他税费的程序不同

19. 对于住宅工程或不具备全面审查条件的工程，适合采用的施工图预算审查方法是（ ）。

A. 重点审查法　　B. 筛选审查法

C. 对比审查法　　D. 逐项审查法

20. 在进行施工图预算审查时，利用计算出的底层建筑面积，对楼面找平层、顶棚灯的工程量进行审查。这种审查方法是（ ）。

A. 逐项审查法　　B. 分组计算审查法

C. 对比审查法　　D. 筛选审查法

21. 对于建设单位来说，标底编制的基础是（ ）。

A. 设计概算　　B. 工程量清单

C. 施工图预算　　D. 预算定额

22. 施工图预算审查时，将分部分项工程的单位建筑面积指标总结归纳为工程量、价格、用工三个单方基本指标，然后利用这些基本指标对拟建项目分部分项工程预算进行审查的方法称为（ ）。

A. 筛选审查法　　B. 对比审查法

C. 分组计算审查法　　D. 逐项审查法

23. 当建设工程条件相同是，用同类已完工程的预算或未完但已经经过审查修正的工程预算审查拟建工程的方法是（ ）

A. 标准预算审查法　　B. 对比审查法

C. 筛选审查法　　　　　　　　　　D. 全面审查法

24. 审查精度高、效果好、但工作量大，时间较长的施工图预算审查方法是（　）。

A. 逐项审查法　　　　　　　　　　B. 重点审查法

C. 对比审查法　　　　　　　　　　D. 筛选审查法

25. 穿管配线时，多根导线穿于同一根线管内，线管内截面不小于导线截面积（含绝缘层和保护层）总和的（　　）倍。

A. 1.5　　　B. 2　　　C. 2.5　　　D. 3

26. 电缆穿管事，线管内径不小于电缆外径的（　　）倍。

A. 1.5　　　B. 2　　　C. 2.5　　　D. 3

27. 常见电线型号中，BLV是代表（　）。

A. 铜芯聚氯乙烯绝缘电线　　　　　B. 铜芯聚氯乙烯绝缘聚氯乙烯护套电线

C. 铝芯聚氯乙烯绝缘电线　　　　　D. 铝芯聚氯乙烯绝缘聚氯乙烯护套电线

28. 各种管道的定额单位为（　　）。

A. 0.1m　　　B. 1m　　　C. 10m　　　D. 100m

29. 供暖系统一般由（　）等部分组成。

A. 热源、管道系统、散热设备、辅助设备、循环水泵

B. 热源、管道系统、散热设备、循环水泵

C. 热源、管道系统、辅助设备、循环水泵

D. 管道系统、散热设备、辅助设备、循环水泵

30. 设在高层建筑内的供暖热源加压泵间管道的分界点为（　）。

A. 以泵间外墙皮1.2m处为界

B. 以泵间外墙皮1.5m处为界

C. 以泵间外墙皮为界

D. 泵间入口阀门

31. 城镇燃气管道系统由（　）组成。

A. 输气干管、中压输配干管、配气支管和用气管道

B. 输气干管、中压输配干管、低压输配干管、配气支管、用气管道

C. 输气干管、低压输配干管、配气支管和用气管道

D. 输气干管、中压输配干管、低压输配干管、用气管道

32. 城镇燃气管道系统的三级系统由几级管网组成（　　）。

A. 1　　　B. 2　　　C. 3　　　D. 4

33. 家用燃气灶软管长度可以为（　）。

A. 2　　　B. 2.5　　　C. 3　　　D. 3.5

34. 燃气管道应涂以何种颜色的防腐识别漆（　　）。

A. 红色　　　B. 蓝色　　　C. 黄色　　　D. 绿色

35. 埋设在人行道下的燃气管道，其埋深可以为（　　）。

A. 0.3　　　B. 0.4　　　C. 0.5　　　D. 0.6

36. 将被污染空气排入大气中，防止空气倒灌及防止雨灌入的部件称为（　）。

A. 排风管　　　B. 排风机　　　C. 风帽　　　D. 排风口

37. 各类通风管道，若整个通风系统设计采用渐缩管均匀送风者，执行相应规格项目，其人工乘以多大的系数（　　）。

A. 2　　B. 2.5　　C. 3　　D. 3.5

38. 脚手架搭拆费按人工费的（　　）计算。

A. 3%　　B. 4%　　C. 5%　　D. 6%

39. 在有害身体健康的环境中施工增加的费用，按人工费的（　　）计算。

A. 8%　　B. 9%　　C. 10%　　D. 11%

40. 保温层厚度大于100mm，保冷层厚度大于75mm时，若应分为两层安装的，其工程量可按两层计算，套用定额时，按单层定额人工用量乘以系数（　　）。

A. 1.5　　B. 1.6　　C. 1.7　　D. 1.8

41. 负责工程量清单编制的是（　　）。

A. 招标人　　B. 投标人　　C. 业主　　D. 施工单位

42. 下列主要由市场定价的计价模式是（　　）。

A. 工程量清单计价　　B. 措施项目清单

C. 规费项目清单　　D. 税金项目清单

43. 工程量清单的组成不包括（　　）。

A. 措施项目清单　　B. 规费项目清单

C. 分部工程量清单　　D. 税金项目清单

44. 下列关于工程量清单的意义表述不正确的是（　　）。

A. 工程量清单有利于工程款额拨付和工程造价的最终结算

B. 工程量清单是调整工程价款、处理工程索赔的依据

C. 为投标人提供一个平等和共同的竞争基础

D. 工程量清单是制定《建设工程工程量清单计价规范》的依据

45.《建设工程工程量清单计价规范》包括正文和附录两大部分，规范条文中不包括（　　）。

A. 工程量清单编制　　B. 工程量清单及其计价格式

C. 工程量清单表格　　D. 工程量清单计价

46. 招标控制价的编制依据不包括（　　）。

A.《建设工程工程量清单计价规范》GB 50500

B. 市场价格信息或工程造价管理机构发布的工程造价信息

C. 建设工程设计文件及相关资料

D. 与建设项目相关的标准、规范、技术资料

47.《建设工程工程量清单计价规范》将工程实体项目划分为分部分项工程量清单项目，将非实体项目划分为（　　）。

A. 规费项目　　B. 其他项目　　C. 税金项目　　D. 措施项目

48.《建设工程工程量清单计价规范》规定，分部分项工程量清单计价应采用（　　）。

A. 工料单价　　B. 定额单价　　C. 综合单价　　D. 全费用综合单价

49.《计价规范》的性质属于（　　）。

A. 国家标准　　B. 行业标准　　C. 地方标准　　D. 推荐性标准

50. 工程量清单项目编码采用十二位阿拉伯数字表示，其中作为分部工程顺序码的是（　　）。

A. 一、二位　　B. 三、四位　　C. 五、六位　　D. 七、八位

51. 已知某安装工程，分项分部工程量清单计价 1770 万元，措施项目清单计价 51.34 万元，其他项目清单计价 100 万元，规费 80 万元，税金 68.25 万元，则其招标控制价应为（　　）。

A. 2069.59 万元　B. 1821.43 万元　C. 1838.25 万元　D. 1950 万元

52. 下列费用属于措施费用的是（　　）。

A. 差旅交通费　　B. 设备运杂费

C. 材料包装费　　D. 材料二次搬运费

53. 采用工程量清单计价，工程造价应包括（　　）。

A. 分部分项工程费、措施项目费、其他项目费、规费、税金

B. 直接工程费、现场经费、间接费、利润、税金

C. 分部分项工程费、间接费、利润、规费、税金

D. 直接工程费、现场经费、间接费、利润、规费、税金

54. 分部分项工程量清单应包括（　　）。

A. 工程量清单表、措施项目一览表和其他项目清单

B. 工程量清单表和工程量清单说明

C. 项目编码、项目名称、计量单位和工程数量

D. 项目名称、项目特征、工程内容等

55. 下列不属于工程建设其他费用的是（　　）。

A. 工程监理费　　B. 土地使用权出让金

C. 联合试运转费　　D. 施工单位临时设施费

56. 工程量清单中漏项或有错如何处理（　　）。

A. 由招标人承担漏项和有错的风险

B. 合同有约定的，按合同约定；合同没有约定的，按计价规范执行

C. 由投标人自行补充或改正

D. 不得调整

57. 在工程量清单计价中，分部分项工程综合单价的组成包括（　　）。

A. 人工费＋材料费＋施工机械使用费＋规费＋企业管理费

B. 人工费＋材料费＋施工机械使用费＋税金＋企业管理费

C. 人工费＋材料费＋施工机械使用费＋规费＋利润

D. 人工费＋材料费＋施工机械使用费＋利润＋企业管理费

58. 采用工程量清单计价，规费计取的基数是（　　）。

A. 分部分项工程费

B. 人工费

C. 人工费＋机械费＋材料费

D. 分部分项费＋措施项目费＋其他项目费

59. 按照现行规定，下列哪项费用不属于材料费的组成内容（　）。

A. 运输损耗费　　B. 检验试验费

C. 材料二次搬运费　　D. 采购及保管费

60. 按照《建设工程工程量清单计价规范》规定，工程量清单（　）。

A. 必须由招标人委托具有相应资质的中介机构进行编制

B. 应作为招标文件的组成部分

C. 应采用工料单价计价

D. 由总说明和分部分项工程清单两部分组成

（二）多项选择题

1. 施工图预算对投资方的作用（　）。

A. 根据施工图预算修正建设投资

B. 根据施工图预算拟定降低成本措施

C. 根据施工图预算确定招标的标底

D. 根据施工图预算调整投资

E. 根据施工图预算拨付和结算工程价款

2. 关于施工图预算，下列说法正确的有（　）。

A. 施工图预算是签订建设工程合同和贷款合同的依据

B. 施工图预算有单位工程预算、单项工程预算和建设项目总预算

C. 施工图预算是设计阶段控制工程造价的重要环节，是控制施工图设计不突破设计概算的重要措施

D. 施工图预算是施工图设计预算的简称，又叫设计预算

E. 施工图预算是编制建设项目投资计划、确定和控制建设项目投资的依据

3. 单位工程施工图预算的编制方法包括（　）。

A. 单价法　　B. 清单计价法

C. 实物法　　D. 综合单价法

E. 定额计价法

4. 工料单价法中直接工程费包括（　）。

A. 直接费　　B. 税金

C. 其他直接费　　D. 现场经费

E. 利润

5. 工程量计算规则包括的内容是（　）。

A. 工程量的项目划分　　B. 工程量的计算内容

C. 工程量的计算范围　　D. 工程量计算公式

E. 工程量的大小

6. 施工图预算的审查内容包括（　）。

A. 审查工程量　　B. 审查定额或单价的套用

C. 审查图纸　　D. 审查有关其他费用

E. 施工组织设计

7. 室内外管道界限划分标准有（ ）。

A. 给水管道入户处有阀门者以阀门为界（水表节点）

B. 给水管道入户处无阀门者以建筑物外墙皮 1.2m 处为界

C. 给水管道入户处无阀门者以建筑物外墙皮 1.5m 处为界

D. 排水管道以出户第一个排水检查井为界

E. 排水管道以建筑物外墙皮 1.2m 处为界

8. 按空气流动动力分，空调系统可分为（ ）。

A. 自然通风　　B. 机械通风

C. 局部通风　　D. 全面通风

E. 混合通风

9. 下列说法正确的有（ ）。

A. 风管导流叶片制作安装按图示叶片面积计算

B. 柔性软风管安装按图示管道中心线长度以"m"为计量单位

C. 不锈钢通风管道、铝板通风管道的制作安装中包括法兰和吊托架

D. 风管测定孔制作安装，按其型号以"个"为计量单位

E. 塑料通风管制作安装不包括吊托架

10. 下列说法正确的有（ ）。

A. 对于设计没有明确提出除锈级别要求的一般工业工程，其除锈应按人工除锈项目中的人工除轻锈（人工、材料）乘以系数 0.2 计算

B. 对预留焊口的部位，第一次喷砂除锈后，在焊接组装过程中产生新锈蚀时，其工程量另行计算

C. 绝热的金属保护层，若采用 0.5～0.8mm 厚度的铁皮，其材料以"m^2"计算的，单价可以换算

D. 超细玻璃棉的容重，定额中按 57kg/m^3 考虑，如实际情况有出入，需作调整

E. 管道内壁除锈，小口径管已包括在安装定额中

11. 工程量清单需按照《建筑工程工程量清单计价规范》附录的（ ）编制。

A. 项目编码　　B. 项目名称

C. 计量单位　　D. 工程量计算规则

E. 工程量计价格式

12. 下列选项中属于工程量清单组成部分的是（ ）。

A. 分部分项工程量清单　　B. 措施项目清单

C. 规费项目清单　　D. 税金项目清单

E. 企业管理费

13. 下列属于工程量清单编制依据的是（ ）。

A. 建设工程设计文件　　B. 招标文件

C. 地质勘察报告　　D. 常规施工方案

E. 建设工程设计文件及相关资料

14. 采用工程量清单计价时，招标控制价的编制内容包括（　　）。

A. 分部分项工程费　　B. 措施项目费

C. 规费和税金　　D. 其他项目费

E. 安全文明施工费

15. 计算措施项目费时，参数法计价适用于施工过程中必须发生，但在投标时很难具体分项预测，又无法单独列出项目内容的措施项目，如（　　）。

A. 二次搬运费　　B. 大型机械进出场费

C. 夜间施工费　　D. 临时设施费

E. 脚手架搭拆费

16. 工程量清单的编制者应该是（　　）。

A. 投标人　　B. 具有编制招标文件能力的招标人

C. 工程造价咨询机构　　D. 建筑设计单位

E. 招标人委托具有相应资质的工程造价咨询人

17.《建设工程工程量清单计价规范》的特点主要包括哪几个方面（　　）。

A. 强制性　　B. 竞争性

C. 合理性　　D. 实用性

E. 通用性

18. 综合单价应包括人工费、材料费、机械费、（　　），并考虑风险因素。

A. 材料购置费　　B. 利润

C. 税金　　D. 管理费

E. 利润

19. 按照《建设工程工程量清单计价规范》的规定，其他项目费的构成包括（　　）。

A. 暂列金额　　B. 总承包服务费

C. 暂估价　　D. 计日工

E. 间接费用中的其他费

（三）判断题（正确填 A，错误填 B）

1. 电动机安装不包括电动机测试内容，如果电动机要求测试，就必须列项。（　　）

2. 计算风管长度时，以图注中心长度为准，不扣除管件长度，也不扣除部件所占位置长度等。（　　）

3. 全面审查法适用于工程量较大、结构和工艺较复杂的工程。（　　）

4. 施工图预算是考核工程成本、确定工程造价的主要依据。（　　）

5. 电缆穿管时，线管内经不小于电缆外径的 1.5 倍。（　　）

6. 各种配管工程量以管材质、规格和敷设方式不同，按"延长米"计量，扣除接线盒（箱）、灯头盒、开关盒所占长度。（　　）

7. 管道刷油工程量等于管道外表面积，需扣除管件及阀门等占的面积。（　　）

8. 工业生产用的需移动的燃气燃烧设备，其连接软管的长度不应超过 30m，接口不应超过 3 个。（　　）

9. 风管工程量在 $30m^2$ 以上的，每 $10m^2$ 风管的胎具摊销木材为 $0.09m^3$，按地区预

算价格计算胎具材料摊销费。（　）

10. 绝热工程，当垂直运输超过 6m 时，其整体高度的人工吊运需乘以系数 1.3。（　）

11. 在发生工程变更和工程索赔时，可以选用或者参照工程量清单中的分部分项工程或计价项目及合同单价来确定变更价款和索赔费用。（　）

12. 投标人依据工程量清单进行投标报价，对工程量清单不负有核实的义务，具有修改和调整的权力。（　）

13. 规费和税金应按国家或省级、行业建设主管部门的规定计算，可作为竞争性费用。（　）

14. 采用工程量清单方式招标时，工程量清单不一定要作为招标文件的组成部分，招标人应将工程量清单连同招标文件的其他内容一并发给投标人，并对其编制的工程量清单的准确性和完整性负责。（　）

15. 工程量清单计价采用综合单价。综合单价是一个全费用单价，包含工程直接费用、工程与企业管理费、利润、约定范围的风险等因素，企业完全可以自主定价，也可以参考各类工程定额调整组价。（　）

16. 工程量清单是编制招投标控制价、投标报价、计算工程量、支付工程款、调整合同价款、办理竣工结算以及工程索赔等的依据。（　）

17.《建设工程工程量清单计价规范》包括正文和附录两大部分，二者不具有同等效力。（　）

18. 全部使用国有资金投资或国有资金投资为主的工程建设项目，必须采用工程量清单计价。（　）

19. 特殊情况下，投标总价可与分部分项工程费、措施项目费、其他项目费和规费、税金合计金额不一致。（　）

20. 工程量清单由招标单位编制，招标单位不具有编制资质的要委托有工程造价咨询资质的单位编制。（　）

21. 基本建设概预算一般包括设计概算、施工图预算和施工预算三部分。（　）

第11章　法律法规

(一) 单项选择题

1. 公开招标是指（　）。

A. 招标人以投标邀请书的方式邀请特定的法人或者其他组织投标

B. 招标人以招标公告的方式邀请不特定的法人或者其他组织投标

C. 发布招标广告吸引或者直接邀请众多投标人参加投标并按照规定程序从中选择中标人的行为

D. 有限招标

2. 招标人与中标人应当自中标通知发出之日（　）内，按招标文件和中标人的投标文件订立书面合同。

A. 40 天　　B. 30 天　　C. 50 天　　D. 20 天

3. 按照承包工程计价方式分类不包括（　　）。

A. 总价合同　　B. 单价合同　　C. 成本加酬金合同　　D. 预算合同

4. 下列不是合同价款应规定的内容的是（　　）。

A. 计算方式　　B. 结算方式　　C. 价款的支付期限　　D. 价款支付日期

5. 建设工程总承包合同的履行不包括（　　）。

A. 合同应明确双方责任

B. 建设工程总承包合同订立后，双方都应按合同的规定严格履行

C. 总承包单位可以按合同规定对工程项目进行分包，但不得倒手转包

D. 建设工程总承包单位可以将承包工程中的部分工程发包给具有相应资质条件的分包单位，但是除总承包合同中约定的工程分包外，必须经发包人认可

6. 建设工程项目一般应采用（　　）。

A. 公开招标方式　　B. 邀请招标

C. 有限招标　　D. 其他组织招标

7. 资格预审程序中应首先进行（　　）。

A. 资格预审资料分析　　B. 发出资格预审通知书

C. 发布资格预审通告　　D. 发售资格预审文件

8. 评标委员会推荐的中标候选人应当限定在（　　），并标明排列顺序。

A. 1～2 人　　B. 1～3 人　　C. 1～4 人　　D. 1～5 人

9. 招标人与中标人签订合同后（　　）个工作日内，应当向中标人和未中标的投标人退还投标保证金。

A. 2　　B. 3　　C. 5　　D. 6

10. 建设工程合同的最基本要素是（　　）。

A. 标的　　B. 承包人和发包人　　C. 时间　　D. 地点

11. 下列不是依据承包工程计价方式的不同而分类的是（　　）。

A. 总价合同　　B. 单价合同　　C. 成本加酬金合同　　D. 邀请合同

12. 下列不属于工程合同的付款阶段的是（　　）。

A. 预付款　　B. 工程进度款　　C. 退还保留金　　D. 价格调整条款

13. 下列不属于完善合同条件问题的是（　　）。

A. 关于工程交付　　B. 工程量及价格单　　C. 关于合同图纸　　D. 关于施工占地

14. 建设工程的建设合同大体上不包括（　　）阶段。

A. 勘察　　B. 设计　　C. 施工　　D. 造价

15. BOT 合同又称（　　）。

A. 特许权协议书　　B. 工程项目总承包合同

C. 单位工程施工承包合同　　D. 勘察、设计或施工总承包合同

16. 下列不属于《建设工程施工合同（示范文本）》（GF-2013—0201）的是（　　）。

A.《协议书》　　B.《通用条款》

C.《专用条款》　　D.《建设工程质量管理条例》

17. 工程分包是针对（　　）而言。

A. 总承包　　B. 专业工程分包　　C. 劳务作业分包　　D. 转包

18. 下列属于《建设工程施工专业分包合同（示范文本）》中协议书内容的是(　　)。

A. 工程质量标准　　B. 工期　　C. 工程变更　　D. 质量与安全

19. 下列属于《建设工程施工专业分包合同（示范文本）》中通用条款内容的是(　　)。

A. 保障、保险及担保　　B. 合同的生效

C. 质量与安全　　D. 双方一般权利和义务

20. 下列不属于《建设工程施工专业分包合同（示范文本）》中专用条款内容的是(　　)。

A. 词语定义及合同文件　　B. 分包工程概况

C. 竣工验收与结算　　D. 工期

21. 下列不属于劳动报酬采用的方式是（　　）。

A. 固定劳动报酬（含管理费）　　B. 按确认的工时计算

C. 按确认的工程量计算　　D. 按确认的质量计算

22. 工程承包人确认结算资料后（　　）天内向劳务分包人支付劳务报酬尾款。

A. 13　　B. 14　　C. 15　　D. 16

23. 劳务分包人和工程承包人对劳务报酬结算价款发生争议时，应（　　）。

A. 按本合同关于争议的约定处理　　B.《协议书》

C.《通用条款》　　D.《专用条款》

24. 明确工程变更的索赔有效期，由合同具体规定，一般为（　　）天。

A. 28　　B. 27　　C. 26　　D. 25

25. 索赔程序和争执的解决主要分析（　　）。

A. 争执的解决方式

B. 责任的开始

C. 工程所有权的转让

D. 承包人工程照管责任的结束和发包人工程照管责任的开始

26. 建设工程合同实施控制的作用是（　　）。

A. 通过合同实施情况分析，找出偏离，以便及时采取措施，调整合同实施过程，达到合同总目标

B. 分析合同执行差异的原因

C. 分析合同差异的责任

D. 问题的处理

27. 下列不属于合同诊断内容的是（　　）。

A. 技术措施　　B. 问题的处理

C. 分析合同差异责任　　D. 分析合同执行差异的责任

28. 下列不属于工程问题的四类措施是（　　）。

A. 问题的处理　　B. 技术措施

C. 经济措施　　D. 合同措施

29. 下列不属于合同资料种类的是（　　）。

A. 合同分析资料　　B. 工程实施中产生的各种资料

C. 工程实施中的各种记录、施工日记等

D. 合同资料的收集

30. 下列不属于资料文档管理的内容的是（　　）。

A. 合同分析资料　　B. 合同资料的收集

C. 资料整理　　D. 资料的归档

(二) 多项选择题

1. 支付担保的形式有（　　）。

A. 银行保函　　B. 履约保证金　　C. 担保公司担保

D. 抵押或者质押　　E. 银行汇票

2.《建设工程施工合同》第 41 条规定了关于发包人工程款支付担保的内容包括(　　)。

A. 发包人承包人为了全面履行合同，应互相提供以下担保：发包人向承包人提供履约担保，按合同约定支付工程价款及履行合同约定的其他义务；承包人向发包人提供履约担保，按合同约定履行自己的各项义务

B. 一旦发包人违约，付款担保人将不承担任何责任

C. 一方违约后，另一方可要求提供担保的第三人承担相应责任

D. 提供担保的内容、方式和相关责任，发包人、承包人除在专用条款中约定外，被担保方与担保方还应签订担保合同，作为本合同附件

E. 支付担保的主要作用是通过对发包人资信状况进行严格审查并落实各项反担保措施

3. 进行合同分析是基于（　）原因。

A. 合同条文繁杂，内涵意义深刻，法律语言不容易理解

B. 同在一个工程中，往往几份、十几份甚至几十份合同交织在一起，有十分复杂的关系

C. 工程小组、项目管理职能人员等所涉及的活动和问题不是合同文件的全部，而仅为合同的部分内容，如何理解合同对合同的实施将会产生重大影响

D. 合同中存在问题和风险，包括合同审查时已经发现的风险和还可能隐藏着的尚未发现的风险

E. 合同分析在不同的时期，为了不同的目的，有不同的内容

4. 承包人的主要任务有（　　）。

A. 明确承包人的总任务，即合同标的

B. 明确合同中的工程量清单、图纸、工程说明、技术规范的定义

C. 明确工程变更的索赔有效期，由合同具体规定，一般为 28 天，也有 14 天

D. 明确工程变更的补偿范围，通常以合同金额一定的百分比表示

E. 承包人不能按合同规定工期完成工程的违约金或承担发包人损失的条款

5. 下列关于合同价格分析中正确的是（　　）。

A. 合同所采用的计价方法及合同价格所包括的范围

B. 工程计量程序，工程款结算方法和程序

C. 合同价格的调整，即费用索赔的条件、价格调整方法、计价依据、索赔有效期规定

D. 拖欠工程款的合同责任

E. 对合同中明示的法律应重点分析

6. 索赔的程序和争执的解决决定着索赔的解决方法，我们要分析它的（　　）。

A. 索赔的内容、方式及数额　　　B. 索赔的程序

C. 争执的解决方式和程序

D. 仲裁条款，包括仲裁所依据的法律，仲裁地点、方式和程序仲裁结果的约束力等

E. 索赔的金额

7. 合同控制依据的内容包括（　　）。

A. 合同和合同分析的结果，如各种计划、方案、洽商变更文件等，它们是比较的基础，是合同实施的目标和依据

B. 各种实际的工程文件，如原始记录、各种工作报表、报告、验收结果、计量结果等

C. 对于合同执行差异的原因，对合同实施控制

D. 工程管理人员每天对现场情况的书面记录

E. 合同管理中涉及的资料不仅目前使用，而且必须保存，直到合同结束

8. 合同资料的种类有（　　）。

A. 合同资料

B. 合同分析资料

C. 工程实施中产生的各种资料

D. 工程实施中的各种记录、施工日记等，官方的各种文件、批件，反映工程实施情况的各种报表、报告、图片等

E. 原始工程资料

9. 按索赔当事人的不同可分为（　　）。

A. 承包人与发包人之间索赔　　　B. 承包人与分包人之间的索赔

C. 承包人与供货人之间索赔　　　D. 承包人与保险人之间的索赔

E. 发包人与分包人之间的索赔

10. 按索赔所依据的理由分类分为（　　）。

A. 合同内索赔　B. 合同外索赔　C. 道义索赔

D. 单项索赔　　E. 总索赔

11. 索赔成立的条件有（　　）。

A. 与合同对照，事件已造成了承包人工程项目成本的额外支出，或直接工期损失

B. 因为某种原因使得承包人或发包人受到严重的利益影响，并带有严重经济损失

C. 造成费用增加或工期损失的原因，按合同约定不属于承包人的行为责任或风险责任

D. 承包人按合同规定的程序提交索赔意向通知和索赔报告

E. 发包人违反合同给承包人造成时间费用的损失

12. 常见的建设工程索赔有（　　）。

A. 因合同文件引起的索赔　　　　B. 有关工程施工的索赔
C. 增减工程量的索赔　　　　　　D. 关于价款与工期的索赔
E. 财务费用补偿的索赔

13. 合同文件是索赔的最主要依据，包括（　）。
A. 本合同协议书及中标通知书　　B. 投标书及其附件
C. 本合同专用条款和通用条款
D. 标准、规范及有关技术文件、图纸、工程量清单和工程报价单或预算书
E. 相关证据

14. 建设工程反索赔的特点有（　）。
A. 索赔与反索赔同时性
B. 技巧性强，处理不当将会引起诉讼
C. 在反索赔时，发包人处于主动的有利地位，发包人在经工程师证明承包人违约后，可以直接从应付工程款中扣回款项，或从银行保函中得以补偿
D. 承包人可以针对发包人的索赔进行反索赔
E. 反索赔是双方的，即可指发包人对承包人，也可指承包人对发包人

15. 发包人相对承包人反索赔的内容有（　）。
A. 工程质量缺陷反索赔　　　　B. 拖延工期反索赔
C. 保留金的反索赔　　　　　　D. 发包人其他损失的反索赔
E. 关于工伤赔偿金的反索赔

(三) 判断题（正确填 A，错误填 B）

1. 发包人不可以向承包人索赔。（　）
2. 索赔按索赔要求分类包括工期索赔。（　）
3. 工程质量缺陷反索赔不属于建设工程反索赔特点。（　）
4. 间接采购方式不属于材料采购合同订立的方式。（　）
5. 时间属于材料采购合同的主要内容。（　）
6. 外部条件包括的内容不属于建设工程监理合同标准条件。（　）
7. 单价不属于 NEC 的核心条款内容。（　）
8. 工程进度管理属于国际工程承包合同的实施阶段的内容。（　）
9. 分包单位按照分包合同的约定对建设单位负责。（　）
10. 国际工程承包合同订立的最主要形式是招标。（　）
11. 招标文件的修改属于开标和评标的推荐程序。（　）
12. 国际工程合同包括国际工程承包。（　）
13. 工期的索赔不包由于特殊风险和人力不可抗拒灾害的索赔。（　）
14. 建筑工程总承包单位按照总承包合同的约定对业主负责。（　）
15. 专职安全生产管理人员由施工单位配备。（　）

(四) 计算题或案例分析题

【题一】 2011 年，青岛某家建筑公司承揽了市区的一家超市的施工任务，工程于当

年6月30日完工，但建设单位却没有按照合同约定及时支付工程款。

1. 承包商与建设单位的合同纠纷不可以通过（　　）方式解决。

A. 和解　B. 诉讼　C. 仲裁　D. 行政裁决

2. 如果在施工承包合同中约定了仲裁，则（　　）。

A. 当事人不可以选择诉讼　B. 当事人不可以选择调解

C. 当事人不可以选择和解　D. 当事人可以选择仲裁，也可以选择诉讼

3. 如果承包商选择了仲裁，则（　　）。

A. 就没有权利选择仲裁员

B. 申请仲裁后就不可能达成和解了

C. 无正当理由不到庭，就视为撤回仲裁

D. 若对仲裁结果不服，依然可以上诉

4. 如果仲裁委员会裁决建设单位支付建筑公司工程款375万元，限于2011年9月1日之前结清。若届时建设单位不予支付，则承包商（　　）。

A. 可以自己强制执行　B. 可以申请人民法院强制执行

C. 可以申请仲裁委员会强制执行　D. 可以申请行政主管部门强制执行

5. 两家公司各选定一名仲裁员，首席仲裁员由甲乙共同选定。仲裁庭合议时产生了两种不同意见，仲裁庭应当（　　）作出裁决。

A. 按多数仲裁员的意见　B. 按首席仲裁员的意见

C. 提请仲裁委员会　D. 提请仲裁委员会主任

【题二】 2009年4月7日，王某骑车回家经过一工地时，掉入没有设置明显标志和采取安全措施的坑中，造成骨折。王某于同年5月10日找到建设项目的发包人和承包人要求赔偿，两单位相互推诿。同年6月13日，王某前往法院起诉，突遭台风袭击，中途返回。

1. 下列说法错误的有（　　）。

A. 本案诉讼时效期间于2010年5月10日届满

B. 本案诉讼时效期间于2011年5月10日届满

C. 王某6月13日的行为引起诉讼时效中断

D. 王某6月13日的行为引起诉讼时效中止

E. 王某6月13日的行为引起诉讼时效延长

2. 起诉必须符合的条件有（　　）。

A. 有协议书

B. 原告与本案有直接利害关系的公民、法人或者其他组织

C. 有明确的被告

D. 有具体的诉讼请求

E. 属于人民法院受理民事诉讼的范围和受诉人民法院管辖

3. 下列关于诉讼的第一审普通程序的表述中，正确的是（　　）。

A. 起诉应当在诉讼时效内进行

B. 被告不提交答辩状的，不影响人民法院审理

C. 被告对管辖权有异议的，可以在任何时间提出

D. 被告对管辖权有异议的，可以在提交答辩状期间提出

E. 法院受理案件后应当组成合议庭

4. 法院对他们进行调解，调解的方式一般有（　　）。

A. 行政调解　　B. 人民调解　　C. 法院调解

D. 仲裁调解　　E. 律师调解

5. 他们之间达成了和解，和解应遵循的原则有（　　）。

A. 自愿原则　　B. 平等原则　　C. 合法原则

D. 独立原则　　E. 互谅原则

第 12 章　职业健康与环境

（一）单项选择题

1. 职业健康安全管理体系标准由（　　）五大要素构成。

A. 方针、策划、实施与运行、检查和纠正措施、管理评审

B. 范围、总要求、方针、实施与运行、管理评审

C. 引用文件、方针、策划、实施与运行、检查和纠正措施

D. 术语和定义、方针、实施与运行、检查和纠正措施、管理评审

2. 存在于以中心事物为主体的外部周边事物的客体称为环境。在环境科学领域里的中心事物是（　　）。

A. 自然环境　　B. 人类社会　　C. 社会环境　　D. 生态环境

3. 实施环境管理体系标准的关键是（　　）。

A. 强制性执行　　B. 坚持持续改进和环境污染预防

C. 必须成为独立的管理系统　　D. 不能与其他管理体系兼容

4. 按事故的伤害程度区分，伤亡事故可分为（　　）。

A. 轻伤、重伤、死亡　　B. 轻伤、重伤、重大伤亡

C. 轻伤、重伤、死亡、重大伤亡　　D. 轻伤、重伤、严重伤亡

5. 重伤是指损失工作日等于或超过（　　）工作日的失能伤害。

A. 75　　B. 85　　C. 95　　D. 105

6. 施工单位负责人接到事故报告后，应当在（　　）向事故发生地县级以上人民政府建设主管部门和有关部门报告。

A. 1 小时内　　B. 3 小时内　　C. 5 小时内　　D. 7 小时内

7. 施工现场的临时食堂，通常用餐人数在（　　）人以上时，应设置简易有效的隔油池，使产生的污水经过隔油池后再排入市政污水管网。

A. 30　　B. 50　　C. 80　　D. 100

8. 施工噪声的主要类型有（　　）。

A. 空气动力性噪声、工业噪声、机械性噪声、爆炸性噪声

B. 机械性噪声、空气动力性噪声、电磁性噪声、爆炸性噪声

C. 空气动力性噪声、电磁性噪声、工业噪声

D. 机械性噪声、工程施工噪声、空气动力性噪声

9. 根据有关规定，昼间浇筑混凝土施工时，振捣器产生的噪声不得超过限值（　　）[Db（A）]。

A. 60　　B. 70　　C. 75　　D. 85

10. 根据有关规定，夜间浇筑混凝土施工时，振捣器产生的噪声不得超过限值（　　）[Db（A）]。

A. 55　　B. 60　　C. 65　　D. 70

11. 根据有关规定，在居民密集区进行强噪声施工作业时，夜间作业时间不得超过（　　）。

A. 20 时　　B. 21 时　　C. 22 时　　D. 23 时

12. 根据有关规定，施工现场早晨作业时间不得早于（　　）。

A. 5 时　　B. 6 时　　C. 7 时　　D. 8 时

13. 施工现场为避免或减少污染物向外扩散，围挡设置高度不得低于（　　）m。

A. 1.6　　B. 1.8　　C. 2　　D. 2.2

14. 根据施工现场空气污染的处理要求，施工现场（　　）必须进行石化处理，以便达到防止空气污染、保护环境的目的。

A. 所有运输道路　　B. 主要运输道路

C. 所有场地　　D. 运输和人行道路

15. 对固体废物采取减量化的治理方法时，通常是将固体废物的体积缩小至（　　）以下。

A. 1/4　　B. 1/6　　C. 1/8　　D. 1/10

16. 施工现场发生的粉尘排放，主要是对环境的（　　）影响较大。

A. 土地污染　　B. 大气污染　　C. 水体污染　　D. 资源消耗

17. 在工程施工中产生的固体废物应（　　）

A. 按规定外置后及时运出场外　　B. 在现场储存

C. 在工程竣工后再运出场外　　D. 全部回填利用

18. 将生活固体废物采用厌氧性的方法进行处理，使其实时产生甲烷气，处理后的残余物不再发酵腐化分解，这种固体废物的治理方法属于（　　）。

A. 无害化　　B. 安定化　　C. 安全化　　D. 减量化

19. 施工现场搅拌机前台、混凝土输送泵及运输车辆清洗等产生的废水应（　　）。

A. 根据施工方便就近排放　　B. 直接排入市政排水管网或河流

C. 直接排出场外　　D. 通过现场沉淀池后排入市政排水管网

20. 美国能源部长朱棣文的环保新主张是（　　）。

A. 白色屋顶　　B. 蓝色屋顶　　C. 绿色屋顶　　D. 黑色屋顶

（二）多项选择题

1. 职业健康安全管理体系的作用是（　　）。

A. 有助于职业健康安全法规和制度的贯彻执行

B. 能促进企业职业健康安全管理水平的提高

C. 能提高企业的全面管理水平

D. 可以使企业保质保量完成施工任务

E. 可以促进我国职业健康安全管理标准与国际接轨，有助于消除贸易壁垒

2. 按安全事故受伤性质可分为（　　）。

A. 轻伤、重伤、死亡　　B. 电伤、挫伤、割伤、擦伤

C. 刺伤、撕脱伤、扭伤　　D. 物体打击、火灾、机械伤害

E. 倒塌压埋伤、冲击伤

3. 下列情况中属于特别重大事故的是（　　）。

A. 造成 30 人以上死亡　　B. 造成 20 人以上死亡

C. 造成 100 人以上死亡　　D. 造成急性工业中毒 50 人以上

E. 造成直接经济损失 1 亿以上

4. 生产安全事故发生后，受伤者或最先发现事故的人员应立即用最快的传递手段，向施工单位负责人报告。施工单位负责人接到报告后，必须向事故发生地县级以上人民政府建设主管部门和有关部门报告。其事故报告的内容有（　　）。

A. 事故发生的时间、地点、工程项目和有关单位名称及事故发生的简要经过

B. 类似事故伤亡情况

C. 事故已经造成或者可能造成的伤亡人数（包括下落不明的人数）和初步估计的直接经济损失

D. 事故的初步原因、事故发生后采取的措施及事故控制情况

E. 事故报告单位或报告人员

5. 通常施工现场的环境因素对环境影响的类型有（　　）。

A. 噪声、粉尘、有毒有害废物、生产和生活污水等排放

B. 运输遗撒、化学危险品和油品的泄漏或挥发

C. 臭氧层破坏、气候变化、水土流失

D. 混凝土防冻剂（氨味）排放

E. 光污染、离子辐射、办公用纸消耗

6. 施工现场固体废物的治理方法有（　　）。

A. 无害化　　B. 安定化　　C. 回收化

D. 减量化　　E. 运输化

7. 固体废物的处理有（　　）。

A. 物理处理和化学处理　　B. 生物处理和热处理

C. 固化处理　　D. 回收利用和循环再造

E. 回填处理

8. 按国家有关规定，对施工现场泥浆、污水、有毒有害液体处理采取的有效措施是（　　）。

A. 设置污水沉淀池，经沉淀后排入场外的市政污水管网

B. 设置污水隔油池，经沉淀后排入场外的市政污水管网

C. 直接排入场外的河流中

D. 直接排入场外的市政污水管网

E. 将有毒有害液体采用专用容器集中存放

9. 按国家有关规定，对施工现场空气污染采取的有效措施是（ ）。

A. 主要运输道路进行硬化处理，现场采取绿化、洒水等措施

B. 将有害废弃物作土方回填

C. 水泥和其他易飞扬的细颗粒散体材料密闭存放

D. 建筑物内的施工垃圾采用容器吊运

E. 对于土方、渣土和垃圾外运，采取封盖措施

10. 按国家有关规定，对施工现场固体废物处理采取的措施是（ ）。

A. 将现场内的碎砖、碎石回收利用，做垫层时使用

B. 作业区及建筑物楼层内施工要做到工完场清

C. 将固体废物集中堆放在现场边缘储存，待工程竣工后运出

D. 将固体废物内的生物性或化学性的有害物质，进行无害化或安全化处理

E. 将固体废物全部作回填使用

（三）判断题（正确填A，错误填B）

1. 狭义的建筑能耗是建筑的使用能耗。广义的建筑能耗包括建筑全寿命周期内发生的建造能耗和使用能耗两个方面。（ ）

2. 节能建筑是按节能设计标准进行设计和建造，使其在使用过程中降低能耗、满足节能标准的建筑。（ ）

3. 节约能源是我国的一项基本国策，建筑节能是我国节能工作的重要组成部分，深入持久地开展建筑节能意义十分重大。建筑节能有利于改善大气环境，实现可持续发展，有利于保护耕地资源，但不利于缓解能源供给的紧缺局面。（ ）

4. 节能建筑市场，即以节能建筑为交易对象的市场，其市场供方是房屋使用者，即业主，需方是开发商。（ ）

5. 节能部品市场是指以符合节能标准的各类建筑部品为交易对象的市场。市场的供方是节能部品生产商，需方有两类，一类是房屋的最终使用者；另一类是房屋的建造者、提供者，即开发商。（ ）

6. 我国节能建筑市场尚未形成，是因为市场机制的问题，与政府无关。（ ）

7. 信息不对称造成的市场上“以次充好”等现象，不仅使消费者远离了建筑节能市场，也使真正的节能建筑和节能部品难以在市场上生存。（ ）

8. 在法国，建筑节能是在政府规范和市场的双重框架下开展的，从最初简单的行政干预逐渐衍生成各个生产开发企业在市场中的角力。（ ）

9. 日本在建筑节能方面实施了许多优惠政策，主要包括：贷款优惠、贴息、贷款担保与税收优惠等。（ ）

10. 建筑节能市场存在着市场失灵，必须通过政府这支“看不见的手”来纠正市场失灵，充分发挥指导作用，才能使得建筑节能市场得以发育和发展。（ ）

（四）计算题或案例分析题

【题一】 某公司是一家专门生产烟花爆竹的公司，其员工人数已达1000人，该公司

配有专门的安全生产管理人员。

1. 生产经营单位使用涉及生命安全、危险性较大的特殊设备，必须按照国家有关规定，由专业生产单位生产，（　　），方可投入使用。

A. 专业检测机构检测合格，取得安全标志

B. 专业检测机构检测合格，报安全生产监督管理部门批准

C. 专业检测机构检测合格，申请安全使用证

D. 建立专门安全管理制度，定期检测评估

2. 安全生产监督检查人员的职权之一是（　　）。

A. 财务报表审查权　　B. 责令紧急避险权

C. 现场调解裁决权　　D. 设备物资检验

3. 下列安全生产的主要监督方式不正确的是（　　）。

A. 企业职工监督　　B. 社区报告监督

C. 公众举报监督　　D. 社会舆论监督

4. 生产经营单位发生重大生产安全事故时，单位的（　　）应当立即组织抢救，并不得在事故调查处理期间擅离职务。

A. 安全生产管理人员　　B. 安全设施的质量负责人员

C. 主要负责人　　D. 安全设备的质量负责人员

5. 调查发现，该公司曾因未依法对从业人员进行安全生产教育和培训被责令限期修改，但在限期内未改正。有关部门将依据《安全生产法》的规定，责令其停产整顿并修改，其限额是（　　）。

A. 5000 元以下　　B. 1 万元以下

C. 2 万元以下　　D. 2 万元以上

第 13 章　职业道德

（一）单项选择题

1. 作为行为规范，道德和法律的区别表现在（　　）。

A. 道德的作用没有法律大　　B. 道德规范比法律规范含糊

C. 道德和法律作用的范围不同　　D. 道德和法律不能共同起作用

2. 市场经济条件下的诚信（　　）。

A. 只是一种法律规约　　B. 只是一种道德规约

C. 既是法律规约，又是道德规约　　D. 与法律无关

3. 要做到办事公道，应站在（　　）的立场上处理问题。

A. 平衡　　B. 平均　　C. 公正　　D. 协调

4. 下列关于职业道德的说法中，正确的是（　　）。

A. 职业道德与人格无关

B. 职业道德的养成只能靠教化

C. 职业道德的提高与个人的利益无关

D. 职业道德从一个侧面反映人的整体道德素质

5. 文明礼貌的基本要求包括（ ）。

A. 着装时髦　　B. 举止随便　　C. 语言规范　　D. 谈吐不凡

6.《公民道德建设实施纲要》明确指出，要大力倡导以（ ）为主要内容的职业道德。

A. 爱国守法、明礼诚信、团结友善、勤俭自强、敬业奉献

B. 爱祖国、爱人民、爱劳动、爱科学、爱社会主义

C. 爱岗敬业、诚实守信、办事公道、服务群众、奉献社会

D. 尊老爱幼、反对迷信、不随地吐痰、不乱扔垃圾

7.《公民道德建设实施纲要》提出，要充分发挥社会主义市场经济机制的积极作用，人们必须增强（ ）。

A. 个人意识、协作意识、效率意识、物质利益观念、改革开放意识

B. 个人意识、竞争意识、公平意识、民主法制意识、开拓创新精神

C. 自立意识、竞争意识、效率意识、民主法制意识、开拓创新精神

D. 自立意识、协作意识、公平意识、物质利益观念、改革开放意识

8. 下列哪一项没有违反诚实守信的要求（ ）。

A. 保守企业秘密

B. 派人打进竞争对手内部，增强竞争优势

C. 根据服务对象来决定是否遵守承诺

D. 凡有利于企业利益的行为

9. 施工安全管理体系的建立，必须适用于（ ）的安全管理和控制。

A. 工程设计过程　　B. 工程规划过程

C. 工程决策过程　　D. 工程施工全过程

10. 施工安全管理控制必须坚持的方针是（ ）。

A. 控制成本，确保安全　　B. 安全第一，预防为主

C. 质量与安全并重　　D. 以人为本，预防为主

11. 安全生产必须把好“七关”，这“七关”包括教育关、措施关、交底关、防护关、验收关、检查关和（ ）。

A. 监控关　　B. 文明关　　C. 改进关　　D. 计划关

12. 施工单位安全管理机构的第一责任人是（ ）。

A. 总工程师　　B. 专职安全员　　C. 总经理　　D. 法人

13. 项目部安全管理机构的第一责任人是（ ）。

A. 技术负责人　　B. 专职安全员　　C. 项目经理　　D. 工长

14. 在项目开工前，施工安全管理计划必须经（ ）批准后方可实施。

A. 项目经理　　B. 安全工程师　　C. 安全员　　D. 监理工程师

15. 在施工过程中，如果发生了设计变更，原安全技术措施（ ）。

A. 无需变更　　B. 可在施工后进行变更

C. 必须及时变更　　D. 可在施工中灵活变更

16. 按照施工现场安全防护布置的有关规定，楼梯边设置的防护栏杆的高度为

(　　) m。

A. 0.8　　B. 1.0　　C. 1.1　　D. 1.2

17. 我国政府对安全生产的监督管理采用综合管理和部门管理相结合的机制。其中，对全国各行各业的安全生产工作实施综合管理、全面负责的是（　　）。

A. 国务院　　B. 国务院建设行政主管部门

C. 国务院办公厅　　D. 国家安全生产监督管理部门

18. 在我国现阶段的市场经济发展中，政府对建设工程安全生产进行监督管理的主要手段有（　　）。

A. 法律手段和技术手段　　B. 经济手段和技术手段

C. 法律手段和经济手段　　D. 技术手段和管理手段

19. 符合爱岗敬业具体要求的是（　　）。

A. 抓住择业机遇　　B. 提高职业技能

C. 追求利润最大　　D. 扩大择业范围

20. 开拓创新需要具备（　　）。

A. 良好环境　　B. 高学历

C. 创造意识　　D. 充裕的物质条件

（二）多项选择题

1. 关于团结互助，你认为正确的说法是（　　）。

A. 尊重服务对象属于团结互助的范畴

B. “师徒如父子”是团结互助的典范

C. 同事之间是竞争关系，难以做到团结互助

D. 上下级之间不会是平等的关系

E. 团结互助等于助人为乐

2. 在下列选项中，不符合平等尊重要求的是（　　）。

A. 根据员工工龄分配工作

B. 根据服务对象的性别给予不同的服务

C. 师徒之间要平等尊重

D. 取消员工之间的一切差别

E. 领导和下属之间要平等尊重

3. 关于爱岗敬业的说法中，你认为正确的是（　　）。

A. 爱岗敬业是现代企业精神

B. 现代社会提倡人才流动，爱岗敬业正逐步丧失它的价值

C. 爱岗敬业要树立终生学习观念

D. 发扬螺丝钉精神是爱岗敬业的重要表现

E. 爱岗敬业就是要以企业为家，多加班

4. 维护企业信誉必须做到（　　）。

A. 树立产品质量意识　　B. 重视服务质量，树立服务意识

C. 保守企业一切秘密　　D. 妥善处理顾客对企业的投诉

E. 不惜一切，使用一切手段来实现

5. 职业道德的价值在于（　　）。

A. 有利于企业提高产品和服务的质量

B. 可以降低成本、提高劳动生产率和经济效益

C. 有利于协调职工之间及职工与领导之间的关系

D. 有利于企业树立良好形象，创造著名品牌

E. 以获得他人的赞美为评价标准

（三）判断题（正确填A，错误填B）

1. 团结互助的基本要求是：加强协作、顾全大局、平等尊重、互相学习。（　　）

2. 办事公道不可能有明确的标准，只能因人而异。（　　）

3. 工程技术人员应严格执行施工程序、技术规范、操作规程和质量安全标准，决不弄虚作假，欺上瞒下。（　　）

4. 施工作业人员应积极推广和运用新技术、新工艺、新材料、新设备，大力发展建筑高科技，不断提高建筑科学技术水平。（　　）

5. 项目经理对国家财产和施工人员的生命安全高度负责，不违章指挥，及时发现并坚决制止的违章作业，检查和消除各类事故隐患。（　　）

6. 当个人利益与党和人民的利益发生矛盾或冲突时，要自觉做到人民利益服从国家利益，个人利益服从党的利益。（　　）

7. 道德与法律的调节手段不同，法律是靠国家强制力量来维持的，而道德对人们行为的调整是靠法律来维持的。（　　）

8. 道德修养必须靠自觉，要增强职业道德修养的自觉性，必须做到深刻认识职业道德和职业道德修养的重大意义。（　　）

9. 有目的、有计划、有组织地对从业者施加系统的职业道德影响，把职业道德要求转化为个体的思想意识和道德品质的活动。（　　）

10. 道德作为一种社会意识形态，在调整人们之间以及个人与社会之间的行为规范时，主要依靠法律力量。（　　）

三、参考答案

第1章　安装工程识图

(一) 单项选择题

1. D; 2. C; 3. A; 4. B; 5. D; 6. C; 7. D; 8. C; 9. B; 10. C; 11. C; 12. B; 13. A; 14. B; 15. A; 16. A; 17. B; 18. A; 19. C; 20. A; 21. D; 22. A; 23. B; 24. C; 25. D; 26. C; 27. A; 28. C; 29. C; 30. C; 31. A; 32. C; 33. D; 34. A; 35. A; 36. B; 37. A; 38. D; 39. B; 40. A; 41. A; 42. B; 43. C; 44. A; 45. D; 46. A; 47. B; 48. C; 49. D; 50. B

(二) 多项选择题

1. ABC; 2. ABCD; 3. BCDE; 4. ABC; 5. ABCE; 6. ABCD; 7. BCDE; 8. ACDE; 9. ABE; 10. CD; 11. ABE; 12. ABD

(三) 判断题

1. A; 2. B; 3. A; 4. B; 5. A; 6. A; 7. B; 8. A; 9. B; 10. A; 11. A; 12. A; 13. A; 14. B; 15. B

第2章　安装工程测量

(一) 单项选择题

1. D; 2. B; 3. C; 4. A; 5. C; 6. A; 7. B; 8. A; 9. A; 10. B; 11. A; 12. C; 13. B; 14. B; 15. C; 16. D; 17. B; 18. B; 19. A; 20. A

(二) 多项选择题

1. AC; 2. BD; 3. ABC; 4. ABCD; 5. BDE; 6. DE; 7. BCDE; 8. AD; 9. ABC; 10. ABCE; 11. ABCE; 12. BCDE

(三) 判断题

1. B; 2. A; 3. A; 4. A; 5. B; 6. B; 7. A; 8. A; 9. B; 10. A; 11. A; 12. B; 13. A; 14. A; 15. B; 16. A; 17. B; 18. A; 19. B; 20. A; 21. A; 22. A

（四）计算题或案例分析题

【题一】

1. C；2. A；3. C；4. A；5. C

【题二】

1. D；2. A；3. B；4. C；5. A

第3章　安装工程材料

（一）单项选择题

1. B；2. D；3. C；4. A；5. B；6. C；7. A；8. D；9. B；10. C；11. A；12. C；13. B；14. D；15. A；16. D；17. D；18. C；19. B；20. C；21. A；22. B；23. B；24. D；25. A；26. C；27. D；28. B；29. D；30. A；31. C；32. A；33. D；34. D；35. A；36. D

（二）多项选择题

1. BCDE；2. CE；3. ABDE；4. BCE；5. AB；6. ABCD；7. ABCE；8. ACD；9. AB；10. BCDE；11. CE；12. ABCD；13. BDE；14. ABDE；15. ABCD；16. BCDE；17. DE；18. ACD；19. ABCD；20. BCDE；21. ABD；22. ACD；23. CDE

（三）判断题

1. B；2. A；3. A；4. A；5. A；6. B；7. A；8. A；9. B；10. B；11. B；12. A；13. A；14. A；15. B；16. B；17. A；18. B；19. A；20. A；21. B；22. B；23. A；24. A；25. B；26. A；27. B；28. A；29. A；30. A；31. B；32. B；33. A；34. A

（四）计算题或案例分析题

【题一】

1. C；2. A；3. B；4. A；5. D

【题二】

1. C；2. C；3. B；4. A；5. D

【题三】

1. D；2. B；3. A；4. D；5. D

第4章　安装工程常用设备

（一）单项选择题

1. D；2. A；3. B；4. B；5. C；6. B；7. A；8. B；9. C；10. D；11. A；12. B；

13. C；14. D；15. A；16. B；17. A；18. B；19. A；20. D；21. A；22. D；23. B；24. C；25. D；26. A；27. B；28. D；29. A；30. B

（二）多项选择题

1. ABE；2. ADE；3. ABCD；4. BCDE；5. ABCE；6. ABCE；7. BCDE；8. ABCD；9. CD；10. ACDE；11. ABCE；12. ABC；13. BDE；14. ABCD

（三）判断题

1. A；2. B；3. B；4. A；5. A；6. B；7. A；8. A；9. A；10. A；11. B；12. B；13. A；14. A；15. B

第5章 工程力学与传动系统

（一）单项选择题

1. B；2. D；3. A；4. A；5. B；6. A；7. C；8. C；9. B；10. D；11. B；12. C；13. B；14. C；15. B；16. C；17. A；18. D；19. C；20. C；21. B；22. D；23. B；24. C；25. A；26. D；27. A；28. C；29. B；30. D；31. A；32. C；33. B；34. A；35. C

（二）多项选择题

1. ABC；2. CDE；3. ABCE；4. ABC；5. ABCD；6. ABCD；7. ACD；8. ABE；9. CD；10. ACDE；11. ABCE；12. ABCE；13. ABE；14. CE；15. BCDE；16. ABCD；17. ABCE；18. ACDE；19. ABCE；20. ABCD

（三）判断题

1. B；2. A；3. B；4. A；5. A；6. A；7. A；8. A；9. B；10. B；11. A；12. A；13. B；14. A；15. A；16. B；17. B；18. A；19. B；20. B；21. B；22. B；23. A；24. B；25. A；26. A

（四）计算题或案例分析题

【题一】

1. C；　2. A；　3. D；　4. A；　5. B

第6章 起重与焊接

（一）单项选择题

1. C；2. A；3. D；4. B；5. B；6. B；7. D；8. D；9. C；10. B；11. D；12. B；

13. C；14. B；15. A；16. B；17. A；18. D；19. C；20. D；21. A；22. A；23. B；24. D；25. B；26. D；27. C；28. D；29. A；30. A；31. C；32. B

（二）多项选择题

1. ABCD；2. ABCD；3. ABCD；4. ABCD；5. ABCE；6. ABCD；7. ABDE；8. ACE；9. ABCD；10. ABCE；11. ACDE；12. ABC；13. ABC；14. ABCD；15. AE；16. ABE；17. ADE

（三）判断题

1. A；2. B；3. A；4. B；5. B；6. A；7. A；8. B；9. A；10. B；11. B；12. B；13. A；14. B；15. B；16. B；17. B

（四）计算题或案例分析题

【题一】

1. D；　2. A；　3. A；　4. A；　5. C

第7章　流体力学和热工转换

（一）单项选择题

1. B；2. D；3. C；4. D；5. D；6. A；7. C；8. A；9. D；10. A；11. C；12. A；13. B；14. A；15. B；16. B；17. D；18. D；19. B；20. A；21. D；22. B；23. A；24. C；25. D；26. C；27. D；28. D；29. D；30. D

（二）多项选择题

1. ABC；2. AB；3. AB；4. ABC；5. ABCD；6. CD；7. ABCE；8. ACE；9. ABCD；10. ABCD

（三）判断题

1. B；2. A；3. A；4. B；5. A；6. B；7. B；8. A；9. A；10. A

第8章　电路与自动控制

（一）单项选择题

1. B；2. A；3. D；4. B；5. C；6. B；7. C；8. A；9. A；10. D；11. B；12. A；13. B；14. B；15. C；16. A；17. D；18. B；19. C；20. A；21. C；22. C；23. A；24. B；25. D；26. B；27. A；28. B；29. A；30. D；31. A

（二）多项选择题

1. ACE；2. AC；3. BCD；4. BD；5. ABCD；6. ABD；7. ABC；8. ABC；9. ABE；10. ACDE；11. ABC；12. BCE；13. ABCD；14. ABC；15. ADE；16. BCE；17. ABDE；18. BD；19. ABDE；20. ACD；21. BCD

（三）判断题

1. A；2. B；3. A；4. A；5. B；6. B；7. A；8. A；9. B；10. B；11. A；12. A；13. B；14. A；15. B；16. B；17. A；18. B；19. A；20. B；21. B；22. A；23. B；24. B；25. A

第9章　安装工程造价基础

（一）单项选择题

1. A；2. B；3. A；4. A；5. B；6. D；7. C；8. A；9. C；10. C；11. A；12. D；13. D；14. A；15. C；16. D；17. C；18. D；19. B；20. A；21. C；22. B；23. D；24. D；25. B；26. B；27. B；28. D；29. D；30. B；31. A；32. D；33. C；34. A；35. C；36. B；37. C；38. C；39. B；40. D

（二）多项选择题

1. AC；2. ABCD；3. ACE；4. ABDE；5. ACD；6. ABC；7. BE；8. ABDE；9. ACD；10. ACE

（三）判断题

1. A；2. B；3. A；4. B；5. B；6. A；7. B；8. B；9. B；10. A

（四）计算题或案例分析题

【题一】

1. A；2. B；3. D；4. C；5. B

第10章　安装工程专业施工图预算的编制

（一）单项选择题

1. B；2. B；3. D；4. B；5. C；6. C；7. B；8. C；9. A；10. D；11. A；12. C；13. A；14. D；15. B；16. D；17. B；18. C；19. B；20. B；21. C；22. A；23. B；24. A；25. C；26. A；27. C；28. C；29. A；30. C；31. B；32. C；33. A；34. C；35. D；36. C；37. B；38. A；39. C；40. D；41. A；42. A；43. C；44. D；45. C；46. B；47. B；48. C；49. A；50. C；51. A；52. D；53. A；54. C；55. D；56. B；57. D；58. D；59. C；60. B

（二）多项选择题

1. ACDE； 2. BCD； 3. ACD； 4. ABD； 5. ABCD； 6. ABD； 7. ACD； 8. ABE； 9. ABCE； 10. ABCE； 11. ABCD； 12. ABCD； 13. ABD； 14. ABCD； 15. AC； 16. BE； 17. ABCD； 18. BE； 19. ABCD

（三）判断题

1. A； 2. B； 3. B； 4. A； 5. A； 6. B； 7. B； 8. B； 9. B； 10. B； 11. A； 12. B； 13. B； 14. B； 15. A； 16. A； 17. B； 18. A； 19. B； 20. A； 21. A

第11章　法律法规

（一）单项选择题

1. B； 2. B； 3. D； 4. D； 5. A； 6. A； 7. C； 8. B； 9. C； 10. A； 11. D； 12. D； 13. B； 14. D； 15. A； 16. D； 17. A； 18. A； 19. A； 20. B； 21. D； 22. B； 23. A； 24. A； 25. A； 26. A； 27. A； 28. A； 29. D； 30. A

（二）多项选择题

1. ABCD； 2. ACD； 3. ABCD； 4. ABCD； 5. ABCD； 6. BCD； 7. ABD； 8. ABCD； 9. ABCD； 10. ABC； 11. ACD； 12. ABDE； 13. ABCD； 14. ABC； 15. ABCD

（三）判断题

1. B； 2. A； 3. A； 4. A； 5. B； 6. A； 7. A； 8. B； 9. A； 10. A； 11. B； 12. A； 13. A； 14. B； 15. A

（四）计算题或案例分析题

【题一】

1. D； 2. A； 3. C； 4. B； 5. A

【题二】

1. BCDE； 2. BCDE； 3. ABDE； 4. ABCD； 5. ABCE

第12章　职业健康与环境

（一）单项选择题

1. A； 2. B； 3. B； 4. A； 5. D； 6. A； 7. D； 8. B； 9. B； 10. A； 11. C； 12. B； 13. B； 14. B； 15. D； 16. B； 17. A； 18. B； 19. D； 20. A

（二）多项选择题

1. ABE； 2. BCE； 3. ACE； 4. ACDE； 5. ABDE； 6. ABD； 7. ABCD； 8. ABE； 9. ACDE；10. ABD

（三）判断题

1. A；2. A；3. B；4. B；5. A；6. B；7. A；8. A；9. A；10. B

（四）计算题或案例分析题

【题一】

1. A；2. B；3. A；4. C；5. C

第13章　职业道德

（一）单项选择题

1. C；2. C；3. C；4. D；5. B；6. A；7. C；8. A；9. D；10. B；11. B；12. D；13. C；14. A；15. C；16. D；17. D；18. C；19. B；20. C

（二）多项选择题

1. AB；2. ABD；3. ACD；4. ABD；5. ABCD

（三）判断题

1. A；2. A；3. A；4. B；5. A；6. A；7. B；8. A；9. A；10. B

第二部分

专业管理实务

一、考 试 大 纲

专业施工技术

第1章　设备安装工程

1.1　通用机械设备安装工艺

(1) 掌握通用机械设备安装工艺
(2) 熟悉设备安装的几种新方法
(3) 了解设备试运转的要求、程序

1.2　常见机械设备安装

(1) 掌握常见机械设备的安装方法
(2) 了解常见机械设备的分类、型号

1.3　容器安装工程

(1) 掌握容器安装的一般程序
(2) 掌握压力容器的定义
(3) 了解压力容器有关要求

1.4　供热锅炉及辅助设备安装

(1) 掌握锅炉报装、施工监察与验收
(2) 了解整装锅炉安装
(3) 了解辅助设备及管道安装
(4) 了解烘炉与煮炉
(5) 了解蒸汽严密性试验、安全阀调整与48h试运转

第2章　管道及消防安装工程

2.1　室内给水系统安装

(1) 掌握室内给水管道安装

(2) 掌握室内热水管道安装
(3) 熟悉管道试压及灌水
(4) 熟悉管道的分类及施工
(5) 了解给水方式的划分
(6) 了解热水附属设备安装

2.2 室内排水系统

(1) 掌握卫生洁具安装
(2) 了解虹吸雨水系统

2.3 采暖及空调水系统

(1) 掌握采暖及空调管道安装
(2) 熟悉散热器的安装
(3) 熟悉地板辐射采暖系统的安装

2.4 室外管网安装

(1) 掌握室外给水管道安装、管道附件安装及附属建筑物的施工
(2) 掌握室外排水管道开槽法施工、附属构筑物的施工
(3) 掌握室外热力管道铺设
(4) 熟悉室外给水管道水压试验和冲洗
(5) 熟悉室外供热管道系统的试压与吹洗

2.5 其他管道系统

(1) 熟悉燃气管道布置与敷设
(2) 了解建筑中水系统管道及附属设备安装、游泳池水系统安装
(3) 了解建筑燃气系统安装

2.6 消防灭火系统安装

(1) 掌握消火栓灭火系统的安装方法及系统调试方法
(2) 掌握自动喷淋灭火系统的安装方法及系统调试方法
(3) 熟悉消火栓灭火系统的系统组成及组件功能
(4) 熟悉自动喷淋灭火系统的系统组成及组件功能
(5) 熟悉气体灭火系统的安装方法及系统调试方法
(6) 熟悉泡沫灭火系统的安装方法及系统调试方法
(7) 了解高压细水雾灭火系统的系统组成、工作原理及系统功能特点

2.7 消防报警系统安装

(1) 熟悉消防报警设备的安装方法
(2) 熟悉消防报警线路的安装方法

(3) 熟悉消防报警系统的调试方法

2.8 消防验收

(1) 掌握消防安装工程的验收程序
(2) 掌握消防安装工程的验收内容

第3章 通风与空调安装工程

熟悉通风、空调系统定义及组成、空调系统的分类方式及类型

3.1 风管制作

(1) 掌握风管等级的划分
(2) 掌握常用风管材质要求及制作要求
(3) 掌握各类板材风管适用系统
(4) 掌握风管加固的形式选择及风管刚度计算
(5) 掌握配件与部件的分类
(6) 熟悉各类风管材质要求
(7) 熟悉各种连接方式风管适用系统
(8) 熟悉非金属矩形风管连接形式及适用范围
(9) 熟悉玻璃钢现场组合式保温风管制作
(10) 熟悉配件制作要求
(11) 了解相关施工机械用途
(12) 了解玻璃钢风管制作
(13) 复合风管的材料要求

3.2 风管安装

(1) 掌握金属风管安装要求
(2) 掌握非金属风管安装要求
(3) 掌握柔性风管安装要求
(4) 掌握风管部件及配件安装要求
(5) 熟悉支吊架选择计算
(6) 熟悉净化空调安装要求

3.3 空调水系统安装

(1) 熟悉空调水系统的组成
(2) 熟悉冷热源类型、原理及主要系统组成

3.4 通风空调设备安装

(1) 掌握风机盘管、空气幕、变风量末端等小型设备安装要求

(2) 熟悉高效过滤器安装
(3) 熟悉 VRV 系统安装

3.5 通风与空调工程检验、试验与调试

(1) 掌握风管系统漏光检测及漏风量测试
(2) 掌握水管系统的检验与试验
(3) 掌握空调系统调试流程
(4) 掌握空调房系统调试内容
(5) 掌握变风量调试内容
(6) 掌握防排烟系统测试与调整内容
(7) 掌握空调水系统调试流程及调试内容
(8) 熟悉风管强度试验目的及做法
(9) 熟悉风系统测试要求及检查方法
(10) 熟悉变风量调试方法
(11) 熟悉防排烟系统测试与调整方法
(12) 熟悉空调水系统测试方法
(13) 熟悉空调房间室内参数的测定和调整
(14) 了解净化空调系统测试
(15) 了解综合效能的测定与调整

第4章 建筑电气工程安装

(1) 掌握电线电缆保护工程施工
(2) 掌握电线、电缆、母线施工
(3) 掌握配电箱（柜）安装
(4) 掌握照明器具安装
(5) 掌握防雷接地与等电位施工
(6) 熟悉变压器安装
(7) 熟悉 EPS/UPS 安装
(8) 了解电气调试

第5章 自动化仪表安装工程

(1) 掌握自动化仪表取源部件安装
(2) 掌握自动化仪表设备安装
(3) 掌握自动化仪表线路安装
(4) 熟悉自动化仪表单体调试

(5) 熟悉自动化仪表系统调试
(6) 熟悉配合工艺、设备试车
(7) 了解自动化仪表施工程序
(8) 了解自动化仪表的施工准备
(9) 了解 DCS 调试

第 6 章　建筑智能化安装工程

(1) 掌握建筑设备监控系统
(2) 掌握电源与接地
(3) 掌握智能化系统设备、元件安装
(4) 掌握线缆安装
(5) 掌握智能化系统检测技术
(6) 熟悉智能化系统竣工验收
(7) 了解通信网络系统
(8) 了解信息网络系统
(9) 了解火灾自动报警及消防联动系统
(10) 了解安全防范系统
(11) 了解智能化系统集成系统
(12) 了解环境检测
(13) 了解住宅（小区）智能化
(14) 了解综合布线系统

第 7 章　电梯安装工程

(1) 掌握电梯的基本特征、安装程序
(2) 熟悉电梯安装方法

第 8 章　防腐绝热工程

8.1　防腐工程

(1) 掌握设备与管道防腐蚀的施工要求
(2) 熟悉设备与管道防腐蚀的施工方法
(3) 了解设备与管道防腐蚀材料的性能

8.2　绝热工程

(1) 掌握设备和管道绝热结构层的施工方法

施工项目管理

第9章　施工项目管理概论

9.1　施工项目管理概念、目标和任务

（1）熟悉施工组织设计的内容及编制方法
（2）熟悉专项施工方案的内容及编制方法
（3）熟悉施工进度计划的编制方法
（4）掌握施工项目管理的目标和任务
（5）熟悉施工项目管理的概念
（6）了解项目、建设项目及施工项目

9.2　施工项目的组织

（1）掌握施工组织设计的有关内容
（2）熟悉项目的结构分析
（3）熟悉施工项目管理的组织结构
（4）熟悉施工组织设计的内容及编制方法
（5）熟悉专项施工方案的内容及编制方法
（6）熟悉施工进度计划的编制方法
（7）了解组织和组织论
（8）了解项目管理任务分工表

9.3　施工项目目标动态控制

（1）掌握项目目标动态控制的纠偏措施
（2）熟悉项目目标的事前控制
（3）熟悉动态控制方法在施工管理中的应用
（4）了解施工项目的目标动态控制原理

9.4　项目施工监理

（1）掌握旁站监理的内容
（2）熟悉建设工程监理的工作性质、工作任务、工作方法
（3）了解建设工程监理的概念

第10章　施工项目质量管理

（1）掌握施工项目质量控制

(2) 熟悉安装工程质量验收
(3) 熟悉保修与回访
(4) 熟悉施工技术资料管理
(5) 了解施工项目质量管理的概念
(6) 了解施工事故处理
(7) 了解质量管理的原则
(8) 了解质量管理体系

第11章 施工项目进度管理

11.1 概述

(1) 掌握影响进度管理的因素
(2) 熟悉工程的工期
(3) 了解工程进度计划的分类

11.2 施工组织与流水施工

(1) 掌握流水施工的内容
(2) 熟悉依次施工、平行施工的内容

11.3 网络计划技术

(1) 掌握双代号网络计划图
(2) 掌握单代号网络计划图

11.4 施工项目进度控制

(1) 掌握施工项目进度控制的方法和措施
(2) 掌握施工项目进度控制的内容
(3) 掌握进度计划实施中的监测与分析
(4) 掌握进度计划的调整
(5) 熟悉影响施工项目进度的因素
(6) 了解施工项目进度控制的概念

第12章 施工项目成本管理

(1) 掌握施工项目成本的组成
(2) 掌握施工项目成本计划
(3) 掌握施工项目成本控制
(4) 掌握施工项目成本核算
(5) 掌握施工项目成本分析

(6) 熟悉施工项目成本预测
(7) 熟悉施工项目成本考核
(8) 熟悉施工项目成本管理的措施
(9) 了解施工项目成本管理体系

第13章　施工项目安全环境管理

(1) 掌握安全技术措施的主要内容
(2) 掌握安全技术交底
(3) 掌握施工安全检查
(4) 掌握应急演练、响应和救援
(5) 熟悉施工安全培训和教育
(6) 熟悉事故调查和事故处理
(7) 熟悉施工项目环境保护
(8) 熟悉危险性较大工程专项施工方案的内容、编制方法和审查规定
(9) 了解施工项目安全生产方针
(10) 了解施工项目安全管理体系

第14章　施工项目信息管理

(1) 了解施工项目信息管理的概念

二、习　　题

专业施工技术

第1章　设备安装工程

(一) 单项选择题

1. 根据GB 50231规定，设备安装时，其混凝土基础的强度不应低于设计强度的(　　)%。

A. 50　　B. 65　　C. 75　　D. 90

2. 灌浆层的厚度不应小于(　　)mm。

A. 50　　B. 40　　C. 25　　D. 35

3. 每一组垫铁均应减少垫铁的块数，每组垫铁块数不应超过(　　)块。

A. 3　　B. 4　　C. 5　　D. 6

4. 下列哪项不是设备开箱清查的主要工作(　　)。

A. 箱号、箱数以及包装情况（包装是否完好无损）

B. 设备的名称、型号和规格，有无缺损件，表面有无损坏和锈蚀等

C. 机械设备必须有设备装箱单、出厂检验单、图纸、说明书、合格证等随机文件，进口设备还必须具有商检部门的检验合格文件及其他需要记录的情况

D. 如果设备不能很快安装，应把所有精加工面重新涂油，采取保护措施

5. 设备基础预压时，在基础上放上重物（如钢材、铸件、砂子等），其重量等于设备自重加上最大加工件重量的(　　)倍，重物应均匀地压在基础上，以保证基础均匀下沉。

A. 2　　B. 3　　C. 4　　D. 5

6. 设备基础在安装前需要进行预压，设备基础预压至(　　)时，停止预压。

A. 均匀下沉　　B. 基础不再下沉为止

C. 沉降不大于50mm　　D. 沉降偏差不大于10mm

7. 关于基础放线，不正确的是(　　)。

A. 放线就是根据施工图，将设备的纵横中心线和其他基准线，用墨线将其弹在基础上，作为安装设备找正的依据

B. 互相有连接、衔接或排列关系的设备，应分别划出安装基准线

C. 必要时，应按设备的具体要求，埋设一般的或永久性的中心标板或基准点

D. 平面位置安装基准线与基础实际轴线或与厂房墙（柱）的实际轴线、边缘线的距离，其允许偏差为±20mm

8. 当设备与其他设备有机械联系时，其平面位置和标高对安装基准线的允许偏差是（　　）mm。

A. ±2，±1　　B. ±20，±10　　C. ±5，±5　　D. ±3，±2

9. 当设备与其他设备无机械联系时，其平面位置和标高对安装基准线的允许偏差是（　　）mm。

A. ±5，±5　　B. ±20，±10

C. ±10，+20～−10　　D. ±3，±2

10. 在起吊工具和施工现场受限的情况下，设备一般采用（　　）方法就位。

A. 人字拔杆　　B. 解体再组装　　C. 设备滑移　　D. 叉车叉运

11. 当采用重锤水平拉钢丝测量方法测量直线度、平行度和同轴度时，宜选用直径为（　　）的整根钢丝。

A. 0.1～0.3mm　　B. 0.35～0.5mm　　C. 0.2～0.4mm　　D. 0.4～0.6mm

12. 对于水泵水平度的测量一般采用（　　）。

A. 框式水平仪　　B. 铝合金水平尺　　C. 磁力线坠　　D. 水准仪

13. 设备水平度的调整一般采用（　　）。

A. 设备与底座间垫钢板　　B. 设备底座与基础间垫钢板

C. 调整斜垫铁　　D. 设备灌浆

14. 二次灌浆时，灌浆层上表面应（　　）。

A. 向外略有坡度　　B. 向内略有坡度

C. 保持水平　　D. 凿毛

15. 联轴器找正，主要是保证两轴的（　　）。

A. 平行度　　B. 同心度　　C. 直线度　　D. 水平度

16. 联轴器找正，使用的主要计量工具是（　　）。

A. 转速表　　B. 百分表　　C. 水平仪　　D. 千分尺

17. 关于三点安装法，下列说法错误的是（　　）。

A. 采用三点安装法找平找正时，设备的重心应在所选三点的范围内

B. 应注意使千斤顶或垫铁具有足够的面积，以保证三点处的基础不被破坏

C. 三点调整好后，使标高略低于设计标高1～2mm

D. 是一种快速找平的方法

18. 关于无垫铁安装法，下列说法错误的是（　　）。

A. 无垫铁安装法可分为两种：一种为混凝土早期强度承压法；另一种为混凝土后期强度承压法

B. 混凝土早期强度承压法，当拆千斤顶时，容易产生水平误差

C. 混凝土后期强度承压法，出现水平误差，不易调整

D. 对设备水平度要求不太严格的，应采用混凝土早期强度承压法

19. 当设备底座上设有安装用的调整顶丝（螺栓）时，支撑顶丝用的钢垫板放置后，其顶面水平度的允许偏差应为（　　）。

A. 1/1000　　B. 2/1000　　C. 5/1000　　D. 1/100

20. 关于坐浆安装法，下列说法错误的是（　　）。

A. 是一种敷设设备垫铁的工艺

B. 坐浆混凝土的坍落度应为5～l0cm

C. 坐浆垫铁上表面标高允许偏差为±0.5mm

D. 浇灌混凝土后，养护1～3d后即可安装设备

21. 低压离心通风机，是指通风机全压小于等于（　　）Pa。

A. 1000　　B. 981　　C. 885　　D. 783

22. 轴流式通风机的高压风机是指全压大于（　　）Pa。

A. 552　　B. 512　　C. 480.5　　D. 490.4

23. 关于离心通风机的安装，下列说法错误的是（　　）。

A. 叶轮旋转应平稳，停转后不应每次停留在同一位置上

B. 通风机传动装置外露部分应有防护罩

C. 通风机找正以电动机为准，安在室外的电动机应设防雨罩

D. 风管与风机连接时，不得强迫对口，机壳不应承受其他机件的重量

24. 通风机安装传动轴水平度的允许偏差为（　　）。

A. 纵向0.1/1000，横向0.1/1000

B. 纵向0.5/1000，横向1/1000

C. 纵向0.2/1000，横向0.3/1000

D. 纵向1/1000，横向2/1000

25. 大型解体泵的滑动轴承轴瓦背面与轴瓦座应紧密贴合，其过盈值应在（　　）mm的范围内。

A. 0.2～0.4　　B. 0.05～0.1　　C. 0.03～0.06　　D. 0.02～0.04

26. 关于泵的吸入管路安装，下列说法错误的是（　　）。

A. 吸入管路宜短，且宜减少弯头

B. 当泵的安装位置高于吸入液面时，吸入管路的任何部分都不应高于泵入口

C. 泵入口前的直管段长度不应大于入口直径D的3倍

D. 当泵的安装位置高于吸入液面，泵的入口直径小于350mm时应设置底阀

27. 关于泵的排出管路安装，下列说法错误的是（　　）。

A. 泵的排出管路应装设闸阀，其内径不应小于管子内径

B. 当扬程大于20m时，应装设止回阀

C. 为了减少管路上的水头损失，节约能源，泵站内的压水管路要求尽可能短些，弯头、附件也应尽量减少

D. 水泵排出管安装时，变径管应采用顶平偏心变径管，并在阀门前安装一长约150～200mm的短管

28. 制冷机组安装的纵向和横向水平偏差均不应大于（　　）。

A. 0.1/1000　　B. 5/1000　　C. 2/1000　　D. 1/1000

29. 容器按照所承受的压力大小分为常压容器和（　　）容器两大类。

A. 中压　　B. 压力　　C. 低压　　D. 高压

30. 试验用压力表的最大量程最好为试验压力的（　　）倍。

A. 1.5　　　　　　　　B. 2　　　　　　　　C. 3　　　　　　　　D. 4

31. 对于容器找平找正的基准，下列说法错误的是（　　）。

A. 容器支承（裙式支座、耳式支座、支架等）的底面标高应以基础上的标高基准线为基准

B. 容器的中心线位置应以基础上的中心划线为基准

C. 立式容器的方位应以基础上距离设备最近的中心划线为基准

D. 卧式容器的水平度一般应以容器底座的中心划线为基准

32. 容器安全阀在安装前，应按设计规定进行开启压力与回座压力调试，当设计无规定时，其开启压力为操作压力的（　　）倍，但不得超过设计压力。

A. 1.1～1.5　　　　　　B. 1.2　　　　　　C. 1.05～1.15　　　　　　D. 1.5

（二）多项选择题

1. 设备基础检查验收的主要内容包括（　　）。

A. 基础的外形尺寸

B. 基础的水平度、中心线

C. 基础标高、地脚螺栓孔的坐标位置

D. 基础预埋件

E. 基础施工资料

2. 设备的找正、调平的测量位置，应按设计和设备技术文件确定，当设计和设备技术文件无规定时，宜在下列哪些部位中选择（　　）。

A. 设备的主要工作面　　　　　　B. 支承滑动部件的导向面

C. 设备底座　　　　　　　　　　D. 部件上加工精度较高的表面

E. 设备上应为水平或铅垂的主要轮廓面

3. 关于垫铁放置正确的说法包括（　　）。

A. 一般垫铁应放置在地脚螺栓两侧

B. 每个地脚螺栓旁边至少应有一组垫铁

C. 使用斜垫铁或平垫铁调平时，承受负荷的垫铁组，应使用成对斜垫铁

D. 每组垫铁一般不超过 6 块

E. 设备调平后，其垫铁均应与设备底座用定位焊焊牢

4. 关于垫铁放置正确的说法包括（　　）。

A. 设备调平后，垫铁端面应与设备底面外缘相平

B. 成组使用垫铁时，薄垫铁应放在下面，厚垫铁居中，斜垫铁放在最上面

C. 设备找平后，平垫铁应在底座边缘外侧露出 10～30mm，斜垫铁应露出 10～50mm

D. 对高速运转的设备，采用 0.05mm 塞尺检查垫铁之间及垫铁与底座面之间的间隙，在垫铁同一断面处以两侧塞入的长度总和不超过垫铁长度或宽度的 1/3 为合格

E. 安装在金属结构上的设备调平后，其垫铁均应与金属结构用定位焊焊牢

5. 对于地脚螺栓安装，正确的说法是（　　）。

A. 地脚螺栓任一部分离孔壁的距离，应大于 30mm

B. 地脚螺栓底端不应碰到孔底

C. 地脚螺栓在预留孔中应垂直，无倾斜

D. 预留孔中的混凝土达到设计强度的75%以上时，方可拧紧地脚螺栓

E. 活动地脚螺栓用来固定没有强烈振动和冲击的设备

6. 关于设备二次灌浆说法正确的是（　）。

A. 仅用于固定垫铁或防止油、水进入的灌浆层，且灌浆无困难时，其厚度可小于25mm

B. 当灌浆层与设备底座面接触要求较高时，宜采用无收缩混凝土或水泥砂浆

C. 灌浆混凝土强度等级应和基础相同

D. 当设备底座下不需全部灌浆，且灌浆层需承受设备负荷时，应敷设内模板

E. 二次灌浆时可以采用坐浆法进行设备固定

7. 通风机按工作原理，分为（　　）。

A. 离心通风机　　B. 低压通风机　　C. 轴流通风机

D. 高压通风机　　E. 中压通风机

8. 关于水泵安装找平说法正确的是（　　）。

A. 整体安装的泵，应在泵的进出口法兰面或其他水平面上进行测量

B. 解体安装的泵，应在水平中分面、轴的外露部分、底座的水平加工面上进行测量

C. 解体安装的泵，纵向和横向安装水平偏差均不应大于0.5/1000

D. 整体安装的泵，纵向安装水平偏差不应大于1/1000，横向安装水平偏差不应大于2/1000

E. 整体安装的泵，纵向安装水平偏差不应大于2/1000，横向安装水平偏差不应大于1/1000

9. 高转速泵或大型解体泵安装时，应测量径向和端面跳动值的部位有（　）。

A. 转子叶轮　　B. 中分面　　C. 叶轮密封环

D. 平衡盘　　E. 轴颈

10. 关于离心泵启动，说法正确的是（　）。

A. 离心泵启动时，应打开吸入管路阀门，关闭排出管路阀门

B. 离心泵启动时，吸入管路应充满输送液体，并排尽空气，不得在无液体情况下启动

C. 泵启动后应快速通过喘振区

D. 离心泵启动时，转速正常后应打开出口管路的阀门，出口管路阀门的开启不宜超过3min，并将泵调节到设计工况，不得在性能曲线驼峰处运转

E. 离心泵启动时，应先打开排出管路阀门，关闭吸入管路阀门

11. 压力容器的划定范围是（　　）。

A. 最高工作压力大于或者等于0.1MPa（表压，不含液体静压力，下同）

B. 设计压力与容积的乘积大于或者等于25MPa·L

C. 盛装介质为气体、液化气体和最高工作温度高于或者等于标准沸点的液体

D. 设计压力与容积的乘积大于或者等于2.5MPa·L

E. 设计压力与容积的乘积大于或者等于250MPa·L

12. 下列说法正确的是（　　）。

A. 压力容器属于特种设备的范畴

B. 由于自来水中的氯离子含量较高，不能够直接进行不锈钢容器的试压

C. 压力容器安装前建设单位必须办理告知手续

D. 技术质量监督局对压力容器制造和安装都要进行监督

E. 压力容器的压力必须大于 1.6MPa

（三）判断题（正确填 A，错误填 B）

1. 基础标高过低时，不允许补高，基础应砸掉重做。（　　）

2. 预埋地脚螺栓位置偏差过大时，对较大的螺栓可在其周围凿到一定深度后割断，按要求尺寸搭接焊上一段，并采取加固补强措施。（　　）

3. 螺栓孔的灌浆属于二次灌浆。（　　）

4. 当设备没有吊环时，可以捆绑设备上比较大的轴，如转子、轴颈和轴封等处部位。（　　）

5. 设备找平是指将设备调整到水平状态。（　　）

6. 安装在金属结构上的设备调平后，其垫铁均应与金属结构用定位焊焊牢。（　　）

7. 设备调平后，检查每组垫铁是否压紧的方法可以采用手锤逐组轻击听声检查。（　　）

8. 压浆法安装设备时，压浆层达到强度 50%以上时，才能调整升降块，胀脱小圆钢，将压浆层压紧。（　　）

9. 风机叶轮旋转方向分左转和右转两种方向，从原动机一端正视叶轮旋转为逆时针方向旋转的为"右"。（　　）

10. 热媒为热水或蒸汽的热风幕机，安装前应作水压试验，试验压力为系统最高工作压力的 1.5 倍，同时不得小于 0.4MPa，无渗漏。（　　）

11. 风机试运转时必须拆开联轴器，启动电机，确认运转方向正确。（　　）

12. 离心风机运转前，应关闭风机出口的启动调节阀，打开进风口阀门。（　　）

13. 离心泵启动时，应打开吸入管路阀门，关闭排出管路阀门。（　　）

14. 制冷系统工况调试就是调整蒸发器的工作温度，实际上就是调整膨胀阀阀孔的开度，以控制进入蒸发器内制冷剂的数量和压力。（　　）

15. 室外储油罐一般采用室外直埋方式安装。（　　）

16. 集分水器外形和主要结构与分汽缸是相同的。（　　）

17. 所有水箱，在使用之前都要根据《二次供水设施卫生规范》进行消毒处理。（　　）

第 2 章　管道及消防安装工程

（一）单项选择题

1. 管道穿越地下室或地下构筑物外墙时，应设置（　　）。

A. 钢套管　　　B. 套管　　　C. 防水套管　　　D. 防护套管

2. 铜管钎焊后的管件，必须在（　　）内进行清洗，以除去残留的熔剂和熔渣。

A. 8小时　　　B. 10小时　　　C. 12小时　　　D. 24小时

3. 埋地、嵌墙暗敷设的管道，应在（　　）合格后再进行隐蔽工程验收。

A. 管道连接　　　B. 水冲洗　　　C. 水压试验　　　D. 保温

4. 饮用水不锈钢管道在试压合格后宜采用（　　）消毒液灌满管道进行消毒。

A. 0.03%高锰酸钾　B. 0.03%氯溶液

C. 0.03%过氧乙酸　D. 0.03%"84"消毒液

5. 检查口中心距地面为（　　）。

A. 0.8m　　　B. 1.5m　　　C. 1.2m　　　D. 1.0m

6. 在上人屋面上，通气管应高出屋面（　　），并应根据防雷要求设置防雷装置。

A. 1m　　　B. 2m　　　C. 1.5m　　　D. 0.8m

7. 水封深度小于（　　）的地漏不得使用。

A. 40mm　　　B. 30mm　　　C. 50mm　　　D. 20mm

8. 高层建筑中明设穿楼板排水塑料管应设置（　　）或防火套管。

A. 阻火圈　　　B. 防火带　　　C. 防水套管　　　D. 普通套管

9. 给水管装有（　　）个及以上配水管的支管始端应装可拆卸连接。

A. 1　　　B. 2　　　C. 3　　　D. 4

10. 垂直平行安装时热水管应在冷水管的（　　）。

A. 前面　　　B. 后面　　　C. 右侧　　　D. 左侧

11. 建筑物内的生活给水系统，当卫生器具给水配件处的静水压超过规定值时，宜采取（　　）措施。

A. 减压限流　　　B. 排气阀

C. 水泵多功能控制阀　　　D. 水锤吸纳器

12. 管径小于或等于100mm的镀锌钢管应采用（　　）连接方式。

A. 焊接　　　B. 承插　　　C. 螺纹　　　D. 法兰

13. 通球试验的通球球径不小于排水管道管径的（　　）。

A. 3/4　　　B. 2/3　　　C. 1/2　　　D. 1/3

14. 室内排水系统的安装程序，一般为（　　）。

A. 先安装排出管，再安装排水立管和排水支管，最后安装卫生器具

B. 先安装卫生器具，再安装排水支管和排水立管，最后安装排出管

C. 先安装排水支管和排水立管，再安装卫生器具，最后安装排出管

D. 先安装排出管，再安装卫生器具，连接排水立管和排水支管

15. 室内给水管道的水压试验，当设计未注明时，一般应为工作压力的（　　）。

A. 1　　　B. 1.5　　　C. 2　　　D. 2.5

16. 生活给水系统采用气压给水设备供水时，气压水罐内的（　　）应满足管网最不利点所需压力。

A. 最高工作压力　　　B. 最低工作压力

C. 平均工作压力　　　D. 某一工作压力

17. 生活给水系统管道在交付使用前应（　　），并经有关部门取样检验合格方可使用。

A. 试压　　B. 满水 24 小时　　C. 吹扫　　D. 冲洗和消毒

18. 雨水管道灌水高度必须到每根立管的（　　）灌水试验持续 1 小时，不渗不漏为合格。

A. 正负零　　B. 一层检查口高度

C. 建筑物高度　　D. 雨水斗高度

19. 散热器支管应以（　　）的坡度坡向立管。

A. 0.5%　　B. 1%　　C. 1.5%　　D. 3%

20. 当两根以上污水立管共用一根通气管时，通气管管径应为（　　）。

A. 其中最小排水管管径　　B. 其中最大排水管管径

C. 不小于 100mm　　D. 不小于 150mm

21. 镀锌钢管道支架不得设置于（　　）上。

A. 承重墙　　B. 窗间墙　　C. 半砖墙　　D. 轻质隔墙

22. 螺纹连接的管道安装后，应外露（　　）扣螺纹。

A. 1～2　　B. 1～3　　C. 2～3　　D. 3～4

23. 隐蔽或埋地的排水管道在隐蔽前必须作（　　）试验。

A. 通球　　B. 水压　　C. 灌水　　D. 通水

24. 阀门的强度试验压力为其公称压力的（　　）。

A. 1.15 倍　　B. 1.5 倍　　C. 2 倍　　D. 2.5 倍

25. 按供水用途的不同，建筑给水系统可分为（　　）三大类。

A. 生活饮用水系统、杂用水系统和直饮水系统

B. 消火栓给水系统、生活给水系统和商业用水系统

C. 消防给水系统、生活饮用水系统和生产工艺用水系统

D. 消防给水系统、生活给水系统和生产给水系统

26. 管道应敷设在当地冰冻线以下，如确实需要高于冰冻线敷设的，须有可靠的保温措施。绿化带人行道的管道埋深不低于（　　），道路范围内的管道埋深不低于 1.2m。

A. 0.8m　　B. 0.6m　　C. 1.0m　　D. 1.2m

27. 管顶以上（　　）以内采用人工夯实，打夯时不得损伤管道及管道防腐层，压实度不小于 85%。

A. 300mm　　B. 400mm　　C. 500mm　　D. 600mm

28. 中水管道与生活饮用水管道、排水管道平行埋设时，其水平距离不得小于（　　），交叉埋设时，中水管道应位于生活饮用水管道下面，排水管道上面，其净距不应小于 0.15m。

A. 0.3m　　B. 0.4m　　C. 0.5m　　D. 0.6m

29. 室外给水管道试压时，对压力表要求：试验用压力表应在检定合格期内，精度不低于（　　），量程是被测压力的 1.5～2 倍，试压系统中的压力表不得少于 2 块。

A. 1.0 级　　B. 1.5 级　　C. 1.6 级　　D. 2.0 级

30. 重型铸铁井盖不得直接安装在井室的砖墙上，应安装在厚度不小于（　　）的混

凝土垫圈上。

A. 50mm　　　　B. 60mm　　　　C. 70mm　　　　D. 80mm

31. 沟槽采用机械开挖时，槽底应预留（　　），由人工清理至设计标高。

A. 100mm　　　　B. 200mm　　　　C. 300mm　　　　D. 400mm

32. 铸铁管承接口的对口间隙应小于（　　）。

A. 1mm　　　　B. 2mm　　　　C. 3mm　　　　D. 4mm

33. 绿化带上的井盖可采用轻型井盖，井盖上表面高出地平（　　），井口周围设置2%的水泥砂浆护坡。

A. 300mm　　　　B. 40mm　　　　C. 50mm　　　　D. 60mm

34. 阀门井应在管道和阀门安装完成后开始砌筑，其尺寸应按照设计或设计指定的图集施工，阀门的法兰不得砌在井外或井壁内，为便于维修阀门的法兰外缘一般距井壁（　　）。

A. 150mm　　　　B. 200mm　　　　C. 250mm　　　　D. 300mm

35. 回填工作在管道安装完成，并经验收合格后进行，回填时管道接口处的前后端200mm范围内不得回填，以便在管道试水时观察接口是否存在漏水现象，且应保证回填土的厚度不应少于管顶（　　），以防止试水时管道出现移位。

A. 300mm　　　　B. 400mm　　　　C. 500mm　　　　D. 600mm

36. 管道两侧及管顶以上0.5m内的回填土不得含有碎石、砖块、垃圾等杂物，不得用冻土回填。距离管顶0.5m以上的回填土内允许有少量直径不大于（　　）的石块。

A. 100mm　　　　B. 150mm　　　　C. 200mm　　　　D. 200mm

37. 室外给水管道冲洗时，管道安装放水口的管上应装有阀门、排气管和放水取样龙头，放水管的截面不应小于进水管截面的（　　）。

A. 1/2　　　　B. 2/3　　　　C. 1/4　　　　D. 1/5

38. 生活饮用水管道，冲洗完毕后，管内应存水（　　）以上再化验。如水质化验达不到要求标准，应用漂白粉溶液注入管道浸泡消毒，然后再冲洗，经水质部门检验合格后交付验收。

A. 10h　　　　B. 12h　　　　C. 24h　　　　D. 48h

39. 沟槽采用机械开挖时，槽底应预留（　　），由人工清理至设计标高。

A. 100mm　　　　B. 150mm　　　　C. 200mm　　　　D. 250mm

40. 井室砌筑前应进行红砖淋水工作，使砌筑时红砖吸水率不小于（　　）。

A. 15%　　　　B. 25%　　　　C. 35%　　　　D. 45%

41. 当梁突出顶棚的高度超过（　　）cm时，被梁隔断的每个梁间区域至少应设置一只探测器。

A. 20　　　　B. 40　　　　C. 50　　　　D. 60

42. 每个防火分区应至少设置一个手动火灾报警按钮，从一个防火分区内的任何位置到最邻近的一个手动火灾报警按钮的距离不应（　　）m。

A. 大于15　　　　B. 大于20　　　　C. 大于25　　　　D. 大于30

43. 火灾探测器的传输线路宜选择不同颜色的绝缘导线或电缆，正极线应为（　　），负极线为（　　），同一工程中相同用途导线的颜色应一致，接线端子应有标号。

A. 红色，黑色　　B. 红色，蓝色　　C. 蓝色，黑色　　D. 黄色，绿色

44. 气体灭火控制器的延时功能，其延时时间应在（　）s 内可调。

A. 0～10　　B. 0～20　　C. 0～30　　D. 0～60

45. 探测器底座的连接导线，应留有（　　）的余量，且在其端部应有明显标志。

A. 不大于 150mm　　B. 不小于 200mm

C. 不大于 200mm　　D. 不小于 150mm

46. 光警报器与消防应急疏散指示标志不宜在同一面墙上，安装在同一面墙上时，距离应（　　）。

A. 小于 1m　　B. 大于 2m　　C. 大于 1m　　D. 小于 2m

47. 探测器宜水平安装，当确需倾斜安装时，倾斜角不应大于（　）。

A. 15°　　B. 30°　　C. 45°　　D. 60°

48. 消防电话、电话插孔、带电话插孔的手动报警按钮宜安装在明显、便于操作的位置；当在墙面上安装时，其底边距地（楼）面高度宜为（　）m。

A. 1.5～1.8　　B. 1.1～1.3　　C. 1.3～1.5　　D. 1.6～1.8

49. 一类高层建筑自备发电设备，应设有自动启动装置，并能在（　　）内供电。二类高层建筑自备发电设备，当采用自动启动有困难时，可采用手动启动装置。

A. 5s　　B. 10s　　C. 15s　　D. 30s

50. 疏散应急照明灯宜设在墙面上或顶棚上。安全出口标志宜设在出口的顶部；疏散走道的指示标志宜设在疏散走道及其转角处距地面 1.00m 以下的墙面上。走道疏散标志灯的间距不应大于（　　）。

A. 5m　　B. 10m　　C. 20m　　D. 30m

51. 高层建筑的应急照明和疏散指示标志，可采用蓄电池作备用电源，且连续供电时间不应少于（　　）min；高度超过 100m 的高层建筑连续供电时间不应少于（　　）min。

A. 20，30　　B. 60，60　　C. 60，90　　D. 90，90

52. 设有火灾自动报警系统和自动灭火系统或设有火灾自动报警系统和机械防（排）烟设施的建筑，应设置（　　）。

A. 消防值班室　　B. 消防控制室

C. 消防设备机房　　D. 消防站

53. 火灾报警系统中报警区域指将火灾自动报警系统的警戒范围按（　　）划分的单元。

A. 房间　　B. 功能分区

C. 防火分区或楼层　　D. 以上都是

54. 消火栓给水管道通过钢筋混凝土水箱壁时应安装（　　）防水套管。

A. 塑料　　B. 铁皮　　C. 柔性　　D. 刚性

55. 室内消火栓系统安装完成后，应取（　　）作消火栓试射试验，达到设计要求为合格。

A. 屋顶一处，中间层一处　　B. 屋顶二处，中间层一处

C. 屋顶二处，首层一处　　D. 屋顶一处，首层二处

56. 消防喷淋系统的喷头安装应在（　）合格后进行。

A. 管道安装　　　　B. 系统试压　　　　C. 系统冲洗　　　　D. 系统验收

57. 灭火系统的室内消火栓给水管道（热镀锌钢管）管径（　　）时采用螺纹连接。

A. ≤80mm　　　　B. ≤100mm　　　　C. ≤125mm　　　　D. ≤150mm

58. 自动喷水灭火系统喷头布置的水平距离应根据火灾（　　）确定。

A. 保护等级　　　　B. 危险类别　　　　C. 控制等级　　　　D. 危险等级

59. 消防喷淋系统的喷头安装应使用（　　），严禁利用喷头的框架施拧。

A. 专用扳手　　　　B. 力矩扳手　　　　C. 活络扳手　　　　D. 固定扳手

60. 当喷头的公称直径小于（　　）时，应在配水干管或配水管上安装过滤器。

A. 8mm　　　　B. 10mm　　　　C. 15mm　　　　D. 20mm

61. 箱式消火栓安装时，栓口中心距地面应为（　　）。

A. 1.0m　　　　B. 1.1m　　　　C. 1.2m　　　　D. 1.3m

62. 敞口式消防水箱进行满水试验时，应静置观察（　　）小时，不渗不漏为合格。

A. 8　　　　B. 12　　　　C. 18　　　　D. 24

63. 建筑物室内消火栓系统组成不包括以下哪一类（　　）。

A. 水枪　　　　B. 水龙带　　　　C. 消火栓　　　　D. 报警装置

64. 消火栓系统干、立、支管道的水压试验按设计要求进行。当设计无要求时，消火栓系统试验宜符合试验压力，稳压（　　）管道及各节点无渗漏的要求。

A. 0.5 小时　　　　B. 1 小时　　　　C. 2 小时　　　　D. 8 小时

65. 信号阀应安装在水流指示器前的管道上，与水流指示器之间的距离不应少于（　　）。

A. 100mm　　　　B. 200mm　　　　C. 300mm　　　　D. 400mm

66. 除吊顶型喷头及吊顶下安装的喷头外，直立型、下垂型标准喷头，其溅水盘与顶板的距离，不应小于（　　），且不应大于（　　）。

A. 50mm，100mm　　　　B. 75mm，100mm

C. 75mm，150mm　　　　D. 100mm，150mm

67. 机械三通安装连接时，其开孔间距不应小于（　　）。

A. 500mm　　　　B. 800mm　　　　C. 1000mm　　　　D. 1500mm

68. 施工前应检查灭火剂贮存容器内的充装量不应小于设计充装量，且不应超过设计充装量的（　　）。

A. 0.5%　　　　B. 1.0%　　　　C. 1.5%　　　　D. 2.0%

69. 下列哪一项不属于气体灭火系统。（　　）

A. 混合气体（IG541）灭火系统　　　　B. 卤代烷 1301 灭火系统

C. 七氟丙烷灭火系统　　　　D. 磷酸铵盐灭火系统

70. 连接储存容器和集流管间的单向阀的流向指示箭头应指向（　　）。

A. 介质流动方向　　　　B. 介质流动相反方向

C. 储存器一侧　　　　D. 储存器的相反侧

71. 吊顶下的喷头须配有可调式镀铬黄铜盖板，安装高度低于（　　）时，加保护套。

A. 1.5m　　　　B. 1.8m　　　　C. 2.0m　　　　D. 2.1m

72. 支吊架的位置以不妨碍喷头喷洒效果为原则。一般吊架距喷头应大于（　　），对圆钢吊架可以小到（　　），与末端喷头之间的距离不大于（　　）。

A. 300mm，70mm，750mm　　B. 200mm，70mm，750mm

C. 300mm，75mm，550mm　　D. 200mm，75mm，550mm

73. 水流指示器的规格、型号应符号设计要求，应在系统（　　）合格后进行安装。

A. 严密性试验　　B. 压力试验　　C. 冲洗试验　　D. 检测调试

74. 当保护对象为可燃气体和甲、乙、丙类液体储罐时，水雾喷头与储罐外壁之间的距离不应大于（　）。

A. 0.5m　　B. 0.6m　　C. 0.7m　　D. 0.8m

75. 管道系统采用节流时，节流管内水的流速不应大于（　　）。

A. 10m/s　　B. 20m/s　　C. 30m/s　　D. 40m/s

76. 气体灭火系统安装时，管件应采用锻压钢件（　　）。

A. 内镀锌　　B. 外镀锌　　C. 内外镀锌　　D. 以上三种均可

77. 地上式泡沫消火栓的大口径出液口应朝向（　　）。

A. 消防车道　　B. 建筑物　　C. 南侧　　D. 北侧

78. 泡沫混合液管道设置在地上时，控制阀的安装高度宜为（　　）。

A. 0.7～1.0m　　B. 0.8～1.2m　　C. 1.1～1.5m　　D. 1.2～1.5m

79. 当设计无规定时，泡沫液压力储罐罐体与支座接触部位的防腐，应按（　　）施工。

A. 涂刷防腐漆　　B. 普通防腐层　　C. 加强防腐层　　D. 特强级防腐层

80. 整体平衡式比例混合装置应（　　）安装在管道上，并应在水和泡沫液进口的水平管道上分别安装压力表，且与平衡式比例混合装置进口处的距离不宜大于0.3m。

A. 水平　　B. 竖直　　C. 垂直　　D. 以上三种均可

(二) 多项选择题

1. 管道穿过伸缩缝、沉降缝和抗震缝时可选择哪些保护方式（　　）。

A. 墙体两侧采用柔性连接　　B. 在管道上下留不小于150mm的净空

C. 设置水平安装的方形补偿器　　D. 刚性连接

E. 设置垂直安装的方形补偿器

2. 给水聚丙烯PPR管管道安装方式一般有（　　）。

A. 粘接　　B. 热熔连接　　C. 电熔连接

D. 螺纹连接　　E. 焊接

3. 影响手工氩弧焊焊接质量的主要因素有（　　）。

A. 喷嘴孔径　　B. 气体流量

C. 喷嘴至工件的距离　　D. 钨极伸出长度

E. 焊接速度

4. 屋面雨水系统按管道的设置位置和屋面的排水条件分为（　　）。

A. 内排水　　B. 外排水　　C. 檐沟排水

D. 天沟排水　　E. 密闭排水

5. 膨胀水箱的（　　）上不得安装阀门。

A. 补水管　　B. 集气管　　C. 膨胀管

D. 溢流管　　E. 排污管

6. 生活热水系统常用的加热方式分为（　　）。

A. 换热器加热　　B. 直接加热　　C. 电加热

D. 间接加热　　E. 汽水混合加热

7. 虹吸式坐便器的特点包括（　　）。

A. 噪声小　　B. 卫生、干净　　C. 噪声大

D. 存水面大　　E. 用水量较大

8. 常见铸铁散热器类型有（　　）。

A. 管式散热器　　B. 柱形散热器

C. 板式散热器　　D. 柱翼型散热器

E. 翼型散热器

9. 铸铁管道接口形式分为（　　）。

A. 水泥接口　　B. 青铅接口　　C. 焊接接口

D. 橡胶圈接口　　E. 螺纹接口

10. 柔性防水套管的组成（　　）。

A. 钢制套管　　B. 翼环　　C. 密封圈

D. 法兰压盖　　E. 膨胀水泥

11. 沟槽回填要求正确的是（　　）。

A. 沟槽两侧回填压实度须人工夯实，压实度须达到 95%，管口操作坑必须仔细回填夯实

B. 沟槽两侧回填压实度须人工夯实，压实度须达到 85%，管口操作坑必须仔细回填夯实

C. 管顶以上 500mm 以内采用人工夯实，打夯时不得损伤管道及管道防腐层，压实度不小于 85%

D. 管顶 500mm 以外可以采用机械回填，机械不得直接作用于管道上，回填土压实度不小于 95%

E. 管沟回填宜在管道充满水的情况下进行，管道敷设后不宜长期处于空管状态

12. 井室砌筑要点说法正确的是（　　）。

A. 井底基础与管道基础应同时浇注

B. 砖砌检查井应随砌随检查尺寸，收口时每次收进不大于 30mm，三面收进时每次不大于 50mm

C. 检查井预留支管应随砌随稳

D. 管道进入检查井的部位应砌拱砖

E. 井室内壁及导流槽应作抹面压光处理

13. 室外排水化粪池说法正确的是（　　）。

A. 砖砌式化粪池底均应采用厚度不小于 100mm，强度不低于 C25 的混凝土做底板，无地下水的使用素混凝土，有地下水的采用钢筋混凝土

B. 砌筑用机砖及嵌缝抹面砂浆须符合设计要求，严禁使用干砖或含水饱和的砖；抹面砂浆必须是防水砂浆，厚度不得低于 20mm，且应作压光处理

C. 化粪池进出水口标高要符合设计要求，其允许偏差不得大于±15mm

D. 大容积化粪池砌筑时在墙体中间部位应设置圈梁，以利于结构的稳定性

E. 化粪池顶盖板应使用钢筋混凝土盖板

14. 燃气管道布置形式与城市给水管道布置形式相似，根据用气建筑的分布情况和用气特点，室外燃气管网的布置方式有：（　　）等形式。

A. 树枝式　　B. 双干线式　　C. 辐射式

D. 环状式　　E. 金字塔式

15. 聚乙烯燃气管道埋设的最小管顶覆土厚度应符合下列规定：（　　）。

A. 埋设在车行道下时，不得小于 0.9m

B. 埋设在非车行道下时，不得小于 0.6m

C. 埋设在机动车不可能到达的地方时，不得小于 0.5m

D. 埋设在水田下时，不得小于 0.8m

E. 埋设在水田下时，不得小于 0.5m

16. 燃气管道选用，下列说法正确的是（　　）。

A. 当管子公称尺寸小于或等于 *DN*50，且管道设计压力为低压时，宜采用热镀锌钢管和镀锌管件

B. 当管子公称尺寸大于 *DN*50 时，宜采用无缝钢管或焊接钢管

C. 当采用薄壁不锈钢管时，其厚度不应大于 0.6mm

D. 薄壁不锈钢管和不锈钢波纹软管用于暗埋形式敷设或穿墙时，应具有外包覆层

E. 当工作压力小于 10kPa，且环境温度不高于 60℃时，可在户内计量装置后使用燃气用铝塑复合管及专用管件

17. 室内燃气管道宜采用球阀，在下列哪些部位应设置阀门：（　　）

A. 燃气引入管　　B. 调压器前和燃气表前

C. 燃气用具前　　D. 测压计前

E. 放散管起点

18. 关于管沟回填方法，下列说法正确的是（　　）。

A. 先将沟内积水排除，以免形成夹水覆土，产生“弹性土”，造成以后路面沉陷

B. 选用无腐蚀性、无砖瓦石块等硬物并且较干燥的土覆盖于管道的两侧与上方

C. 管道两侧及管顶以上 1.0m 内的回填土不得含有碎石、砖块、垃圾等杂物，不得用冻土回填

D. 回填土时应将管道两侧回填土同时夯实

E. 对石方段管沟，应用细土回填超挖的管沟，其厚度不得小于 300mm。严禁用片石或碎石回填

19. 下列关于室外管道冲洗说法正确的是（　　）。

A. 冲洗管道的水流速不小于 1.0m/s，冲洗应连续进行，直至出水洁净度与冲洗进水相同

B. 一次冲洗管道长度不宜超过 1000m，以防止冲洗前蓄积的杂物在管道内移动困难

C. 放水路线不得影响交通及附近建筑物的安全

D. 安装放水口的管上应装有阀门、排气管和放水取样龙头，放水管的截面不应小于进水管截面的2/3

E. 冲洗时先打开出水阀门，再开来水阀门。注意冲洗管段，特别是出水口的工作情况，做好排气工作，并派专人人监护放水路线，有问题及时处理

20. 关于中水供水系统说法正确的是（ ）。

A. 中水供水系统必须单独设置

B. 中水管道不宜暗装于墙体和楼板内。如必须暗装于墙槽内时，必须在管道上有明显且不会脱落的标志

C. 中水管道与生活饮用水管道、排水管道平行埋设时，其水平净距离不得小于0.5m，交叉埋设时，中水管道应位于生活饮用水管道下面，排水管道的上面，其净距离不应小于0.15m

D. 中水给水管道不得装设取水水嘴

E. 中水高位水箱应与生活高位水箱分设在不同的房间内，如条件不允许只能设在同一房间时，与生活高位水箱的净距离应大于2m

21. 雨淋阀组的功能应符合（ ）要求。

A. 接通或关断水喷雾灭火系统的供水

B. 接收电控信号可电动开启雨淋阀，接收传动管信号可液动或气动开启雨淋阀

C. 具有手动应急操作阀

D. 显示雨淋阀启、闭状态

E. 驱动水力警铃；监测供水压力，且电磁阀前设过滤器

22. 关于气体灭火系统调试，应符合（ ）要求。

A. 气体灭火系统的调试应在系统安装完毕，并宜在相关的火灾报警系统和开口自动关闭装置、通风机械和防火阀等联动设备的调试完成后进行

B. 调试前应检查系统组件和材料的型号、规格、数量以及系统安装质量，并应及时处理所发现的问题

C. 进行调试试验时，应采取可靠措施，确保人员和财产安全

D. 调试项目应包括模拟启动试验、模拟喷气试验和模拟切换操作试验

E. 调试完成后应将系统各部件及联动设备恢复正常状态

23. 湿式系统的喷头选型应符合（ ）规定。

A. 不作吊顶的场所，当配水支管布置在梁下时，应采用直立型喷头

B. 吊顶下布置的喷头，应采用下垂型喷头或吊顶型喷头

C. 顶板为水平面的轻危险级、中危险级Ⅰ级居室和办公室，可采用边墙型喷头

D. 自动喷水-泡沫联用系统应采用洒水喷头

E. 易受碰撞的部位，应采用带保护罩的喷头或吊顶型喷头

24. 水雾喷头的选型应符合（ ）要求。

A. 扑救电气火灾应选用离心雾化型水雾喷头

B. 腐蚀性环境应选用防腐型水雾喷头

C. 粉尘场所设置的水雾喷头应有防尘罩

D. 经国家消防产品质量监督检测中心检测

E. 公共办公、娱乐等场所时采用水雾喷头

25. 水雾喷头的平面布置方式可为（　　）。

A. 矩形　　B. 菱形　　C. 圆形

D. 椭圆形　　E. 三角形

26. 气体灭火系统施工前，应对系统组件进行外观检查（　　）。

A. 系统组件无碰撞变形及机械性损伤

B. 组件外露非机械加工表面保护涂层完好

C. 组件所有外露接口设有防护装置且封闭良好，接口螺纹和法兰密封面无损伤

D. 铭牌清晰，其内容应符合国家要求且必须有效

E. 保护同一防护区的灭火剂贮存容器规格应一致，其高度差不宜超过 20mm

27. 气体灭火系统施工时，集流管制作安装应符合（　　）要求

A. 集流管安装前应对内腔清理干净并封闭出口，支、框架固定牢固，并作防腐处理

B. 集流管外面涂红色油漆。装有泄压装置的集流管泄压方向不应朝向操作面，泄压时不致伤人

C. 同一瓶站的多根集流管采用法兰连接，以保证集流管容器接口安装角度一致

D. 当钢瓶架高度超过 1.5m 时，集流管应适当降低标高，以使选择阀安装高度（手柄高度）1.7m

E. 安全阀应安装在避开操作面的方向

28. 管道系统强度试验及严密性试验可（　　）进行。

A. 分层　　B. 分区　　C. 分段

D. 分管径　　E. 分壁厚

29. 高倍数泡沫产生器安装时应符合（　　）要求。

A. 高倍数泡沫产生器的安装应符合设计要求

B. 距高倍数泡沫产生器的进气端小于或等于 0.3m 处不应有遮挡物

C. 在高倍数泡沫产生器的发泡网前小于或等于 1.0m 处，不应有影响泡沫喷放的障碍物

D. 高倍数泡沫产生器应整体安装，不得拆卸，并应牢固固定

E. 高倍数泡沫产生器应在系统调试合格后进行安装

30. 泡沫消火栓安装时应符合（　　）要求。

A. 泡沫消火栓的规格、型号、数量、位置、安装方式、间距应符合设计要求

B. 地上式泡沫消火栓应垂直安装，地下式泡沫消火栓应安装在消火栓井内泡沫混合液管道上

C. 地上式泡沫消火栓的大口径出液口应朝向消防车道

D. 地下式泡沫消火栓应有永久性明显标志，其顶部与井盖底面的距离不得大于 0.4m，且不小于井盖半径

E. 室内泡沫消火栓的栓口方向宜向下或与设置泡沫消火栓的墙面成 90°，栓口离地面或操作基面的高度宜为 1.1m，允许偏差为 ±20mm，坐标的允许偏差为 20mm

（三）判断题（正确填A，错误填B）

1. 膨胀管上应装设阀门，且应防冻，以确保热水供应系统的安全。（ ）

2. 安全阀的开启压力，一般为系统工作压力的1.1倍。（ ）

3. 减压阀应安装在水平管段上，阀体应保持垂直。（ ）

4. 管道在湿度较大的环境下粘接时，可使用明火加热除湿。（ ）

5. 管道粘接承插过程中可以稍作旋转，但不得超过1/4圈（ ）

6. 不锈钢管道的支架不得使用碳钢制作。（ ）

7. 规格较大的阀门吊装时，应将钢丝绳系在手轮上，以利阀门安装。（ ）

8. 雨水管道不得与生活污水管道相连接。（ ）

9. 排水横干管跌落差大于0.3m时，可不受角度的限制。（ ）

10. 给水管道隐蔽前必须进行压力试验。（ ）

11. 阀门在搬运和吊装时，不得使阀杆及法兰螺栓孔成为吊点，应将吊点放在阀体上。（ ）

12. 室外埋地管道上的阀门应阀杆垂直向上的安装于阀门井内，以便于维修操作。（ ）

13. 为避免紊流现象影响水表的计量准确性，表前阀门与水表的安装距离应大于8～10倍管径。（ ）

14. 排水管道敷设方法有平基敷管法和垫块敷管法。（ ）

15. 当管道雨期施工或管道敷设在地下水位以下时，沟槽应当采取有效的降低地下水位的方法，一般采用明沟排水和井点降水法。（ ）

16. 消防控制设备对常开防火门的控制，门两侧火灾探测器同时报警后，防火门应自动关闭。（ ）

17. 建筑物室内消火栓给水管道（热镀锌钢管）的管径大于100mm时可采用焊接连接方式。（ ）

18. 雨淋阀前的管道应设置过滤器，当水雾喷头无滤网时，雨淋阀后的管道亦应设过滤器。（ ）

19. 集流管采用高压管道焊接而成，进出口采用机械钻孔，不允许气割，以保证设计所需通径。（ ）

20. 报警阀处地面应有排水措施，环境温度不应低于5℃。报警阀组应设在明显、易于操作的位置，距地高度宜为1m左右。（ ）

21. 报警阀组应按产品说明书和设计要求安装，控制阀应有启闭指示装置，阀门处于常闭状态。（ ）

22. 水流指示器前后应保持有五倍安装管径的直线段，安装时注意水流方向与指示器的箭头一致。（ ）

23. 试压用的压力表不少于二只，精度不低于2.0级，量程为试验压力值的1.5～2倍。（ ）

24. 控制阀、储水容器、储气容器、集流管等细水喷雾灭火系统的关键部件不但要操作灵活，而且应具有一定耐压强度和严密性能，因此在安装前应对这些部件进行抽检

试验。 （ ）

25. 雨淋阀组应设在环境温度不低于4℃、并有排水设施的室内，其安装位置宜在靠近保护对象并便于操作的地点。 （ ）

26. 整体平衡式比例混合装置应水平安装在管道上。 （ ）

27. 泡沫液管道出液口不应高于泡沫液储罐最低液面1m，泡沫液管道吸液口距泡沫液储罐底面不应小于0.15m，且宜做成喇叭口形。 （ ）

28. 消防泵与相关管道连接时，应以消防泵的法兰端面为基准进行测量和安装。 （ ）

29. 泡沫灭火系统调试在系统施工结束后即可进行。 （ ）

30. 气体灭火系统的调试在系统安装完毕后即可进行。 （ ）

（四）计算题或案例分析题

【题一】 某学校办公楼2010年3月主体工程施工完毕，开始进行给水排水管道施工，管道图纸设计较完整，施工未发现大的不符合规范要求的质量问题，2010年12月底工程顺利通过竣工验收并投入使用，请问管道施工时应注意哪些问题？

1. 给水管道的布置应注意（ ）原则。（多项选择题）

A. 经济合理 B. 美观、便于维修
C. 使用安全 D. 就近安装
E. 良好环境中

2. 水表安装上游侧长度应有（ ）倍的水表直径的直管段。（单项选择题）

A. 5～6 B. 8～12 C. 7～9 D. 8～10

3. 明装的分户计量水表外壳距墙的距离不大于（ ）。（单项选择题）

A. 60mm B. 40mm C. 50mm D. 30mm

4. 对于生活、生产、消防合用的给水系统，如果只有一条引入管时，应绕开（ ）安装旁通管。（单项选择题）

A. 闸阀 B. 止回阀 C. 水表 D. 调节阀

5. 给水管道安装顺序（ ）。（单项选择题）

A. 安装→试压→保温→消毒→冲洗
B. 安装→保温→试压→消毒→冲洗
C. 安装→试压→消毒→冲洗→保温
D. 安装→保温→试压→冲洗→消毒

【题二】 某施工单位承接一住宅小区给水排水工程，给水干管采用衬塑钢管沟槽连接，给水支管采用PPR管道热熔连接，阀门*DN*50以上采用蝶阀，*DN*50以下采用铜截止阀；排水管道排出管采用承插排水铸铁管，立管采用螺旋消音UPVC管，横支管采用普通UPVC管；雨水管道采用内排雨水，管道材质为镀锌钢管；采暖为市政直接供暖，管道采用焊接钢管，暖气片选用四柱型。

1. 适合衬塑钢管的切割方式有哪些（ ）。（多项选择题）

A. 砂轮切割机 B. 盘锯切割 C. 手工切割 D. 气割
E. 刀割

2. 截止阀安装时需注意的问题为（　　）。（单项选择题）

A. 低进高出　　B. 高进低处　　C. 平进平出　　D. 任何方向均可

3. 铸铁排水管的连接方式有哪几种（　　）。（多项选择题）

A. 承插连接　　B. 抱箍连接　　C. 沟槽连接

D. 螺纹连接　　E. 法兰连接

4. 承插铸铁排水管属于下列哪个型式的（　　）。（单项选择题）

A. A 型排水管　　B. C 型排水管　　C. B 型排水管　　D. W 型排水管

5. 排水横支管与立管连接时应宜选用下列哪种管件（　　）。（单项选择题）

A. 正三通　　B. 斜三通　　C. 正四通　　D. 90°弯头

6. 排水管检查口的高度距地面以（　　）为宜。（单项选择题）

A. 0.9m　　B. 1.0m　　C. 1.1m　　D. 1.2m

7. PP-R 管道安装时应注意哪些事项（　　）。（单项选择题）

A. PP-R 管与钢管或阀门连接时应采用带金属嵌件的过渡管件

B. 管道接口不得暗敷

C. 当环境温度低于 5℃时，可延长 20%的加热时间

D. 管道安装后期，若有管材无管件时，可应急采用不同厂家的管件

8. 雨水管道出外墙后发现距雨水检查井较远，因而直接接入了污水检查井（　　）。（单项选择题）

A. 可以直接接入　　B. 做水封后接入

C. 经除沙后接入　　D. 不允许接入

9. 采暖立管垂直度允许偏差为每 1 米（　　）。（单项选择题）

A. 1mm　　B. 2mm　　C. 3mm　　D. 0.5mm

【题三】　某施工单位承包了一座新建综合办公楼消防工程。该工程施工内容包括有水喷淋灭火系统、消火栓灭火系统、管网式七氟丙烷气体灭火系统（电机房内）和消防报警系统。该施工单位于 2011 年 8 月组织进场施工。

1. 消防水喷淋系统的喷头安装应使用（　　），严禁利用喷头的框架施拧。

A. 专用扳手　　B. 力矩扳手　　C. 活络扳手　　D. 固定扳手

2. 箱式消火栓安装时，栓口中心距地面应为（　　）。

A. 1.0m　　B. 1.1m　　C. 1.2m　　D. 1.3m

3. 气体灭火系统管道安装时，螺纹连接处的密封材料应采用下列哪一种材料？（　　）

A. 麻丝　　B. 专用胶　　C. 聚四氟乙烯生料带　　D. 以上均可

4. 火灾探测器的传输线路宜选择不同颜色的绝缘导线或电缆，正极线应为（　　），负极线为（　　），同一工程中相同用途导线的颜色应一致，接线端子应有标号。

A. 红色；棕色　　B. 红色；蓝色　　C. 蓝色；黑色　　D. 黄色；绿色

5. 消防工程设备和材料进场验收时，应重点关注（　　），保管时要满足防潮、防霉变、防高温和防强磁场等特殊要求。

A. 消防水泵　　B. 自动控制系统相关电子产品

C. 灭火剂储存容器　　D. 喷淋头

【题四】 某宾馆新建工程计划于2012年10月30日竣工，目前该工程的消防工程已基本完工，正在进行相关的调试工作。

1. 关于消防系统的调试要求，下列叙述错误的是（ ）

A. 消防工程安装完毕，应立即进行系统调试

B. 消防工程安装完毕，以建设单位为主，对固定灭火系统进行调试检验

C. 系统调试的方案制定者，要经消防专业考试合格

D. 系统调试使用的仪器应在周检有效期内

2. 消防工程验收所需资料包括：施工单位提交的竣工图、施工记录、设计变更、（ ）等。

A. 设备开箱记录 B. 质量管理制度 C. 防火安全管理方案 D. 旁站记录

3. 消防工程验收资料中应提供建筑消防产品等合格证明，以下哪一项不包含（ ）

A. 合格证 B. 认证证书 C. 检测报告 D. 验收报告

4. 消防工程全部施工完成后，施工安装单位必须委托（ ）进行技术调试，取得测试报告后，方可验收。

A. 具备资格的建筑消防设施检测单位 B. 消防验收主管单位

C. 公安机关消防机构 D. 当地技术质量监督部门

5. 消防验收应由（ ）向公安机关消防机构提出申请，要求对竣工工程进行消防验收。

A. 建设单位 B. 设计单位 C. 施工单位 D. 监理单位

第3章 通风与空调安装工程

（一）单项选择题

1. 空调系统按承担室内热负荷、冷负荷和湿负荷的介质分为全空气系统、全水系统、空气-水系统、（ ）系统

A. 舒适性空调 B. 工艺性空调 C. 制冷剂 D. 风机盘管加新风

2. 风管系统按压力划分为三个类别，系统工作压力为500Pa的送风系统属于（ ）

A. 低压系统 B. 中压系统 C. 高压系统 D. 负压系统

3. 系统工作压力为750Pa的排烟系统风管，其钢板厚度可按（ ）选用。

A. 低压系统 B. 中压系统 C. 高压系统 D. 负压系统

4. 风管的密封，主要依靠板材连接的密封，当采用密封胶嵌缝和其他方法密封时，密封面设在风管的（ ），密封胶性能应符合使用环境的要求。

A. 内侧 B. 外侧 C. 正压侧 D. 负压侧

5. 风管采用角钢法兰时，风管允许偏差为（ ）

A. 正偏差 B. 负偏差 C. ±偏差 D. 严禁偏差

6. 共板法兰风管规范要求最大适用风管长边尺寸在（ ）以内的中低压风管。

A. 1800 B. 2000 C. 2500 D. 无要求

7. 风管采用角钢法兰时，角钢法兰内径允许偏差为（ ）

A. 正偏差　　B. 负偏差　　C. ±偏差　　D. 严禁偏差

8. 厚度为 1.5mm 普通薄钢板制作风管采用连接方式是（　）

A. 咬接　　B. 焊接　　C. 铆接　　D. 粘接

9. 矩形风管铁皮厚度选择错误的是：（　）

A. 1000×320 排烟风管 δ=1.0mm　　B. 1000×320 中压风管 δ=0.75mm

C. 700×320 排烟风管 δ=1.0mm　　D. 1250×320 排烟风管 δ=1.2mm

10. 关于风管安装必须符合的规定，下列描述错误的是（　）。

A. 风管内严禁其他管线穿越

B. 输送含有易燃、易爆气体或安装在易燃、易爆环境的风管系统应有良好的接地，通过生活区或其他辅助生产房间时可设置接口，并保证必须严密

C. 室外立管的固定拉索严禁拉在避雷针或避雷网上

D. 风管必须按材质、保温情况等合理设置支吊架

11. 采用普通薄钢板制作风管时内表面应涂防锈漆（　）。

A. 1 遍　　B. 2 遍　　C. 3 遍　　D. 不用涂

12. 矩形金属风管不能采用的连接形式（　）。

A. 咬接　　B. 焊接　　C. 铆接　　D. 法兰连接

13. 采用 C、S 形插条连接的矩形风管，其边长不应大于（　）mm。

A. 200　　B. 320　　C. 500　　D. 630

14. 由下列材质制成的风管，不属于非金属风管的是（　）。

A. 硬聚氯乙烯　　B. 无机玻璃钢　　C. 酚醛　　D. 彩钢板

15. 整体保温型无机玻璃钢风管为（　）。

A. 内层为不燃材料，外侧为玻璃钢

B. 内、外表面为无机玻璃钢，中间为绝热材料

C. 由复合板、专用胶、法兰、加固角件等连接成风管

D. 组合保温型无机玻璃钢风管

16. 无机玻璃钢风管材料选用：非金属风管材料的燃烧性能应符合《建筑材料燃烧性能分级方法》GB 8624 规定的（　）级别。

A. 不燃 A 级　　B. 难燃 B1 等级

C. 不燃 A 级或难燃 B1 等级　　D. 无强制性要求

17. 矩形风管弯管的制作，一般应采用曲率半径为（　）的内外同心弧形弯管。当采用其他形式的弯管，平面边长大于（　）mm 时，必须设置弯管导流片。

A. 1 倍平面边长，500　　B. 1 倍平面边长，800

C. 1.5 倍平面边长，500　　D. 1.5 倍平面边长，800

18. 圆形风管直径 D=1000mm，弯管曲率半径是（　）mm。

A. 500　　B. 1000　　C. 1500　　D. 2000

19. 关于金属风管加固规定，下列描述错误的是：（　）。

A. 圆形风管（不包括螺旋风管）直径大于等于 800mm，且其管段长度大于 1250mm 或总表面积大于 $4m^2$ 均应采取加固措施

B. 矩形风管边长大于 630mm、保温风管边长大于 800mm，管段长度大于 1250mm，

应采取加固措施

C. 非规则椭圆风管的加固，应参照圆形风管执行

D. 矩形低压风管单边平面积大于 1.2m^2，中、高压风管大于 1.0m^2，应采取加固措施

20. 防排烟系统柔性短管的制作材料必须为（　　）材料。

A. 易燃　　B. 难燃　　C. 不燃　　D. 难燃 B1 级及以上

21. 当水平悬吊的主、干风管长度超过（　　）m 时，应设置防止摆动的固定点，每个系统不应少于（　　）个。

A. 10，2　　B. 20，1　　C. 30，2　　D. 15，1

22. 风管水平安装，直径或长边尺寸小于等于 400mm，支架间距不应大于（　　）m；大于 400mm，不应大于（　　）m。对于薄钢板法兰的风管，其支、吊架间距不应大于（　　）m：

A. 4，3，2　　B. 3，2，2　　C. 3，3，2　　D. 4，3，3

23. 风管垂直安装，支架间距不应大于（　　）m，单根直管至少应有固定点（　　）个。

A. 4，1　　B. 3，1　　C. 4，2　　D. 3，2

24. 下列金属矩形风管无法兰连接形式不规范的是（　　）。

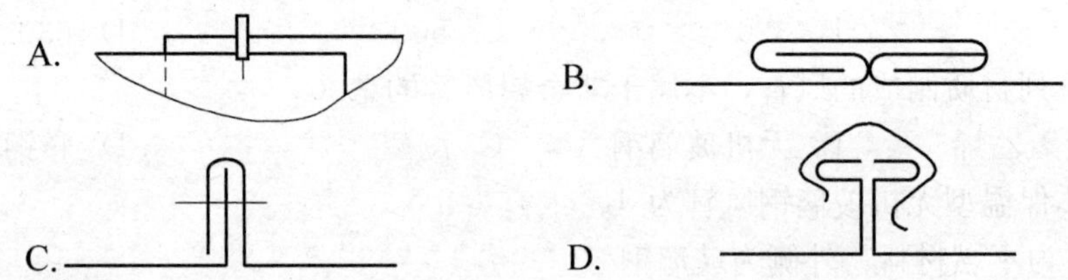

25. 防火阀直径或长边尺寸大于等于（　　）mm 时，宜设独立支、吊架。

A. 1000　　B. 800　　C. 630　　D. 500

26. 在风管穿越需要封闭的防火、防爆的墙体或楼板时，应设预埋管或防护套管，其钢板厚度不应小于（　　）mm。风管与防护套管之间，应用（　　）对人体无危害的封堵。

A. 1.2mm，不燃材料　　B. 1.6mm，不燃材料

C. 1.6mm，难燃 B1 级材料　　D. 1.2mm，难燃 B1 级材料

27. 通风、空调系统的风管，下列哪种情况下可不设防火阀：（　　）。

A. 管道穿越防火分区处

B. 管道穿越通风、空调机房隔墙处

C. 同一防火分区的风管穿房间隔墙处

D. 垂直风管与每层水平风管交接处的水平管段上

28. 电加热器的安装必须符合的规定，下列描述错误的是（　　）。

A. 电加热器与钢构架间的绝热层必须为不燃材料

B. 接线柱外露的应加设安全防护罩

C. 连接电加热器的风管的法兰垫片，应采用耐热难燃材料

D. 电加热器的金属外壳接地必须良好

29. 非金属风管穿过须密封的楼板或侧墙时，除（　　）外，均应采用金属短管或外包金属套管。套管板厚应符合金属风管板材厚度的规定，与电加热器、防火阀连接的风管材料必须采用（　　）。

A. 无机玻璃钢风管、不燃材料

B. 无机玻璃钢风管、难燃 B1 级材料

C. 有机玻璃钢风管、不燃材料

D. 有机玻璃钢风管、难燃 B1 级材料

30. 柔性风管风管支吊架的间隔宜小于（　　），风管在支架间的最大允许垂度宜小于（　　）。

A. 1.5m，40mm/m　　B. 1.8m，40mm/m

C. 1.5m，50mm/m　　D. 1.8m，50mm/m

31. 柔性风管安装时，应用于支管安装的铝箔聚酯膜复合柔性风管长度应小于（　　）。

A. 6m　　B. 5m　　C. 8m　　D. 10m

32. 风口与风管的连接应严密、牢固，与装饰面相紧贴；表面平整、不变形，调节灵活、可靠。明装无吊顶的风口，安装位置和标高偏差不应大于（　　）mm。

A. 10　　B. 5　　C. 12　　D. 15

33. 防火分区隔墙两侧的防火阀，距离墙表面不大于（　　）mm，不小于 50mm。

A. 500　　B. 300　　C. 250　　D. 200

34. 非金属风管（硬聚氯乙烯、有机、无机玻璃钢）采用套管连接时，套管厚度相比风管板材厚度（　　）。

A. 根据系统压力，可略小于板材厚度，但不能偏差 10%

B. 不能小于风管板材厚度

C. 无具体要求

D. 可根据实际情况选择小于或略大于风管板材厚度

35. 风管法兰的垫片材质应符合系统功能的要求，厚度不满足规范要求的是（　　）。

A. 2.5mm　　B. 3mm　　C. 3.5mm　　D. 4mm

36. GB 50243—2002 中规定，风管必须通过工艺性的检测或验证，矩形排风管（$P=200Pa$）的允许漏风量应符合 $Q_L \leqslant 0.1056P^{0.65}$ 中的 P 为：（　　）。

A. 风管系统工作压力 200Pa　　B. 规定试验压力 500Pa

C. 1.5 倍的工作压力 300Pa　　D. 相近或大于规定试验压力 500Pa

37. 风管系统安装后，必须进行严密性检验，合格后方能交付下道工序。风管系统严密性检验以（　　）为主要检验对象。

A. 主、干管　B. 完整风管系统　C. 隐蔽的支管　D. 风口连接处

38. 风管系统安装后，必须进行严密性检验，合格后方能交付下道工序。在加工工艺得到保证的前提下，低压系统风管系统严密性检验（　　）

A. 可不再进行检测　　B. 可采用漏光性检测

C. 必须采用漏风量检测　　D. 在漏光性检测合格后，再进行漏风量检测

39. 排烟、除尘、低温送风系统，风管系统的强度及严密性应执行（　　）系统风管

的规定。

A. 低压　　B. 中压

C. 高压　　D. 排烟、除尘系统执行高压，低温送风系统执行低压

40. 金属风管制作采用螺栓连接的低中压风管法兰孔距不应大于（　）mm；高压风管不得大于（　）mm；矩形风管法兰四角应设有螺孔。

A. 100，100　　B. 150，100　　C. 150，150　　D. 200，150

41. 采用漏光法检测系统的严密性时，低压系统风管以每 10m 接缝，漏光点不大于（　）处，且 100m 接缝平均不大于（　）处为合格。

A. 2，16　　B. 2，20　　C. 1，10　　D. 1，8

42. 通风与空调工程系统无生产负荷的联合试运转及调试，应在制冷设备和通风与空调设备单机试运转合格后进行。空调系统带冷（热）源的正常联合试运转不应少于（　），当竣工季节与设计条件相差较大时，仅作不带冷（热）源试运转。通风、除尘系统的连续试运转不应少于（　）。

A. 2，2　　B. 8，2　　C. 12，8　　D. 24，8

43. 防火风管的本体、框架与固定材料必须为不燃材料，密封垫料应为（　），其耐火等级应符合设计的规定。

A. 不燃材料　　B. 难燃 B1 级材料

C. 阻燃材料　　D. 使用橡胶垫

44. 通风与空调系统风管系统安装完成后，应按系统进行严密性试验，下述四种风管严密性试验规定，哪一种不符合施工质量验收规范：（　）。

A. 低压系统风管的严密性检验应采用抽检，抽检率为 5%，且不得少于 1 个系统。检测不合格时，应按规定的抽检率做作风量测试

B. 中压系统风管的严密性检验，应在漏光法检测合格后，再按 20%抽检率（且不得少于 1 个系统）对系统漏风量测试

C. 高压系统风管的严密性检验，为全数进行漏风量测试

D. 净化空调系统风管的严密性检验按高压系统风管的规定执行

45. 空调冷热水系统安装完毕，外观检查合格后，进行压力试验。系统设计工作压力为 1.6MPa 时，设计未规定试验压力，本系统的强度试验的压力应为（　）。

A. 1.6MPa　　B. 1.84MPa　　C. 2.1MPa　　D. 2.4MPa

46. 通风与空调工程安装完毕，为了使工程达到预期的目标，必须进行系统的测定和调整（简称调试）系统调试应包括（　）。

A. 设备单机试运转及调试；系统无生产负荷下的联合试运转及调试

B. 空调系统风量测试；空调水系统调试

C. 设备单机试运转及调试；系统综合效能的测定与调整

D. 设备单机试运转及调试；空调系统风量测试；空调水系统调试

47. 系统无生产负荷的联合试运转及调试结果，下列描述中不包括的规定为（　）。

A. 系统总风量调试结果与设计风量的偏差不应大于 10%

B. 空调冷热水、冷却水总流量测试结果与设计流量的偏差不应大于 10%

C. 舒适空调的温度、相对湿度应符合设计的要求

D. 风口风量与设计偏差小于10%

48. 空调系统联合试运转及调试，在夏季不得高于设计计算温度（ ）

A. 1℃ B. 2℃ C. 3℃ D. 4℃

49. 风管系统安装后，必须进行严密性检验，合格后方能交付下道工序。风管系统严密性检验以（ ）为主要检验对象。

A. 主、干管 B. 完整风管系统

C. 隐蔽的支管 D. 风口连接处

50. 关于综合效能的测定与调整，描述错误的是（ ）。

A. 通风与空调工程带生产负荷的综合效能试验与调整，应在已具备生产试运行的条件下进行

B. 由建设单位负责，设计、施工单位配合

C. 通风、空调系统带生产负荷的综合效能试验测定与调整的项目，应由建设单位根据工程性质、工艺和设计的要求进行确定

D. 施工单位不用参加综合效能的测定与调整

51. 防排烟系统联合试运行与调试的结果（风量及正压），必须符合设计与消防的规定。按总数抽查10%，且不得少于（ ）楼层。

A. 1个 B. 2个 C. 3个 D. 4个

52. 采用漏光法检查风管检查严密性，灯泡功率不小于（ ）。

A. 60W B. 100W C. 40W D. 150W

53. 阀门安装前必须进行外观检查，对于工作压力大于1.0MPa及其在主干管上起到切断作用的阀门，应进行强度和严密性试验，合格后方准使用，有关试验压力的要求，正确的是（ ）。

A. 1.5的公称压力，1.5倍的工作压力

B. 1.5的系统设计压力，1.15倍的系统设计压力

C. 1.5的公称压力，1.1倍的公称压力

D. 1.5的公称压力，1.0倍的公称压力

(二) 多项选择题

1. 下列构件中（ ）是属于通风系统配件。

A. 风口 B. 阀门 C. 天圆地方

D. 弯头 E. 三通

2. 下列风口中，叶片可转动的风口有（ ）。

A. 散流器 B. 单层百叶 C. 格栅式

D. 双层百叶 E. 自垂百叶风口

3. 通风空调系统风系统中常用的阀门有（ ）。

A. 防火阀 B. 蝶阀 C. 止回阀

D. 截止阀 E. 调节阀

4. 下列规格为内弧形矩形弯头需要安装导流片的有（ ）。

A. 500×500 B. 400×400 C. 630×630

D. 320×320　　　　　　E. 1000×500

5. 下面几种构件中属于通风空调系统部件的是（　　）。

A. 防火阀　　　　　　B. 天圆地方　　　　　　C. 柔性短管

D. 风罩　　　　　　E. 消声器

6. 下列部位中必须安装柔性短管的是（　　）。

A. 风管穿越伸缩缝　　　　　　B. 风机出口

C. 风机进口　　　　　　D. 消声器前

E. 出机房墙体前

7. 下列消声器中（　　）型式的需安装吸声材料。

A. 阻性　　　　　　B. 抗性　　　　　　C. 共振

D. 阻抗　　　　　　E. 柔性

8. 薄钢板风管板材常用的连接方式有（　　）

A. 咬接　　　　　　B. 粘接　　　　　　C. 焊接

D. 铆接　　　　　　E. 螺栓连接

9. 矩形弯头的型式有（　　）。

A. 内外弧　　　　　　B. 内弧形　　　　　　C. 内外直角形

D. 内斜型　　　　　　E. 内直外弧

10. 下列构件中（　　）属于空调部件。

A. 柔性短管　　　　　　B. 阀门　　　　　　C. 风口

D. 弯头　　　　　　E. 风管支架

11. 风管常用的加固形式有（　　）。

A. 角钢加固　　　　　　B. 增加钢板厚度　　　　　　C. 立筋

D. 楞筋　　　　　　E. 压筋

12. 人防风管安装按设计要求执行相关规定，其要求描述正确的为（　　）。

A. 密闭阀前的风管用 3mm 钢板焊接，管道与设备之间的连接法兰衬以橡胶垫圈密封。设置在染毒区的进、排风管均应有 0.5％的坡度坡向室外

B. 其他区域风管材料采用镀锌钢板或其他材质风管时，其具体壁厚及加工方法按《通风与空调工程施工质量验收规范》的规定确定

C. 工程测压管在防护密闭门外的一端应设有向下的弯头，通过防毒通道的测压管，其接口采用焊接

D. 通风管内气流方向、阀门启闭方向及开启度，应标示清晰、准确。通风管的测定孔、洗消取样管应与风管同时制作，测定孔和洗消取样管应封堵

E. 防毒密闭管路及密闭阀门需按要求作气密性试验

13. 硬聚氯乙烯风管应符合下列规定：（　　）。

A. 圆形风管可采用套管连接或承插连接的形式

B. 直径小于或等于 200mm 的圆形风管采用承插连接时，插口深度宜为 40～80mm。粘接处应严密和牢固。采用套管连接时，套管长度宜为 150～250mm，其厚度不应小于风管壁厚

C. 法兰垫片宜采用 3～5mm 软聚氯乙烯板或耐酸橡胶板，连接法兰的螺栓应加钢制

垫圈

D. 风管穿越墙体或楼板处应设金属防护套管

E. 支管的重量不得由干管承受

14. 薄钢板法兰风管连接形式有（ ）。

A. 弹簧夹式　　B. 插接式　　C. 顶丝卡式

D. 组合式　　E. 铆接

15. 属于简单的水蓄冷制冷系统必备的设备是（ ）。

A. 制冷机组　　B. 蓄冷水槽　　C. 蓄冷水泵

D. 板式换热器　　E. 冷水泵组成

16. 关于消声器安装，下列描述正确的是：（ ）。

A. 消声器安装前对其外观进行检查：外表平整、框架牢固，消声材料分布均匀，孔板无毛刺。产品应具有检测报告和质量证明文件

B. 消声器等消声设备运输时，不得有变形现象和过大振动，避免外界冲击破坏消声性能。消声器安装前应保持干净，做到无油污和浮尘

C. 消声器安装时无方向性要求，但与风管的连接应紧密，不得有损坏与受潮。两组同类消声器不宜直接串联

D. 消声器（静压箱）、消声弯管单独设置支、吊架，不能利用风管承受消声器的重量，也有利于单独检查、拆卸、维修和更换

E. 当通风、空调系统有恒温、恒湿要求时，消声设备外壳应作保温处理

17. 变风量末端装置安装（ ）。

A. 变风量末端的一次风进风口直管段长度，要求保证不小于入口当量直径的三倍

B. 变风量末端装置的安装，应设单独支、吊架，与风管连接前宜作动作试验

C. 变风量末端的出风口，安装使用消音静压箱，并采用消音软管连接

D. 有盘管机组安装与水管路连接时，参见风机盘管安装相关内容，保证进、出水管的同轴性，否则损伤盘管造成漏水

E. 变风量末端装置不能实现温度的分区控制

18. 通风、空气调节系统的风管道防火阀设置，下列的描述错误的是：（ ）。

A. 管道穿越防火分区处在墙两侧各设置一个防火阀

B. 穿越通风、空气调节机房的房间隔墙和楼板处可不设防火阀

C. 垂直风管与每层水平风管交接处的水平管段上可不设防火阀

D. 穿越变形缝处的两侧各设置一个防火阀

E. 穿越变形缝处的风管按要求设置一个防火阀即可

19. 正压送风系统风量测试时，消防前室、合用前室的测试要点有：（ ）。

A. 相邻三层前室风口的风量总和是否达到设计风量的90%以上

B. 重点测试系统最远端三层的风口

C. 楼梯间压力要求

D. 风口风量是否平衡

E. 单层风量达到要求即为合格

20. 空调系统主要由以下哪几部分组成（ ）。

A. 空气处理部分，主要有过滤器、一次加热器、喷水室、二次加热器等
B. 空气输送部分，主要包括送风机、回风机（系统较小时不用设置）
C. 风管系统和必要的风量调节装置
D. 空气分配部分，主要包括设置在不同位置的送风口和回风口
E. 辅助系统部分
21. 通风工程按功能性质分为（　　）。
A. 一般通风　　B 工业通风　　C. 事故通风
D. 消防通风　　E. 人防通风
22. 空调系统按承担室内热负荷、冷负荷和湿负荷的介质分为（　　）。
A. 全空气系统　　B. 全水系统　　C. 空气-水系统
D. 制冷剂系统　　E. 融冰系统
23. 空调系统主要调节的空气参数有（　　）。
A. 温度　　B. 湿度　　C. 洁净度
D. 气流速度　　E. 空调水硬度

（三）判断题（正确填 A，错误填 B）

1. 排烟系统风管的钢板厚度可按高压系统选用。（　　）
2. 特殊除尘系统风管的钢板厚度应按高压系统选用。（　　）
3. 不锈钢风管采用法兰连接，法兰材质为碳素钢时，其表面应进行镀铬或镀锌处理。（　　）
4. 不锈钢风管采用法兰连接时应采用镀锌铆钉。（　　）
5. 铝板矩形风管的连接，一般不采用 C、S 形平插条形式。（　　）
6. 风管制作时，为保证风管截面，尺寸偏差必须是正偏差。（　　）
7. 玻璃纤维复合风管的铝箔热敏、压敏胶带和胶粘剂的燃烧性能应符合难燃 B1 级，并在使用期限内。（　　）
8. 玻璃纤维复合风管管板槽口形式有 45°角形和 90°梯形两种，槽口切割时，使用专用刀具，切割时不得破坏外表铝箔层。其封闭口处要留有大于 35mm 的外表面作搭接边。（　　）
9. 现场组合式保温风管制作：当风管直管长度大于 20m 小于 30m 时，管段中间设置 1 个伸缩节；当直管长度大于 40m 时，则每 30m 设置 1 个伸缩节。在伸缩节两端 500mm 处应设置防摆支架。（　　）
10. 硬聚氯乙烯风管板材放样划线前，应留出收缩裕量。每批板材加工前均应进行试验，确定焊缝收缩率。（　　）
11. 净化空调系统风管要减少纵向接缝，且不能横向接缝。（　　）
12. 洁净空调系统制作风管的刚度和严密性，均按高压和中压系统的风管要求进行。洁净度等级 Nl 级至 N5 级的，按高压系统的风管制作要求；N6 级至 N9 级的按中压系统的风管制作要求。（　　）
13. 净化空调系统风管的法兰铆钉间距要求小于 100 mm，空气洁净等级为 N1～N5 的风管法兰铆钉间距要求小于 65mm。（　　）

14. 防排烟系统的柔性短管的制作材料必须为不燃材料，空气洁净系统的柔性短管应是内壁光滑、不产尘的材料。（　　）

15. 当设计无要求时，金属风管防排烟系统或输送温度高于70℃的空气或烟气，法兰垫片可采用耐热橡胶板或不燃的耐温、防火材料。（　　）

16. 薄钢板法兰的弹性插条、弹簧夹的紧固螺栓（铆钉）应分布均匀，间距不应大于150mm，最外端的连接件距风管边缘不应大于100mm。（　　）

17. 散流器风口安装时，应注意风口预留孔洞要比喉口尺寸大，留出扩散板的安装位置。（　　）

18. 不锈钢板、铝板风管与碳素钢支架的横担接触处，要采取橡胶垫等防腐措施。（　　）

19. 风机盘管机组安装前，根据节能规范要求，风机盘管进场复试抽检应按2%进行抽样，不足100台按2台计。（　　）

20. 水流量使用便携式超声波流量仪测量时，测量位置前直管段越长越好，一般上游10倍管直径，下游5倍管直径，离泵出口30倍管直径。（　　）

21. 风机盘管应逐台进行水压试验，试验强度应为工作压力的1.5倍，定压后观察2～3min不渗不漏为合格。（　　）

22. 防火阀安装无方向性强制要求。（　　）

（四）计算题或案例分析题

【题一】　这是某工程的通风与空调工程设计图纸，排风排烟系统平面图，单层百叶风口均为排风风口。

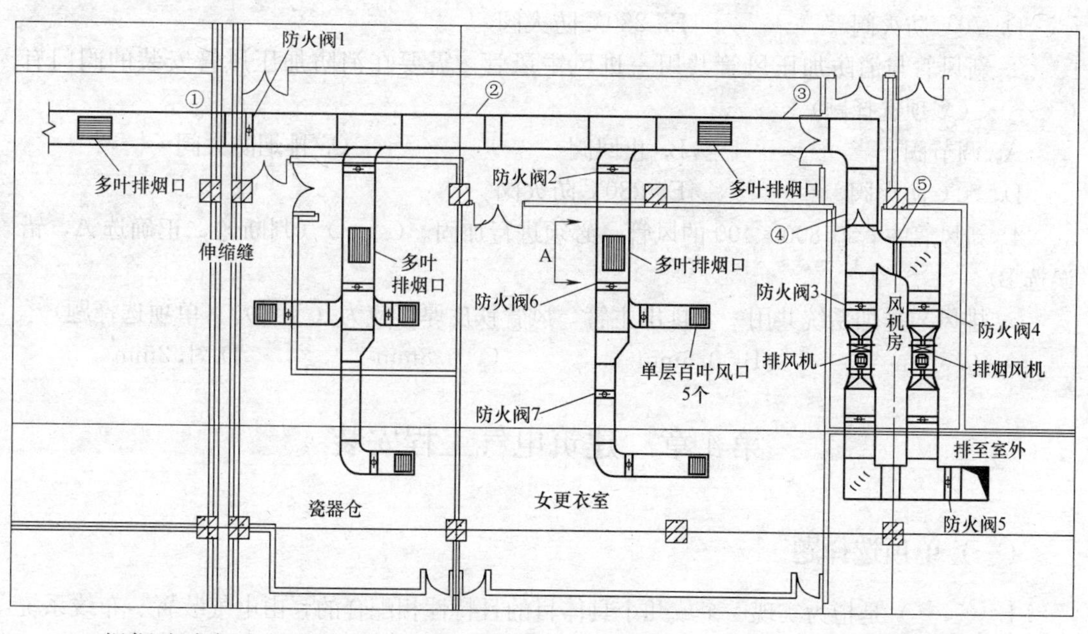

1. 根据防火阀4设置位置及功能，其准确名称应该为（　　）。（单项选择题）

A. 防火阀　　B. 排烟防火阀　　C. 防烟防火阀　　D. 调节阀

2. 图纸中，可取消的防火阀编号为（　　）。（单项选择题）

A. 防火阀　　B. 防火阀 2　　C. 防火阀 3　　D. 防火阀 7

3. 防火阀 3 的热熔片动作温度应为（　　）。（单项选择题）

A. 70℃　　B. 150℃　　C. 280℃　　D. 250℃

4. 火灾发生时，各阀门的动作描述正确的是（　　）。（多项选择题）

A. 防火阀 1 不动作，当空气温度达到 280℃关闭

B. 防火阀 2 常开，70℃时关闭

C. 防火阀 3 关闭，当空气温度达到 70℃打开

D. 防火阀 4 打开，当空气温度达到 280℃是关闭

E. 防火阀 5 常开，或当空气温度达到 280℃时关闭

5. 正常状态下，各阀门的状态描述正确的是（　　）。（多项选择题）

A. 防火阀 1 常闭　　B. 防火阀 2 常闭

C. 防火阀 3 常开　　D. 防火阀 4 常闭

E. 防火阀 5 常开

【题二】　某施工单位承接一地下室通风空调工程，因空间狭窄，设计将排风与排烟系统两个单独的系统共用一个排出主管，风管尺寸为 1500×500，新风管与消防加压风管共用一进风主风管，尺寸为 800×400，管段长均为 1.95m，风管材质为镀锌铁皮。

1. 设计可以将排风与排烟系统两个单独的系统共用一个排出主管。（　　）（判断题，正确选 A，错误选 B）

2. 排风与排烟系统共用一个排出主管，需要在排风管安装的阀门有（　　）。（多项选择题）

A. 调节阀　　B. 止回阀　　C. 排烟防火阀

D. 70℃防火阀　　E. 280℃防火阀

3. 新风管与消防加压风管共用一进风主风管，需要在消防加压风管安装的阀门有（　　）。（多项选择题）

A. 调节阀　　B. 止回阀　　C. 排烟防火阀

D. 70℃防火阀　　E. 280℃防火阀

4. 新风管主管道 800×400 的风管，必须进行加固。（　　）（判断题，正确选 A，错误选 B）

5. 排风与排烟系统共用一个排出主管，风管铁皮厚度应为（　　）。（单项选择题）

A. 0.5mm　　B. 0.6mm　　C. 0.8mm　　D. 1.2mm

第 4 章　建筑电气工程安装

（一）单项选择题

1.（　　）是指为实现一个或几个具体目的且特性相配合的，由电气装置、布线系统和用电设备电气部分的组合。

A. 智能建筑工程　　B. 建筑电气工程

C. 给水排水工程　　D. 通风空调工程

2. 金属导管（　　）对口熔焊连接；镀锌和壁厚小于等于 2mm 的钢导管不得套管熔焊连接。

A. 可以　　B. 严禁　　C. 适宜　　D. 应该

3. 交联聚氯乙烯绝缘电力电缆最小允许弯曲半径是（　　）D。D 为电缆外径。

A. 10　　B. 12　　C. 20　　D. 15

4. 多芯控制电缆最小允许弯曲半径是（　　）D。D 为电缆外径。

A. 10　　B. 15　　C. 20　　D. 25

5. 明配的导管固定点间距均匀，安装牢固；在终端、弯头中点或柜、台、箱、盘等边缘的距离（　　）mm 范围内设有管卡。

A. 100～150　　B. 150～500　　C. 100～200　　D. 250～500

6. 明配的导管固定点间距均匀，安装牢固；$DN20$ 壁厚≤2mm 刚性钢导管沿墙明敷中间直线段管卡间的最大距离（　　）m。

A. 0.5　　B. 1　　C. 1.5　　D. 2

7. 镀锌钢管连接处采用专用 $4mm^2$ 黄绿双色多股软线进行跨接，用专用接地卡连接，（　　）焊接。

A. 不宜　　B. 不应　　C. 可以　　D. 严禁

8. 镀锌钢管进盒、箱采用套丝，锁母连接，丝长以安装完后外露（　　）丝为宜。

A. 1～2　　B. 2～3　　C. 1～3　　D. 2～4

9. 煨管器的大小应与管径的大小相匹配；管路的弯扁度要不大于管外径的（　　）%。

A. 5　　B. 10　　C. 15　　D. 20

10. 柔性导管的长度在动力工程中不大于 0.8m，在照明工程中不大于（　　）m。可挠性金属导管和金属柔性导管不能作接地（PE）或接零（PEN）的接续导体。

A. 0.8　　B. 1.2　　C. 1.5　　D. 1.8

11. 照明开关安装位置便于操作，开关边缘距门框边缘的距离（　　）m，

A. 0.15～0.2　　B. 0.2～0.25　　C. 0.3　　D. 0.4

12. 塑料电线管（PVC 电线管）根据目前国家建筑市场中的型号可分为轻型、中型、重型三种，在建筑施工中宜采用（　　）。

A. 轻型　　B. 中型　　C. 重型　　D. 中型、重型

13. 电缆桥架水平敷设时，支撑跨距一般为 1.5～3m，电缆桥架垂直敷设时，固定点间距不大于（　　）m。

A. 1　　B. 2　　C. 2.5　　D. 3

14. 桥架与支架间螺栓、桥架连接板螺栓固定紧固无遗漏，螺母位于桥架（　　）侧。

A. 内　　B. 外　　C. 内外　　D. 均可

15. 电缆桥架不宜与腐蚀性液体管道、热力管道和易燃易爆气体管道平行敷设，当无法避免时，应安装在腐蚀性液体管道的（　　）方、热力管道的下方。

A. 上　　B. 下　　C. 上、下　　D. 无要求

16. 电缆桥架与一般工艺管道的最小净距为（　　）m。

A. 0.1　　B. 0.2　　C. 0.3　　D. 0.4

17. 金属电缆桥架及其支架全长应不少于（　　）处与接地（PE）或接零（PEN）干线相连接。

A. 1　　B. 2　　C. 3　　D. 4

18. 位于振动场所的桥架包括接地部位的螺栓连接处，应装（　　）。

A. 平垫　　B. 弹簧垫圈　　C. 双平垫　　D. 插销

19. 镀锌钢管连接处采用专用（　　）mm^2 黄绿双色多股软线进行跨接，用专用接地卡连接。

A. 1　　B. 1.5　　C. 2.5　　D. 4

20. 紧定式金属电线管缩写是（　　）

A. KBJ 管　　B. JDG 管　　C. PVC 管　　D. HG 管

21. 现浇混凝土楼板中并行敷设的管子间距不应小于（　　）mm，以使管子周围能够充满混凝土。

A. 10　　B. 15　　C. 20　　D. 25

22. 室外埋地敷设的电缆导管，埋深不应小于（　　）m。壁厚小于等于 2mm 的钢电线导管不应埋设于室外土壤内。

A. 0.3　　B. 0.5　　C. 0.6　　D. 0.7

23. 当钢制电缆桥架的直线段超过（　　）m，铝合金或玻璃钢制桥架超过 15m 时，或当桥架经过建筑伸缩（沉降）缝时，应留有不少于 20mm 的伸缩缝，其连接宜采用伸缩连接板。

A. 10　　B. 15　　C. 20　　D. 30

24. 非镀锌电缆桥架间连接板的两端跨接铜芯接地线，接地线最小允许截面积不小于（　　）mm^2。

A. 1.5　　B. 2.5　　C. 4　　D. 6

25. 一般（　　）mm^2 以下的导线原则上使用剥削钳，但使用电工刀时，不允许采用刀在导线周围转圈剥削绝缘层的方法。

A. 4　　B. 6　　C. 10　　D. 25

26. 照明线路的绝缘摇测一般选用（　　）V、量程为 0～500MΩ 的兆欧表。

A. 250　　B. 500　　C. 1000　　D. 2500

27. 照明线路的绝缘摇测，摇动速度应保持在（　　）r/min 左右，读数应采用一分钟后的读数为宜。

A. 60　　B. 120　　C. 150　　D. 240

28. 母线分段标志清晰齐全，绝缘电阻符合设计要求，每段大于（　　）MΩ。

A. 0.5　　B. 10　　C. 20　　D. 50

29. 相线的截面积 $16<S\leqslant35$ 时，相应保护导体的最小截面积 S_p 为（　　）mm^2。

A. 8　　B. 10　　C. 16　　D. 25

30. 配电柜基础型钢安装允许偏差不直度（　　）mm/全长。

A. 1　　B. 2　　C. 3　　D. 5

31. 灯具重量大于（　　）kg 时，固定在螺栓预埋吊钩上。

A. 1　　B. 2　　C. 3　　D. 4

32. 灯具固定牢固可靠，不使用木楔。每个灯具固定用螺钉或螺丝不少于（　　）个；当绝缘台直径在 75mm 及以下时，采用 1 个螺钉或螺栓固定。

A. 1　　B. 2　　C. 3　　D. 4

33. 花灯吊钩圆钢直径不小于灯具挂销直径，且不小于（　　）mm。

A. 4　　B. 5　　C. 6　　D. 8

34. 大型花灯的固定及悬吊装置，应按灯具重量的（　　）倍作过载试验。

A. 1　　B. 1.5　　C. 2　　D. 3

35. 当灯具距地面高度小于（　　）m 时：使用额定电压为 36V 及以下的照明灯具，或有专用保护措施；灯具的可接近裸露导体必须接地（PE）或接零（PEN）可靠，并应有专用接地螺栓，且有标识。

A. 2.4　　B. 3　　C. 3.5　　D. 5

36. 应急照明在正常电源断电后，电源转换时间为：疏散照明≤（　　）s；备用照明≤15s（金融商店交易所≤1.5s）；安全照明≤0.5s。

A. 5　　B. 10　　C. 15　　D. 20

37. 安全出口标志灯距地高度不低于（　　）m，且安装在疏散出口和楼梯口里侧的上方。

A. 1.5　　B. 2　　C. 2.5　　D. 3

38. 疏散通道上的标志灯间距不大于（　　）m（人防工程不大于 10m）。

A. 10　　B. 15　　C. 20　　D. 25

39. 疏散照明线路采用耐火电线、电缆，穿管明敷或在非燃烧体内穿刚性导管暗敷，暗敷保护层厚度不小于（　　）mm。

A. 15　　B. 20　　C. 25　　D. 30

40. 防雷接地装置的位置与道路或建筑物的出入口等的距离不宜小于（　　）m。

A. 1　　B. 2　　C. 3　　D. 4

41. 防雷接地圆钢与圆钢的搭接长度不小于圆钢直径的（　　）倍，且双面焊接。

A. 2　　B. 4　　C. 6　　D. 8

42. 屋面网格应按照设计要求敷设，若设计未明确时，一般屋面上敷设网格应要求为：一类防雷建筑物：不大于（　　）m^2；二类防雷建筑物：不大于 $225m^2$；三类防雷建筑物：不大于 $400m^2$。

A. 100　　B. 200　　C. 300　　D. 400

43. 避雷针针体按设计采用热镀锌圆钢或钢管制作。避雷针针体顶端按设计或标准图制成尖状。采用钢管时管壁的厚度不得小于（　　）mm，避雷针针尖除锈后涂锡，涂锡长度不得小于 200mm。

A. 1　　B. 2　　C. 3　　D. 4

44. 避雷针安装必须垂直、牢固，其倾斜度不得大于（　　）‰。

A. 1　　B. 2　　C. 3　　D. 5

45. 电缆桥架水平敷设时，支撑跨距一般为 1.5～3m，电缆桥架垂直敷设时，固定点间距不大于（　　）m。

A. 1　　B. 2　　C. 3　　D. 4

46. 当钢制电缆桥架的直线段超过（　　）m，铝合金或玻璃钢制桥架超过 15m 时，或当桥架经过建筑伸缩（沉降）缝时，应留有不少于 20mm 的伸缩缝，其连接宜采用伸缩连接板。

A. 10　　B. 20　　C. 30　　D. 40

47. 同类照明的几个回路可穿于同一管内，但管内的导线总数不应多于（　　）根。

A. 4　　B. 5　　C. 6　　D. 8

48. 公用建筑照明系统通电连续试运行时间应为（　　）h，民用住宅照明系统通电连续试运行时间应为 8h。

A. 8　　B. 12　　C. 24　　D. 48

49. 景观落地式灯具安装在人员密集流动性大的场所时，应设置围栏防护。如条件不允许时无围栏防护，安装高度应距地面（　　）mm 以上。

A. 1000　　B. 1500　　C. 2000　　D. 2500

50. 航空障碍标志灯属于一级负荷，应接入（　　）电源回路中。

A. 普通　　B. 应急　　C. 路灯　　D. 太阳能电池

（二）多项选择题

1. 相线、中性线及保护地线的颜色应加以区分，其中（　　）。

A. L1 为黄色　　B. L2 为绿色　　C. L3 为红色

D. N 为淡蓝色　　E. PE 为黑色

2. 电缆桥架根据结构形式可分为（　　）。

A. 梯级式　　B. 托盘式　　C. 槽式

D. 组装式　　E. 带盖式

3. 不同回路、不同电压的交流与直流的导线，不得穿入同一管内，但以下几种情况除外：（　　）。

A. 照明与动力，但管内导线总数不应多于 8 根

B. 额定电压为 50V 以下的回路

C. 同一设备或同一流水作业线设备的电力回路和无特殊防干扰要求的控制回路

D. 同一花灯的几个回路

E. 同类照明的几个回路，但管内的导线总数不应多于 8 根

4. 配线导管的线芯连接，一般采用（　　）。

A. 挂接　　B. 焊接　　C. 压板压接

D. 套管连接　　E. 搭接

5. 接地装置一般分为（　　）等。

A. 建筑物基础接地体　　B. 混凝土接地

C. 人工接地体　　D. 土壤接地

E. 接地模块

6. 下列关于均压环的说法，正确的有：（　　）

A. 在 30m 及以上的建筑物的外金属窗、金属栏杆处附近的均压环上，焊出接地干线到金属窗、金属栏杆端部，也可在金属窗、金属栏杆端部预留接地钢板

B. 30m 及以上的建筑物的外金属窗、金属栏杆须通过引出的接地干线电气连接而与避雷装置连接

C. 外金属窗、金属栏杆与接地干线或预留接地钢板连接可用螺栓连接或焊接，连接必须可靠

D. 均压环可敷设在建筑物的核心筒内

E. 均压环应与室内卫生间等电位联结

7. 等电位联结分为（　）

A. 卫生间等电位联结　　B. 进线等电位联结

C. 厨房等电位联结　　D. 辅助等电位联结

E. 局部等电位联结

8. 电气套管主要用在（　　）等处，一般采用镀锌钢管作套管。

A. 电管穿外墙　　B. 防火分区　　C. 防爆分区

D. 穿马路　　E. 桥架内

9. 电缆桥架适用于在（　　）及电缆竖井内安装。

A. 室内　　B. 室外架空　　C. 电缆沟

D. 电缆隧道　　E. 水里

10. 电缆桥架根据制造材料可分为（　　）。

A. 钢制电缆桥架　　B. 铝合金电缆桥架

C. 玻璃钢电缆桥架　　D. 防火电缆桥架

E. 梯架

11. 防爆灯具安装应符合下列规定：（　　）

A. 灯具及开关的外壳完整，无损伤、无凹陷或沟槽，灯罩无裂纹，金属护网无扭曲变形，防爆标志清晰

B. 防爆标志、外壳防护等级和温度组别与爆炸危险环境相适配

C. 灯具配套齐全，不得用非防爆零件替代灯具配件（金属护网、灯罩、接线盒等）

D. 灯具及开关的紧固螺栓无松动、锈蚀，密封垫圈完好

E. 光源必须为节能光源

12. 封闭母线支吊架应采用角钢、槽钢或圆钢制作，可采用（　　）等形式。

A. 一　　B. L　　C. T

D. ㄩ　　E. 人

13. 防雷引下线一般可分为（　　）两种。

A. 明敷　　B. 暗敷　　C. 柱引下

D. 墙引下　　E. 管内引下

14. 电气试验与调试的基本试验项目包括：（　　）

A. 直流耐压试验和泄漏电流的测量

B. 绝缘电阻和吸收比的测量

C. 交流工频耐压试验

D. 介质损失角的测量

E. 高压设备的试验

15. 建筑电气试验的要求：（ ）。

A. 根据图纸检查设备、元件、各类接线的型号规格以及各元件的接点容量、接触情况

B. 准确检查现场施工的各类线缆线路，所有线路的型号、规格、回路编号等必须符合图纸

C. 所有控制设备的二次接线必须经过端子排

D. 线路两端必须挂上线号、回路编号，要求号码清晰、准确

E. 调试前，应检查所有回路和电气设备的绝缘情况，全部合格后方可进行调试的下一工序

16. 电气配管所用管材包括：（ ）等。

A. 焊接钢管　　B. 镀锌钢管　　C. 薄壁电线管

D. 塑料管　　E. 不锈钢管

17. 薄壁金属电线管包括（ ）。

A. 紧定式金属电线管　　B. 扣压式金属电线管

C. 不锈钢管　　D. 水煤气管

E. 铸铁管

18. 成套配电箱（柜）外观检查要点包括：（ ）。

A. 包装及密封应良好

B. 开箱检查清点，型号、规格应符合设计要求，柜（盘）本体外观检查应无损伤及变形，油漆完整无损，有铭牌，柜内元器件无损坏丢失、无裂纹等缺陷

C. 接线无脱落脱焊，充油、充气设备无泄漏，涂层完整，无明显碰撞凹陷，附件、备件齐全

D. 装有电器的活动盘、柜门，应以裸铜软线与接地的金属构架可靠接地

E. 绝缘良好

19. 等电位联结是将（ ）金属构件、金属栏杆、金属门窗、天花金属龙骨、金属线槽、铠装电缆、设备外壳、金属墙体、混凝土结构的接地引下线和均压环用钢筋及接地极引线等互相按规范连接成一个完整的同电位体，整体作为一个防雷装置，防止雷击，保证建筑物内部不产生电击和危险的接触电压、跨步电压，有利于防止雷电波的干扰，降低了建筑物内间接接触电击的接触电压和不同金属部件间的电位差，并消除自建筑物外经电气线路和各种金属管道引入的危险故障电压的危害。

A. 建筑钢结构　　B. 各种金属管道

C. 金属桥架　　D. 混凝土结构的金属地板

E. 金属水壶外壳

20. 下列情况下须作辅助等电位联结：（ ）。

A. 电源网络阻抗过大，使自动切断电源时间过长，不能满足防电击要求时

B. 自 TN 系统同一配电箱供给固定式和移动式两种电气设备，而固定式设备保护电器切断电源时间不能满足移动式设备防电击要求时

C. 为满足浴室、游泳池、医院手术室等场所对防电击的特殊要求时

D. 不带淋浴的卫生间

E. 水池

（三）判断题（正确填 A，错误填 B）

1. 同一交流回路的导线可以不用穿于同一管内。（　）

2. 防爆导管可采用倒扣连接。（　）

3. 镀锌钢管连接处严禁焊接。（　）

4. JDG 管的管与管的连接采用专用管接头，并将接头紧定螺丝拧断即可。（　）

5. 锡焊连接的焊缝应饱满、表面光滑。焊剂应无腐蚀性，焊接可不清除焊区的残余焊剂。（　）

6. 在配电配线的分支线连接处，干线不应受到支线的横向拉力。（　）

7. 封闭母线在穿防火分区时必须对母线与建筑物之间的缝隙作防火处理，用防火堵料将母线与建筑物间的缝隙填满，防火堵料厚度应低于结构厚度，防火堵料必须符合设计及国家有关规定。（　）

8. 照明箱（盘）内，分别设置零线（N）和保护地线（PE 线）汇流排，零线和保护地线经汇流排配出。（　）

9. 装有电器的可开启门，门和框架的接地端子间可不用裸编织铜线连接。（　）

10. 钢管明敷过伸缩（沉降）缝时，应进行处理。（　）

11. 塑料电线管连接胶粘剂性能：要求粘接后 1min 内不移位，黏性保持时间长，不需要防水性。（　）

12. 现浇混凝土板内管路敷设时应在两层钢筋网中沿最近的路径敷设配管，固定间距小于 2m。（　）

13. 严禁用木砖固定支架与吊架。（　）

14. 电缆桥架可作为人行通道、梯子或站人平台。（　）

15. 在桥架全程各伸缩缝或连续铰连接板处应采用编织铜线跨接，保证桥架的电气通路的连续性。（　）

16. 所有不同回路、不同电压和交流与直流的导线，不得穿入同一管内。（　）

17. 封闭母线支架应用气割下料，加工尺寸最大误差为 5mm。（　）

18. 送电程序为先高压、后低压；先干线，后支线；先隔离开关、后负荷开关。停电时与上述顺序相反。（　）

19. 景观照明灯具的金属结构架和灯具及金属软管，应作保护接地线，连接牢固可靠，标识明显。（　）

20. 接地（PE）或接零（PEN）支线应串联连接。（　）

（四）计算题或案例分析题

【题一】 某工地电气配管施工，现场检查施工情况如下：镀锌钢管接地采用焊接地线跨接，明配管沿墙敷设，镀锌钢管 *D*N20（壁厚 1.6mm）的管卡间距 1.5m，照明金属软管 1.6m 长，部分金属软件作为接地导体使用。防爆导管在连接困难处采用倒扣连接。(单项选择题)

1. 金属导管严禁对口熔焊连接；镀锌和壁厚小于等于 2mm 的钢导管（　）套管熔

焊连接。

A. 可以　　　　B. 不得　　　　C. 不宜　　　　D. 必须

2. 壁厚≤2mm的钢管沿墙明敷，其管卡间距最大距离为（　　）m。

A. 0.5　　　　B. 1　　　　C. 1.5　　　　D. 2

3. 柔性导管的长度在照明工程中不大于（　　）m。

A. 0.8　　　　B. 1　　　　C. 1.2　　　　D. 1.5

4. 防爆导管（　　）采用倒扣连接。

A. 宜　　　　B. 必须　　　　C. 不应　　　　D. 应

5. 可挠性金属导管和金属柔性导管（　　）作接地（PE）或接零（PEN）的接续导体。

A. 宜　　　　B. 必须　　　　C. 不应　　　　D. 不能

【题二】 某施工现场桥架施工如下：直线长度50m全是喷塑钢制桥架相互连接，全长桥架无接地，与自来水管交叉距离0.1m，桥架支架间距4m，桥架连接螺栓的螺母在桥架里面。

1. 直线段钢制电缆桥架长度超过（　　）m、铝合金或玻璃钢制电缆桥架长度超过15m设有伸缩节；电缆桥架跨越建筑物变形缝处设置补偿装置。

A. 10　　　　B. 20　　　　C. 30　　　　D. 40

2. 金属电缆桥架及其支架全长应不少于（　　）处与接地（PE）或接零（PEN）干线相连接。

A. 1　　　　B. 2　　　　C. 3　　　　D. 4

3. 桥架与一般工艺管道交叉净距为（　　）m。

A. 0.2　　　　B. 0.3　　　　C. 0.4　　　　D. 0.5

4. 电缆桥架水平安装时，宜按荷载曲线选取最佳跨距进行支撑，跨距一般为（　　）m。

A. 0.5～1　　　　B. 1～1.5　　　　C. 1.5～3　　　　D. 2～4

5. 桥架与支架间螺栓、桥架连接板螺栓固定紧固无遗漏，螺母位于桥架（　　）。

A. 内侧　　　　B. 外侧　　　　C. 内外都行　　　　D. 内外侧均有

【题三】 某工程正在现场进行照明管内穿线，现场施工如下：A相采用红线，中性线采用绿线，PE线采用黄线，个别导线因管内穿不下了，同一回路的线穿在两根钢管内，工作电压220V的导线与工作电压36V的导线穿于一根*DN*40的管内，接线端子上因端子数量不够，3根导线压在一个端子上。

1. 用（　　）色相间的导线作保护地线。

A. 黄　　　　B. 绿　　　　C. 黄绿　　　　D. 淡蓝

2. （　　）导线作中性线。

A. 黄　　　　B. 绿　　　　C. 黄绿　　　　D. 淡蓝

3. 同一交流回路的导线（　　）穿于同一管内。

A. 宜　　　　B. 应　　　　C. 最好　　　　D. 必须

4. 不同回路、不同电压和交流与直流的导线，（　　）穿入同一管内。

A. 不宜　　　　B. 不应　　　　C. 不得　　　　D. 可以

5. 每个设备和器具的端子接线不多于（　　）根电线。

A. 1　　　　B. 2　　　　C. 3　　　　D. 4

【题四】 某工地正在进行竖井封闭母线施工：封闭母线运抵安装场所后，安装人员直接安装，施工人员用气割对支架进行开孔加工，直线段母线支架间距离 4m，母线与外壳同心偏差 7mm，母线连接螺栓用普通机械扳手拧紧。

1. 封闭、插接式母线组对接续之前，应进行绝缘电阻测试，绝缘电阻值应大于（　　）MΩ。

A. 0.5　　　　B. 1　　　　C. 10　　　　D. 20

2. 支架应用切割机下料，加工尺寸最大误差为 5mm。用台钻、手电钻钻孔，（　　）用气割开孔。

A. 不宜　　　　B. 不应　　　　C. 严禁　　　　D. 可以

3. 封闭母线直线段距离不应大于（　　）m。

A. 1　　　　B. 2　　　　C. 3　　　　D. 4

4. 母线与外壳同心，允许偏差为±（　　）mm。

A. 2　　　　B. 3　　　　C. 4　　　　D. 5

5. 母线连接螺栓应用（　　）扳手坚固，达到规范规定的力矩值。

A. 力矩扳手　　　　B. 普通机械扳手

C. 钳子　　　　D. 螺丝刀

【题五】 某工地室内灯具安装如下：花灯吊钩直径 5mm，大型花灯的悬吊装置没做过载试验，直接安装，金属敞开式灯具安装在 1.8m 的高度。射灯直接安装木吊顶上。

1. 花灯吊钩圆钢直径不小于灯具挂销直径，且不小于（　　）mm。

A. 3　　　　B. 4　　　　C. 5　　　　D. 6

2. 大型花灯的固定及悬吊装置，应按灯具重量的（　　）倍作过载试验。

A. 1　　　　B. 2　　　　C. 3　　　　D. 4

3. 一般敞开式灯具无设计安装高度时，室内灯头安装高度不小于（　　）m。

A. 1　　　　B. 2　　　　C. 3　　　　D. 4

4. 当灯具距地面高度小于（　　）m 时，灯具的可接近裸露导体必须接地（PE）或接零（PEN）可靠，并应有专用接地螺栓，且有标识。

A. 2　　　　B. 2.2　　　　C. 2.4　　　　D. 2.8

5. 当灯泡与绝缘台间距离小于（　　）mm 时，灯泡与绝缘台间应采取隔热措施。

A. 2　　　　B. 3　　　　C. 4　　　　D. 5

第 5 章　自动化仪表安装工程

（一）单项选择题

1. 温度取源部件在管道上的安装，与管道相互垂直安装时，取源部件轴线应与管道轴线（　　）相交。

A. 垂直　　B. 逆介质流向45°　　C. 顺介质流向45°　　D. 平行

2. 温度取源部件在管道上的安装，在管道的拐弯处安装时，宜（　　）着物料流向。

A. 逆　　B. 顺　　C. 垂直　　D. 均可

3. 压力取源部件与温度取源部件在同一管段上时，应安装在温度取源部件的（　　）游侧。

A. 上　　B. 下　　C. 均可　　D. 不可安装在同一管段

4. 压力取源部件在水平和倾斜管道上安装时，测量蒸汽压力时，在管道的上半部，以及下半部与管道的水平中心线成（　　）夹角的范围内。

A. 0～45°　　B. 0～60°　　C. 0～30°　　D. 30°～60°

5. 流量取源部件在水平和倾斜的管道上安装节流装置时，测量气体流量时，在管道的（　　）部。

A. 一侧　　B. 下半部　　C. 上半部　　D. 均可

6. 下列哪些仪表不是温度仪表（　　）。

A. 热电偶　　B. 热电偶　　C. 温度变送器　　D. pH 计

7. 热电阻采用（　　）线制接法。

A. 4 线制　　B. 三线制　　C. 二线制　　D. 总线制

8. 热电偶采用（　　）线制接法。

A. 4 线制　　B. 三线制　　C. 二线制　　D. 总线制

9. 工地上用的普通压力表是（　　）压力表。

A. 液柱式　　B. 弹性式　　C. 电气式　　D. 电容式

10. 转子流量计应安装在振动较小的（　　）管道上。

A. 水平　　B. 垂直　　C. 倾斜　　D. 均可

11. 节流件应在（　　）安装。

A. 管道吹洗后　　B. 和管道同步

C. 管道压力试验后　　D. 开车前

12. 孔板的锐边或喷嘴的曲面侧应（　　）被测介质的流向。

A. 逆向　　B. 迎向　　C. 无要求　　D. 垂直

13. 测4～20mA电流信号时用以下哪些工具：（　　）。

A. 螺丝刀　　B. 万用表　　C. 校验仪（气压）　　D. 试电笔

14. 直流电与交流电说的是：（　　）。

A. 24V 电　B. 220V 电　C. 经过整流滤波后的交流电为直流电　D. 380V 电

15. 转子流量计中的流体流动方向是（　　）。

A. 自上而下　　B. 自下而上　　C. 都可以　　D. 水平

16. 图纸中的符号 PT 表示（　　）。

A. 流量变送器　　B. 压力变送器　　C. 温度变送器　D. 黏度变送器

17. 图纸中的符号 TT 表示（　　）。

A. 流量变送器　B. 压力变送器　C. 温度变送器　D. 黏度变送器

18. 图纸中的FV表示（　　）。

A. 调节流量的阀门　　　B. 调节温度的阀门

C. 调节压力的阀门　　　D. 调节电压的开关

19. 在物理学中，流体的液位用（　　）表示。

A. L　　B. T　　C. W　　D. Y

20. 在自控系统中，仪表位号首位为D代表（　　）。

A. 密度　　B. 质量　　C. 流量　　D. 压力

21. 热电偶供电为：（　　）。

A. 直流　　B. 交流　　C. 三相交流　　D. 不供电

22. 以下哪一个符号代表电气转换器。（　　）

A. FE　　B. FY　　C. FT　　D. FV

23. 在水平和倾斜的管道上安装节流装置时，测量蒸汽压力时，在管道的上半部，以及下半部与管道的水平中心线成（　　）夹角的范围内。

A. 0～45°　　B. 0～60°　　C. 0～30°　　D. 30°～60°

24. 被分析的气体内含有固体或液体杂质时，取源部件的轴线与水平线之间的仰角应大于（　　）。

A. 15°　　B. 30°　　C. 45°　　D. 60°

25. 温度一次部件若安装在管道的拐弯处或倾斜安装，应（　　）流向。

A. 逆着　　B. 顺着　　C. 垂直　　D. 均可

26. 仪表气源主管施工时，气源支管由气源主管引出时，应从（　　）。

A. 主管侧面　　B. 主管底部　　C. 主管上部　　D. 均可

27. 仪表气源管气压试验压力应为设计压力的（　　）倍。

A. 1.15　　B. 1.5　　C. 1.25　　D. 1.75

28. 隔离液要灌在（　　）。

A. 表体中　　B. 工艺管线中　　C. 隔离罐中　　D. 隔离釜中

29. 一块压力表的最大引用误差（　　）其精度等级时，这块压力表才合格。

A. 大于　　B. 小于　　C. 等于　　D. 根据压力表的种类确定

30. 一压力变送器的输出范围为20～100kPa，那么它测量时最大可以测到（　　）。

A. 99.99kPa　　B. 101kPa　　C. 100kPa　　D. 20kPa

31. 灵敏度数值越大，则仪表越灵敏。（　　）

A. 正确　　B. 不正确　　C. 无直接关联　　D. 根据仪表的种类确定

32. 仪表设备防护等级中IP65表示（　　）。

A. 6代表完全防止外物及灰尘进入，5表示防止喷射的水侵入

B. 6代表防止喷射的水侵入，5代表完全防止外物及灰尘进入

C. 6代表完全防止外物及灰尘进入，5代表防止飞溅的水侵入

D. 6代表防止飞溅的水侵入，5代表完全防止外物及灰尘进入

33. 根据爆炸性气体混合物按引燃温度的差异，又分为T1、T2、T3、T4、T5、T6六种，引燃温度用t（℃）表示，请问哪种正确？（　　）

A. T1表示450℃＜t　　　B. T6表示450℃＜t

C. T4 表示 85℃ < t ≤ 100℃　　　　D. T3 表示 450℃ < t

34. 防爆标志为 dIIBT5 代表：防爆电气产品的型式为（　　），是使用在 II 类场所的 IIB 级（类）别，爆炸性气体的引燃温度为 T5 的级别。

A. 隔爆型　　B. 增安型　　C. 本安型　　D. 普通型

35. 无负荷试运车，系统打通流程并不稳定运行（　　）小时即为合格，这时对仪表的考验也已通过。

A. 24　　B. 48　　C. 96　　D. 12

36. 仪表线槽绝对不允许从线槽（　　）开孔。

A. 底部　　B. 侧部 2/3 处　　C. 侧部 1/3 处　　D. 顶部

37. 在高压、合金钢、有色金属的工艺管道和设备上开孔时，采用（　　）的方法。

A. 机械加工　　B. 气焊切割　　C. 氩弧焊切割　　D. 均可

38. 电接点压力表在检定时，必须检查示值精度吗？（　　）。

A. 不一定　　B. 必须　　C. 不需要　　D. 根据压力表种类确定

39. 测量大管径，且管道内流体压力较小的节流装置的名称是（　　）。

A. 喷嘴　　B. 孔板　　C. 文丘利管　　D. 皮托管

40. 不同的测量范围的 1151 差压变送器是由于测量膜片的（　　）。

A. 厚度不同　　B. 材料不同　　C. 直径不同　　D. 精度不同

41. 用压力法测量开口容器液位时，液位的高低取决于（　　）。

A. 取压点位置和容器横截面　　B. 取压点位置和介质密度

C. 介质密度和容器横截面　　D. 取压点位置

42. 浮力式液位计中根据阿基米德原理的有（　　）。

A. 浮筒液位仪　　B. 浮球液位仪　　C. 外侧液位仪　　D. 超声波液位仪

43. 热电偶测温时，显示不准，应用毫伏表测其（　　）。

A. 电压　　B. 电流　　C. 电容　　D. 电阻

44. 热电偶的延长用（　　）。

A. 导线　　B. 三芯电缆　　C. 补偿导线　　D. 二芯电缆

45. 温度越高，铂、镍、铜等材料的电阻值（　　）。

A. 越大　　B. 越小　　C. 不变　　D. 不一定

46. Pt100 铂电阻在 0℃时的电阻值为（　　）。

A. 0Ω　　B. 0.1Ω　　C. 100Ω　　D. 108Ω

47. 我们常提到的 PLC 是（　　）。

A. 可编程序调节器　　B. 可编程序控制器

C. 集散控制系统　　D. 可调液位控制器

48. 下面哪个符号代表孔板（　　）。

A. FV　　B. FT　　C. FY　　D. FE

49. 一台气动薄膜调节阀若阀杆在全行程的 50%位置，则流过阀的流量也在最大量的 50%处。（　　）

A. 对　　B. 错　　C. 不一定，视阀的结构特性而定　　D. 无直接关联

50. 耐振最好的是（　　）温度计。

A. 玻璃液体　B. 双金属　C. 压力式　D. 精密式

（二）多项选择题

1. 玻璃液体温度计常用的感温液有（　　）。

A. 水银　B. 有机液体　C. 无机液体　D. 甲醇　E. 乙醚

2. 自动式调节阀适用于（　　）的场合。

A. 流量变化小　B. 调节精度要求不高　C. 仪表气源供应方便

D. 温度较高　E. 压力较大

3. 下列不需要冷端补偿的温度计是（　　）。

A. 铜电阻　B. 热电偶　C. 铂电阻　D. 金属　E. 半导体

4. 压力取源部件在水平和倾斜管道上安装时，取压点的方位应符合下列规定：（　　）。

A. 测量气体压力时，在管道的上半部

B. 测量液体压力时，在管道的下半部与管道的水平中心线成0～45°夹角的范围内

C. 测量蒸汽压力时，在管道的上半部，以及下半部与管道的水平中心线成0～45°夹角的范围内

D. 压力取源部件轴线方向需要与流体方向垂直

E. 无特别要求

5. 压力仪表根据压力测量原理可分为（　　）。

A. 液柱式　B. 弹性式　C. 电阻式

D. 电容式　E. 电感式

6. 数字电路中三种最基本的逻辑关系为（　　）。

A. 与　B. 或　C. 非　D. 串　E. 并

7. 气动调节阀分为（　　）。

A. 气开　B. 气关　C. 自力式　D. 压力式　E. 启闭式

8. 仪表管道的连接方式有（　　）。

A. 法兰　B. 丝扣　C. 卡套　D. 焊接　E. 卡箍

9. 差压式流量计包括（　　）等几部分。

A. 节流装置　B. 导压管　C. 变送器　D. 喷嘴　E. 孔板

10. 孔板、喷嘴、文丘里管的安装时要检查（　　）。

A. 检查直管段长度、同轴、同心度

B. 孔板的锐边或喷嘴的曲面侧应迎向被测介质的流向

C. 节流件应在管道吹洗后安装

D. 安装节流件的密封垫片的内径不应小于管道的内径，夹紧后不得突入管道内壁

E. 流动介质是否具有腐蚀性

（三）判断题（正确填A，错误填B）

1. FT代表孔板。（　　）

2. 热电阻应采用两线制。（　　）

3. 隔离罐内的隔离液就是水。 （ ）

4. 电磁流量计可以测量气体介质流量。 （ ）

5. 温度变送器是用来测量介质温度的。 （ ）

6. 孔板是节流装置。 （ ）

7. 孔板是测量仪表的一部分。 （ ）

8. 热电偶的延长线必须用补偿导线。 （ ）

9. 当危险侧发生短路时，齐纳式安全栅中的电阻能起限能作用。 （ ）

10. 当信号为 20mA 时，调节阀全开，则该阀为气关阀。 （ ）

第 6 章 建筑智能化安装工程

（一）单项选择题

1. BAS系统是指（ ）。

A. 建筑设备监控系统 B. 安全防范系统

C. 智能化系统集成 D. 火灾自动报警及消防联动系统

2. CAS 系统是指（ ）。

A. 通信自动化系统 B. 住宅（社区）智能化

C. 智能化系统集成 D. 环境检测

3. OAS 系统是指（ ）。

A. 建筑设备监控系统 B. 火灾自动报警及消防联动系统

C. 办公自动化系统 D. 环境检测

4. 路由器用在（ ）系统中。

A. 住宅（社区）智能化 B. 安全防范系统

C. 信息网络系统 D. 建筑设备监控系统

5. 下列哪种设备需要提供商检证明：（ ）。

A. 国产设备 B. 合资设备 C. 进口设备 D. 均需要

6. 镍温度传感器的接线电阻应小于（ ）。

A. 3Ω B. 2Ω C. 4Ω D. 1Ω

7. 铂温度传感器的接线电阻应小于（ ）。

A. 3Ω B. 2Ω C. 4Ω D. 1Ω

8. 水管型温度传感器的感温段大于管道直径的 1/2 时，可安装在管道（ ）。

A. 下部 B. 顶部 C. 侧面 D. 底部

9. 水管型温度传感器的感温段小于管道直径的 1/2 时，可安装在管道（ ）或底部。

A. 下部 B. 顶部 C. 侧面 D. ABC 均可

10. 电磁流量计应安装在流量调节阀的上游，流量计的上游应有（ ）倍管径长度的直管段。

A. 5 倍 B. 8 倍 C. 10 倍 D. 15 倍

11. 电磁流量计应安装在流量调节阀的上游，流量计的下游应有（ ）倍管径长度的直管段。

A. 4～5 倍　B. 8～9 倍　C. 10～11 倍　D. 15～16 倍

12. 涡轮式流量变送器上游应有（　　）倍管道直径的直管段。

A. 5 倍　B. 8 倍　C. 10 倍　D. 15 倍

13. 涡轮式流量变送器下游应有（　　）倍管道直径的直管段。

A. 5 倍　B. 8 倍　C. 10 倍　D. 15 倍

14. 涡轮式流量变送器应安装在测压点的上游，距测压点（　　）倍管径的距离。

A. 3.5～5.5 倍　B. 8.5～9.5 倍　C. 10.5～11.5 倍　D. 15.5～16.5 倍

15. 综合布线系统的光纤布线应全部检测，对绞线缆布线以不低于（　　）的比例进行随机抽样检测，抽样点必须包括最远布线点。

A. 5%　B. 8%　C. 10%　D. 15%

16. 模拟信号应采用（　　）。

A. 双绞线　B. 光纤　C. BV 电线　D. 屏蔽线

17. 在强干扰环境中或远距离传输时，宜选用（　　）。

A. 双绞线　B. 光纤　C. BV 电线　D. 屏蔽线

18. 管道式空气质量传感器安装应在风管保温完成（　　）进行。

A. 之前　B. 之后　C. 同时　D. 均可

19. 检测气体密度小的空气质量传感器应安装在风管或房间的（　　）。

A. 上部　B. 下部　C. 中部　D. 均可

20. 检测气体密度大的空气质量传感器应安装在风管或房间的（　　）。

A. 上部　B. 下部　C. 中部　D. 均可

（二）多项选择题

1. "3A" 智能建筑包括：（　　）。

A. 建筑设备监控系统（BAS）　B. 火灾自动报警及消防联动系统

C. 办公自动化系统（OAS）　D. 通信自动化系统（CAS）

E. 建筑能耗评测系统（EAS）

2. 水管型温度传感器的感温段小于管道直径的 1/2 时，可安装在管道（　　）。

A. 下部　B. 顶部　C. 侧面　D. 底部　E. 均可

3. 硬件主要包括（　　）。

A. 各类探测（传感）器　B. 控制器

C. 计算机　D. 显示器　E. 门禁电子系统

4. 软件部分是指（　　）。

A. 各类计算机软件　B. 系统参数的计算设定值

C. 完成各种控制功能要求的数学模型的建立　D. 监控系统　E. 通信系统

5. 通信系统主要包括（　　）。

A. 用户交换设备　B. 通信线路　C. 用户终端　D. 监控设备　E. 互联网

6. 卫星数字电视及有线电视系统主要包括（　　）。

A. 信号源装置　B. 前端设备

C. 干线传输系统　　D. 用户分配网络　　E. 通信装置

7. 公共广播及紧急广播系统主要设备包括（　　）。

A. 音源设备　　B. 声处理设备　　C. 扩音设备

D. 放音设备　　E. 无线电设施

8. 信息网络系统主要由（　　）组成。

A. 路由器　　B. 核心层交换机

C. 无线网卡　　D. 用户终端等组成　　E. 计算机

9. 建筑设备自动化系统采用集散式网络结构，由（　　）构成。

A. 上位计算机　　B. 网络控制器

C. 现场控制器（DDC）　　D. 现场测控设备　　E. 互联网

10. 建筑设备自动化系统对大厦的（　　）等进行监控。

A. 空调冷/热源系统　　B. 空调水系统

C. 空调通风系统　　D. 给水排水系统

E. 照明

11. 住宅（小区）智能化包括（　　）。

A. 安全防范　　B. 信息网络系统

C. 管理与监控子系统　　D. 火灾自动报警及消防联动系统　　E. 智能电网系统

12. 环境检测包括（　　）。

A. 空间环境　　B. 室内空调环境

C. 视觉照明环境　　D. 室内噪声

E. 室内电磁环境

13. 综合布线系统包括（　　）。

A. 工作区　　B. 配线子系统

C. 干线子系统　　D. 管理子系统

E. 进线间子系统

14. 安全防范系统主要包括（　　）。

A. 入侵报警　　B. 电视监控　　C. 出入口控制

D. 电子巡更　　E. 停车场（库）管理及其他特殊要求子系统

15. 火灾自动报警及消防联动控制系统包括（　　）。

A. 火灾自动报警控制器　　B. CRT 图形显示屏

C. 打印机　　D. 火灾应急广播设备

E. 消防直通对讲电话

16. 通信系统检测内容包括（　　）。

A. 系统检查调试　　B. 初验测试

C. 试运行验收测试　　D. 网络系统测试　　E. 防火墙测试

17. 设备的质量检测重点包括（　　）。

A. 安全性　　B. 可靠性　　C. 电磁兼容性　　D. 外观完好　　E. 安装精度

18. 送/排风机系统的监控内容包括（　　）。

A. 按设定时间自动控制送/排风机的起停

B. 监视送/排风机的运行状态

C. 监视送/排风机的故障报警

D. 监测送排风机的手/自动转换开关状态

E. 风机压差检测信号

19. 电动调节阀由（ ）组成。

A. 驱动器　B. 阀体　C. 执行机构　D. 整流器　E. 电源

20. 生活给水控制中，需要监测水池的（ ）。

A. 超高液位状态　B. 超低液位状态

C. 报警　D. 水质状况　E. COD值

（三）判断题（正确填A，错误填B）

1. 进口设备需要提供商检证明。（ ）

2. 镍温度传感器的接线电阻应小于2Ω。（ ）

3. 铂温度传感器的接线电阻应小于1Ω。（ ）

4. 火灾自动报警及消防联动系统不在建筑智能化范围内。（ ）

5. 水管型温度传感器的感温段大于管道直径的1/2时，可安装在管道下部。（ ）

6. 水管型温度传感器的感温段小于管道直径的1/2时，可安装在管道侧面或底部。（ ）

7. 电磁流量计应安装在流量调节阀的上游，流量计的上游应有10倍管径长度的直管段。（ ）

8. 电磁流量计应安装在流量调节阀的上游，流量计的下游应有8～9倍管径长度的直管段。（ ）

9. 模拟信号应采用普通电线。（ ）

10. 水管型压力、压差传感器的安装应在管道安装时进行，其开孔与焊接工作必须在管道的压力试验、清洗、防腐和保温后进行。（ ）

11. 电磁流量计可以安装在较强的交直流磁场或有剧烈振动的场所。（ ）

12. 风管型压力、压差传感器和压差开关应在风管保温层完成之前安装。（ ）

13. 电磁流量计和管道之间应连接成等电位并可靠接地。（ ）

14. 在可能产生逆流的场合，流量变送器下游应装设止回阀。（ ）

15. 检测气体密度小的空气质量传感器应安装在风管或房间的上部。（ ）

16. 对平时/消防共用的双速排风机，平时按送排风机设备自动控制，火灾刚由消防联动控制，该系统不起作用。（ ）

17. 对带加湿功能的空调机组不需要进行加湿控制。（ ）

18. 根据当地的气候情况，按照空调设计参数对设备运行参数进行设定，冷水机房监控系统实现信号上传，但建筑设备管理系统对其只监不控。（ ）

19. 空调机组中不需要低温检测。（ ）

20. 生活给水控制中，需要检测自动控制变频器的电源、故障及管网压力状态的及时报警。（ ）

(四) 计算题或案例分析题

【题一】 温、湿度传感器通常采用的温度传感器有风管、水管型温度传感器等，可将温度的变化转换成电信号输出。施工时施工单位应如何处理如下遇到的问题？

1. 镍温度传感器的接线电阻应小于（　　）Ω，铂温度传感器的接线电阻应小于（　　）Ω。(单项选择题)

A. 1，3　　B. 3，1　　C. 1，1　　D. 3，3

2. 风管型温、湿度传感器的安装应在风管保温层（　　）进行。(单项选择题)

A. 完成前　　B. 完成后　　C. 同时　　D. 前后都可以

3. 风管型温、湿度传感器应安装在风管（　　）段的下游，还应避开风管死角的位置。(单项选择题)

A. 阀门处　　B. 拐弯处　　C. 直管段　　D. 分叉口

4. 水管型温度传感器的安装开孔与焊接工作，必须在管道的（　　）前进行，且不宜在管道焊缝及其边缘上开孔与焊接。(多项选择题)

A. 压力试验　　B. 清洗　　C. 防腐　　D. 保温　　E. 吹扫

5. 水管型温度传感器的感温段大于管道直径的（　　）时，可安装在管道的顶部。(单项选择题)

A. 1/4　　B. 1/5　　C. 1/3　　D. 1/2

【题二】 压力、压差传感器和压差开关安装时，施工时施工单位应如何处理如下遇到的问题？

1. 通常的压力和压差传感器有（　　）传感器、（　　）传感器，（　　）传感器，分风管型和水管型两类。(多项选择题)

A. 电容式压差　　B. 液体压差　　C. 薄膜型压力　　D. 电感式　　E. 电位式

2. 风管型压力、压差传感器和压差开关应在风管保温层（　　）安装。(单项选择题)

A. 完成前　　B. 完成后　　C. 同时　　D. 前后都可以

3. 风管型压力、压差传感器和压差开关应安装在温、湿度传感器的（　　）侧。(单项选择题)

A. 上游　　B. 下游　　C. 上下游都可以　　D. 根据传感器种类确定

4. 水管型压力、压差传感器的安装应在管道（　　）进行。(单项选择题)

A. 完成前　　B. 完成后　　C. 安装时　　D. 前后都可以

5. 水管型压力、压差传感器的安装开孔与焊接工作必须在管道的压力试验、清洗、防腐和保温（　　）进行。(单项选择题)

A. 完成前　　B. 完成后　　C. 安装时　　D. 完成前后

【题三】 电磁流量计安装时，施工时施工单位应如何处理如下遇到的问题？

1. 电磁流量计可以安装在较强的交直流磁场或有剧烈振动的场所。（　　）(判断题，正确填 A，错误填 B)

2. 电磁流量计应安装在流量调节阀的上游，流量计的上游应有（　　）倍管径长度的直管段。(单项选择题)

A. 5　　B. 3　　C. 2　　D. 10

3. 电磁流量计应安装在流量调节阀的上游，下游段应有（　　）倍管径长度的直管段。(单项选择题)

A. 5　　　　B. 4　　　　C. 3　　　　D. 4～5

4. 电磁流量计在垂直管道上安装时，液体流向自下而上，保证导管内充满被测流体或不致产生气泡；水平安装时必须使电极处在（　　）方向，以保证测量精度。(单项选择题)

A. 水平　　　　B. 垂直　　　　C. 倾斜　　　　D. 拐弯

5. 电磁流量计和管道之间不需要连接成等电位并可靠接地。（　　）(判断题，正确填A，错误填B)

【题四】 涡轮式流量变送器的安装，施工时施工单位应如何处理如下遇到的问题?

1. 涡轮式流量变送器应垂直安装，流体的方向必须与传感器壳体上所示的流向标志一致。（　　）(判断题，正确填A，错误填B)

2. 在可能产生逆流的场合，流量变送器下游无需装设止回阀。（　　）(判断题，正确填A，错误填B)

3. 流量变送器上游应有（　　）倍管道直径的直管段。(单项选择题)

A. 5　　　　B. 3　　　　C. 2　　　　D. 10

4. 流量变送器下游应有（　　）倍管道直径的直管段。(单项选择题)

A. 5　　　　B. 3　　　　C. 2　　　　D. 10

5. 流量变送器应安装在测压点的上游，距测压点（　　）倍管径的距离。(单项选择题)

A. 6　　　　B. 3　　　　C. 2　　　　D. 3.5～5.5

【题五】 在楼宇自控系统安装中，施工时施工单位应如何处理如下遇到的问题?

1. 对平时/消防共用的双速排风机，平时按送排风机设备自动控制，火灾时该系统不起作用。（　　）(判断题，正确填A，错误填B)

2. 对带加湿功能的空调机组不需要进行加湿控制。（　　）(判断题，正确填A，错误填B)

3. 新风机组需要检测风机压差检测信号。（　　）(判断题，正确填A，错误填B)

4. 生活给水控制中，需要监测水池的超高/超低液位状态，并及时报警。（　　）(判断题，正确填A，错误填B)

5. 消防联动控制包括：（　　）(多项选择题)

A. 消火栓控制　　　　B. 自动喷淋控制

C. 防火门控制　　　　D. 排烟控制

E. 照明控制

第7章　电梯安装工程

(一) 单项选择题

1. 从系统功能分，电梯通常由曳引系统、导向系统、轿厢系统、门系统、重量平衡系统、驱动系统、控制系统、（　　）等八大系统构成。

A. 通风系统　　　　B. 电气系统　　　　C. 报警系统　　　　D. 安全保护系统

2. 电梯电源宜采用（　　）系统 。

A. Tt　　B. TN-S　　C. TN-C-S　　D. Tt-S

3. 电梯井道壁应垂直，用铅垂法的最小净空尺寸允许偏差值为：当高度≤30m 的井道，（　）；

A. 0～+25mm　　B. 0～+35mm　　C. 0～+50mm　　D. 0～+80mm

4. 电梯井道壁应垂直，用铅垂法的最小净空尺寸允许偏差值为：30m＜高度≤60m 的井道，（　　）。

A. 0～+25mm　　B. 0～+35mm　　C. 0～+50mm　　D. 0～+80mm

5. 电梯井道壁应垂直，用铅垂法的最小净空尺寸允许偏差值为：60m＜高度≤90m 的井道，（　　）。

A. 0～+25mm　　B. 0～+35mm　　C. 0～+50mm　　D. 0～+80mm

6. 机房、井道、地坑、轿厢接地装置的接地电阻值不应大于（　　）Ω。

A. 1　　B. 2　　C. 4　　D. 8

7. 电梯机房应通风良好，温度应保持在（　　）。

A. 5～15℃　　B. 20～40℃　　C. 5～40℃　　D. 10～30℃

8. 井道测量的程序是：（　）

A. 搭设样板架→测量井道→样板就位、挂基准线

B. 确定基准线→搭设样板架→样板就位、挂基准线

C. 确定基准线→挂基准线→搭设样板架

D. 搭设样板架→样板就位→测量井道、确定基准线

9. 井道基准垂线共计 10 根，其中：轿厢导轨基准线（　　）根；对重导轨基准线（　　）根；厅门地坎基准线（　　）根 。

A. 4，3，3　　B. 4，4，2　　C. 3，4，3　　D. 3，3，4

10. 井道样板架一般有（　　）处。

A. 1　　B. 2　　C. 3　　D. 4

11. 导轨支架安装要求，每个导轨支架中间间距应小于或等于（　　）。

A. 2.5m　　B. 3m　　C. 3.5m　　D. 1.5m

12. 导轨的安装流程是：（　　）。

A. 临时固定导轨→确定导轨支架安装位置→安装导轨支架→安装导轨

B. 确定导轨支架安装位置→临时固定导轨→安装导轨支架→调整导轨

C. 安装导轨→调整导轨→确定导轨支架安装位置→安装导轨支架

D. 确定导轨支架安装位置→安装导轨支架→安装导轨→调整导轨

13. 单根导轨全长直线度偏差不大于（　　）mm。

A. 0.5　　B. 0.7　　C. 1.5　　D. 2.5

14. 安装导轨时应注意，每节导轨的凸榫头应（　　）。

A. 朝上　　B. 朝下　　C. 朝外　　D. 朝内

15. 导轨支架安装前要复核基准线，其中一条为（　　），另一条为导轨支架安装辅助线。

A. 导轨内缘线　　B. 导轨外缘线　　C. 导轨中心线　　D. 电梯中心线

16. 电梯对重块重量＝（　　）。

A. 轿厢自重－对重架重

B. 轿厢自重＋额定荷重×（0.4～0.5）－对重架重

C. 轿厢自重＋额定荷重－对重架重

D. 轿厢自重＋额定荷重×（0.6～0.8）－对重架重

17. 当电梯失速冲向端站，首先要碰撞（　　）。

A. 一级保护开关　　B. 三级极限开关

C. 一级强迫减速开关　　D. 电梯中心线

18. 关于安全（急停）开关，下列说法不正确的是：（　　）。

A. 电梯应在机房、轿内、轿顶及底坑设置使电梯立即停止的安全开关

B. 安全开关应是双稳态的，需手动复位，无意的动作不应使电梯恢复服务

C. 该开关在轿顶或底坑中，距检修人员进入位置不应超过 1m，开关上或近旁应标出“停止”字样

D. 如电梯为无司机运行时，轿内的安全开关应能够让乘客操作

19. 关于紧急电动运行装置，说法不正确的是：（　　）。

A. 可使轿厢慢速移动，从而达到救援被困乘客的目的

B. 紧急电动运行开关及操作按钮应设置在易于直接观察到曳引机的地点

C. 该开关本身或通过另一个电气安全装置可以使限速器、安全钳、缓冲器、终端限位开关、层门锁的电气安全装置失效

D. 该装置不应使层门锁的电气安全保护失效

20. 关于电梯满载超载保护，下列说法正确的是：（　　）。

A. 当轿厢内载有 85％以上的额定载荷时，满载开关应动作，此时电梯顺向载梯功能取消

B. 当轿内载荷大于额定载荷时，超载开关动作，操纵盘上超载灯亮铃响，且不能关门，电梯不能启动运行

C. 当轿内载荷大于额定载荷的 95％时，超载开关动作，操纵盘上超载灯亮铃响，且不能关门，电梯不能启动运行

D. 当轿厢内载有 90％以上的额定载荷时，满载开关应动作，此时电梯顺向载梯功能取消，电梯停止运行

21. 蓄能型弹簧缓冲器仅适用于额定速度小于（　　）的电梯。

A. 1m/s　　B. 2m/s　　C. 0.6m/s　　D. 5m/s

22. 电梯超载试验的载荷是（　　）％额定载荷。

A. 110　　B. 120　　C. 150　　D. 200

23. 额定速度试验时，轿厢加入平衡载荷是（　　）额定载荷。

A. 40％　　B. 50％　　C. 60％　　D. 70％

24. 额定速度试验时，轿厢向下运行至行程中部的速度应不超过额定速度的（　　）。

A. 95％～115％　B. 95％～105％　C. 92％～105％　D. 90％～120％

25. 轿厢平层准确度测试：电梯平层准确度：应在±15mm 的范围内；交流双速电梯，应在（　　）的范围内。

A. ±10mm　　B. ±15mm　　C. ±30mm　　D. ±5mm

26. 当电梯上行方向超速时，能起保护作用的是（　　）开关。

A. 限速器断绳　B. 安全钳　C. 限速器　D. 缓冲器

27. 导轨接头缝隙应不大于（　　）mm。

A. 0.5　B. 0.05　C. 5　D. 0.6

28. 由井道底坑算起，第一排导轨支架距底坑地面应不大于（　　）mm。

A. 600　B. 700　C. 800　D. 1000

29. 扶梯上支撑面预埋钢板与下支撑面预埋钢板的垂直距离是（　　）。

A. 提升高度　B. 基坑深度　C. 跨度测量　D. 通孔长度

30. 从上支撑面预埋钢板边沿垂下一线坠，用钢卷尺测量该垂线与下支撑面预埋钢板内沿的水平距离是（　　）。

A. 提升高度　B. 基坑深度　C. 跨度测量　D. 通孔长度

31. 梯级（停止状态）的侧面和裙板表面的单边间隙安装调试标准是：（　　）。

A. 1～4mm　B. 3～7mm　C. 5～10mm　D. 15～25mm

32. 左、右两根扶手带速度偏差不超过（　　）。

A. 5%　B. 1%　C. 0.5%　D. 2%

33. 梳齿板与梯级的间隙符合下列要求：梳齿板的齿应与梯级的齿槽相啮合，啮合深度不小于（　　），间隙不超过（　　），在梳齿板踏面位置测量梳齿板的宽度不超过（　　）。

A. 2.5mm　B. 6mm　C. 5mm　D. 4mm

（二）多项选择题

1. 从空间占位看，电梯一般由（　　）组成。

A. 机房　B. 井道　C. 轿厢

D. 层站　E. 钢丝绳

2. 自动人行道有（　　）三种结构。

A. 踏步式　B. 钢带式　C. 双线式

D. 链条式　E. 履带式

3. 导轨架在井壁上的稳固方式有（　　）。

A. 埋入式　B. 焊接式

C. 预埋螺栓或膨胀螺栓固定式　D. 对穿螺栓固定式

E. 锚固式

4. 电梯限速器安装应（　　）。

A. 可接近的，以便于检查和维修

B. 不可接近的，以免触碰

C. 限速器动作速度整定封记必须完好，且无拆动痕迹

D. 安装时要进行调整

E. 由电梯生产厂家进行安装

5. 曳引机吊装时对吊装钢丝绳的要求包括（　　）。

A. 吊装钢丝绳应固定在曳引机底座吊装孔上

B. 可以固定在产品图册中规定的位置

C. 绕在电动机轴上

D. 穿在电动机吊环上

E. 无特殊规定

6. 钢丝绳端接装置通常有（　　）。

A. 锥套型　　B. 自锁楔型　　C. 绳夹　　D. 绳扣　　E. 绳套

7. 关于井道的两端的终端开关，下列说法正确的是：（　　）。

A. 当电梯失速冲向端站，首先要碰撞一级强迫减速开关

B. 当电梯继续失速冲向端站，超过端站平层 50～100mm 时，碰撞二级保护的限位开关，切断控制回路

C. 当超过端站平层 100mm 时，碰撞第三级极限开关，切断主电源回路

D. 一级强迫减速开关在正常换速点相应位置动作，以保证电梯有足够的换速距离

E. 井道的照明电压必须是 36V

8. 电梯应在（　　）设置使电梯立即停止的安全开关。

A. 机房　　B. 轿厢　　C. 轿顶　　D. 底坑　　E. 每一楼层

9. 平衡系数测试时，轿厢以空载和额定载重的 25%、（　　）、110%六个工况作上、下运行。

A. 40%　　B. 50%　　C. 75%　　D. 100%　　E. 60%

（三）判断题（正确填 A，错误填 B）

1. 安装单位应当在履行告知后、开始施工前（不包括设备开箱、现场勘测等准备工作），向规定的技术监督局申请监督检验。（　　）

2. 电梯的技术资料包括电梯制造资料（出厂随机文件）和电梯安装资料。（　　）

3. 电梯安装前，建设单位（或监理单位）、土建施工单位、电梯安装单位应共同对电梯井道和机房进行检查，对电梯安装条件进行确认，符合《电梯的技术条件》（GB 10058—2009）要求。（　　）

4. 当相邻两层门地坎间的距离大于 11m 时，其间必须设置井道安全门，井道安全门严禁向井道外开启，且必须装有安全门处于关闭时电梯才能运行的电气安全装置。（　　）

5. 电梯电源一般采用 TT 系统。（　　）

6. 电梯供电电源自进入机房或者机器设备间起。电梯供电的中性导体（N，零线）和保护导体（PE，地线）应始终分开。（　　）

7. 电梯所有电气设备及线管，线槽外壳应当与保护导体（PE，地线）可靠连接。接地支线应互相连接后再接地。（　　）

8. 井道基准垂线共计 10 根，其中：轿厢导轨基准线 4 根；对重导轨基准线 4 根；厅门地坎基准线 2 根（贯通门时 4 根）。（　　）

9. 井道样板架一般有2处。 ( )

10. 电梯导轨安装时每根导轨不少于两个支架，其间距≯5000mm。 ( )

11. 电梯导轨的切割一般采用机械切割。 ( )

12. 轿厢的组装，一般在底层进行。 ( )

13. 限速器应是可接近的，以便于检查和维修。 ( )

14. 当电梯失速冲向端站，首先要碰撞一级强迫减速开关。 ( )

15. 耗能型液压缓冲器可适用于各种速度的电梯。 ( )

16. 扶梯桁架拼接时一般采用厂家提供的专用高强螺栓，使用扭力扳手拧紧 。( )

17. 由于各导轨、反轨之间几何关系复杂，为避免位置偏差，通常在各段金属结构内的上下端内侧安装附加板，将同一侧的各导轨和反轨固定在该板上，再整体安装到金属结构的固定位置。 ( )

第8章 防腐绝热工程

(一) 单项选择题

1. 钢材表面氧化皮因锈蚀而全面剥落且已普遍发生点蚀，其锈蚀等级为（ ）。

A. A级　　B. B级　　C. C级　　D. D级

2. 非常彻底的手工和动力工具除锈，钢材表面无可见的油脂和污垢且没有附着不牢的氧化皮、铁锈和油漆涂层等附着物，底材显露部分的表面应具有金属光泽，属于钢材表面处理质量等级中的（ ）。

A. St2级　　B. St3级　　C. Sa2级　　D. Sa3级

3. 油漆作业环境应清洁，并有防火、防冻、防雨的措施，不应在低于（ ）℃潮湿的环境下作业。

A. −5　　B. 0　　C. 5　　D. 10

4. 面漆涂刷应在设备、管道及支架涂刷的防锈漆干透后进行；并且（ ），无脱落、结疤、漆流痕方可进行，如有上述缺陷，应处理后再进行面漆涂刷。

A. 漆膜光滑　　B. 无返锈　　C. 无划痕　　D. 颜色均匀

5. 埋地管道在腐蚀性较强烈的土壤中时，应选用（ ）材质。

A. 普通防腐　　B. 加强防腐　　C. 特加强防腐　　D. 内衬防腐

6. 风管绝热施工固定绝热材料采用保温钉时，保温钉要均匀分布，的间距控制在（ ）mm左右，排列要美观有序。

A. 150～200　　B. 200～250　　C. 250～300　　D. 300～350

7. 管道保温采用捆扎法施工时，铁丝间距一般为（ ）mm，每根管壳绑扎不少于两处，捆扎要松紧适度。

A. 150　　B. 200　　C. 250　　D. 300

8. 按抗腐蚀发生的过程和环境进行腐蚀分类不包括（ ）腐蚀。

A. 大气　　B. 土壤　　C. 高温　　D. 电化学

9. 设备及管道防腐蚀涂装宜在（ ）进行。

A. 焊缝热处理后　　　　　　　B. 焊缝热处理前

C. 系统试验前　　　　　　　　D. 绝热保温后

10. 对于金属的防腐蚀涂层施工方法，（　　）是最简单的手工涂装方法。

A. 弹涂　　　B. 喷涂　　　C. 刷涂　　　D. 滚涂

11. （　　）施工适用于软质毡、板、管壳、硬质、半硬质板等各类绝热材料制品的施工。

A. 捆扎法　　B. 粘贴法　　C. 浇注法　　D. 充填法

12. 配套的捆扎法施工的捆扎材料不包括（　　）。

A. 镀锌铁丝　B. 包装钢带　C. 粘胶带　　D. 聚氨酯

13. 保冷结构由内至外，按功能和层次由（　　）组成。

A. 防锈层、保冷层、防潮层、保护层、防腐层及识别层

B. 防锈层、防潮层、保冷层、保护层、防腐层及识别层

C. 防锈层、保冷层、保护层、防潮层、防腐层及识别层

D. 防锈层、保冷层、防潮层、防腐层、保护层及识别层

14. 大型筒体设备及管道采用捆扎法施工绝热制品上的捆扎件应（　　）捆扎。

A. 逐层　　　B. 螺旋式缠绕　C. 隔层　　D. 隔道

15. 当设备及管道外表面温度高于（　　）时应设置保温绝热层。

A. 30℃　　　B. 40℃　　　C. 50℃　　　D. 60℃

16. 不需要考虑可拆卸型式的保冷结构的部位是（　　）。

A. 人孔　　　B. 阀门　　　C. 法兰　　　D. 吊架

17. 采用不同的色标以识别设备及管道内介质类别和流向，因此可以兼作识别层的是（　　）。

A. 防腐层　　B. 绝热层　　C. 防潮层　　D. 保护层

18. 粘贴法是用各类胶粘剂将绝热材料制品直接粘贴在设备及管道表面，最不适宜的轻质绝热材料有（　　）。

A. 泡沫塑料　B. 泡沫玻璃　C. 软质板　　D. 硬质板

19. 对于保护层施工叙述不正确的是（　　）。

A. 不得损伤防潮层　　　　　B. 与防潮层留有间隙

C. 金属护壳上严禁踩踏　　　D. 采取临时防护措施

20. 风管穿室内隔墙时，绝热材料要连续通过。穿防火墙时，穿墙套管内要用（　　）封堵严密。

A. 绝热材料　B. 泡沫塑料　C. 水泥珍珠岩　D. 不燃材料

21. 风管内绝热施工时，绝热板粘贴面上涂胶粘剂的面积要达到（　　）以上。

A. 80%　　　B. 85%　　　C. 90%　　　D. 95%

22. 块状绝热制品采用湿砌法紧靠设备及管道外壁进行砌筑，采用胶结和拼缝的材料是（　　）。

A. 水泥　　　B. 砂浆　　　C. 胶泥　　　D. 树脂

23. 能够阻止外部环境的热流进入，减少冷量损失，维持保冷功能的保冷核心层是（　　）。

A. 防锈层　　B. 绝热层　　C. 防潮层　　D. 保护层

24. 敷设在地沟内的管道，其（　）外表面应设置防潮层。

A. 防腐层　　B. 保温层　　C. 保冷层　　D. 保护层

25. 保温结构在埋地状况下要增设（　）。

A. 防锈层　　B. 绝热层　　C. 防潮层　　D. 保护层

（二）多项选择题

1. 钢材表面的除锈常用方法有（　）。

A. 人工除锈　　B. 喷砂除锈　　C. 机械除锈　　D. 化学除锈　　E. 弹珠除锈

2. 常用的管道和设备表面涂漆方法有（　）。

A. 手工涂刷　　B. 空气喷涂　　C. 静电喷涂　　D. 高压喷涂　　E. 低压喷涂

3. 埋地管道普通防腐层包括（　）。

A. 冷底子油　　B. 沥青涂层　　C. 外包保护层　　D. 沥青玛琋脂　　E. 聚氨酯涂层

4. 介质温度在250～300℃时，可选用以下哪种保温材料（　）。

A. 矿渣棉制品　　B. 水玻璃珍珠岩制品

C. 水泥珍珠岩制品　　D. 酚醛玻璃棉制品

E. 聚氯乙烯制品

5. 设备及管道防腐复层结构主要包括（　）。

A. 无机锌涂料　　B. 底漆　　C. 中间漆　　D. 面漆　　E. 多层保温结构

6. 常用绝热层的施工方法包括（　）。

A. 捆扎法　　B. 粘贴法　　C. 充填法　　D. 拼砌法　　E. 喷涂法

7. 设备及管道保冷层结构有（　）。

A. 防锈层　　B. 绝热层　　C. 防潮层　　D. 保护层　　E. 标识层

8. 防潮层施工前要检查（　）。

A. 表面是否平整　　B. 材料接缝处是否处理严密

C. 是否有识别标志　　D. 基体（隔热层）有无损坏　　E. 环境湿度

9. 保护层的分类有（　）。

A. 沥青油毡和玻璃丝布构成的保护层

B. 单独用玻璃丝布缠包的保护层

C. 石棉石膏、石棉水泥等保护层

D. 金属薄板保护层

E. 绝热保护层

10. 金属薄板保护层施工时，下列说法正确的是（　）。

A. 保护层采用铝板或镀锌钢板作保护壳时，可采用螺钉固定金属外壳

B. 立式设备或垂直管道应自下而上逐段安装，水平管道应逆坡由低向高逐段安装

C. 铝板或镀锌钢板的接缝可用拉铆钉铆固，固定铝板时可加铝板垫条，接缝也可用半圆头自攻螺钉紧固

D. 设备封头要将金属板加工成瓜皮形，接缝采用咬口连接

E. 保护层越厚越好

（三）判断题（正确填 A，错误填 B）

1. 暴露在空气中黑色金属的防腐方法有金属镀层、金属钝化、电化学保护、衬里及涂料工艺等。 （ ）

2. 采用浇注法进行绝热层施工，当采用间断浇注时，施工缝宜留在沉降缝的位置。 （ ）

3. 油漆作业环境应清洁，并有防火、防冻、防雨的措施，不应在低温（≤5℃）潮湿的环境下作业。 （ ）

4. 埋地管道腐蚀的强弱主要取决于土壤的性质，加强级防腐适用于腐蚀性极为强烈的土壤。 （ ）

5. 风管绝热层采用板材时应尽量减少通缝，纵、横向接缝要错开。 （ ）

6. 风管保温时，风管法兰连接处要用同类绝热材料补保，其补保的厚度不低于风管绝热材料的 0.8 倍，在接缝内要用碎料塞满没有缝隙。 （ ）

7. 风管内绝热时，内绝热材料是一种热凝树脂合成的高强度玻璃纤维，其表面敷一种长效、坚硬、不亲水的聚苯乙烯保护层的板材。 （ ）

8. 水平管道绝热管壳纵向接缝应在底面，垂直管道一般是自下而上施工，其管壳纵横接缝要错开。 （ ）

9. 防潮层材料主要有两种，一种是以沥青为主的防潮材料，另一种是以聚乙烯薄膜作防潮材料。 （ ）

10. 金属薄板保护层施工时弯头处铝板或镀锌钢板要做成虾米腰搭接，搭接口朝向排水方向。 （ ）

施工项目管理

第9章　施工项目管理概论

9.1　施工项目管理概念、目标和任务

(一) 单项选择题

1. 下面不属于项目特征的是（　　）。

A. 项目的一次性　　　　　B. 项目目标的明确性

C. 项目的临时性　　　　　D. 项目作为管理对象的整体性

2. 施工项目管理的主要内容为（　　）。

A. 三控制、二管理、一协调　　B. 三控制、三管理、一协调

C. 三控制、三管理、二协调　　D. 三控制、三管理、三协调

3. 施工项目管理的对象是（　　）。

A. 施工项目　　B. 施工单位　　C. 监理单位　　D. 设计单位

4. 施工项目管理的主体是（　　）。

A. 以施工项目经理为首的项目经理部

B. 以甲方项目经理为首的项目经理部

C. 总监为首的监理部

D. 建设行政主管部门

5. 下列不属于施工项目管理任务的是（　　）。

A. 施工安全管理　　　　　B. 施工质量控制

C. 施工人力资源管理　　　D. 施工合同管理

6. 下列选项不属于施工总承包方的管理任务的是（　　）。

A. 必要时可以代表业主方与设计方、工程监理方联系和协调

B. 负责施工资源的供应组织

C. 负责整个工程的施工安全、施工总进度控制、施工质量控制和施工的组织等

D. 代表施工方与业主方、设计方、工程监理方等外部单位进行必要的联系和协调等

7. 在编制项目管理任务分工表前，应结合项目的特点，对项目实施各阶段的费用控制、进度控制、质量控制、（　　）、信息管理和组织与协调等管理任务进行详细分解。

A. 合同管理　　B. 人员管理　　C. 财务管理　　D. 材料管理

8. 施工项目管理的目标是（　　）。

A. 施工的效率目标、施工的环境目标和施工的质量目标

B. 施工的成本目标、施工的进度目标和施工的质量目标

C. 施工的成本目标、施工的速度目标和施工的质量目标

D. 施工的成本目标、施工的进度目标和施工的利润目标

9. 施工方作为项目建设的一个参与方，其项目管理主要服务于（　　）。

A. 施工方利益

B. 建设方利益

C. 项目的整体利益和施工方本身的利益

D. 监理方利益

10. 施工方的项目管理工作主要在施工阶段进行，但它也涉及设计准备阶段、设计阶段、动工前准备阶段和（　　）。

A. 施工阶段　B. 保修期　C. 调试阶段　D. 竣工验收阶段

（二）多项选择题

1. 下面属于项目的主要特征的是（　　）。

A. 项目的一次性　B. 项目目标的明确性

C. 项目的临时性　D. 项目作为管理对象的整体性

E. 项目的生命周期性

2. 施工项目的主要特征：（　　）。

A. 是建设项目或其中的单项工程或单位工程的施工任务

B. 作为一个管理整体，以建筑施工企业为管理主体的

C. 该任务范围是由工程承包合同界定的

D. 作为一个管理整体，以建设单位为管理主体的

E. 项目经理是项目最高管理者

3. 施工阶段项目管理的任务，就是通过施工生产要素的优化配置和动态管理，以实现施工项目的（　　）管理目标。

A. 质量　B. 成本　C. 工期

D. 安全　E. 环境

4. 项目管理中"三管理"是指（　　）。

A. 职业健康安全与环境管理　B. 合同管理　C. 信息管理

D. 组织管理　E. 劳务管理

5. 施工方是承担施工任务的单位的总称谓，它可能是（　　）。

A. 施工总承包方　B. 施工总承包管理方

C. 分包施工方　D. 施工劳务方　E. 施工项目监理方

6. 项目管理中"三控制"是指（　　）。

A. 成本控制　B. 进度控制　C. 质量控制　D. 安全控制　E. 组织控制

（三）判断题（正确填A，错误填B）

1. 施工方作为项目建设的一个参与方，其项目管理主要服务于施工方本身的利益。（　　）

9.2 施工项目的组织

(一) 单项选择题

1. 下列不属于矩阵式项目组织优点的是（　　）。
A. 职责明确，职能专一，关系简单
B. 兼有部门控制式和工作队式两种组织的优点
C. 能以尽可能少的人力，实现多个项目管理的高效率
D. 有利于人才的全面培养

2. 矩阵式项目组织适用于（　　）。
A. 小型的、专业性较强的项目
B. 同时承担多个需要进行项目管理工程的企业
C. 大型项目、工期要求紧迫的项目
D. 大型经营性企业的工程承包

3. 下图为（　　）组织结构模式。

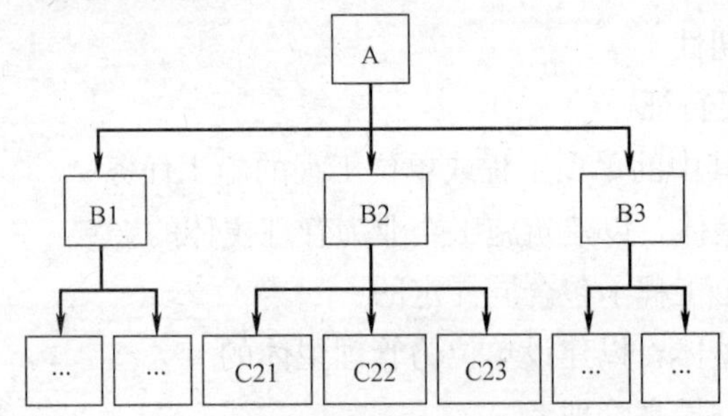

A. 职能组织结构　　B. 线性组织结构
C. 矩阵组织结构　　D. 队列式组织结构

4. 施工项目管理组织，是指为进行施工项目管理、实现组织职能而进行组织系统的（　　）三个方面。
A. 设计与建立、组织运行和组织重组
B. 建立与运行、组织优化和组织调整
C. 设计与建立、组织运行和组织调整
D. 建立与运行、组织优化和组织重组

5. 工作队式项目组织适用于（　　）。
A. 小型的、专业性较强的项目
B. 平时承担多个需要进行项目管理工程的企业
C. 大型项目、工期要求紧迫的项目
D. 大型经营性企业的工程承包

6. 反映一个组织系统中各子系统之间或各元素（各工作部门）之间指令关系的是（　　）。
A. 组织结构模式　　B. 组织分工
C. 工作流程组织　　D. 工作分解结构

7. 不属于组织论中重要组织工具的是（　　）。
A. 项目结构图　B. 组织结构图　C. 工程结构图　D. 合同结构图

8. 线性组织结构模式有（ ）指令源。

A. 一个　　B. 二个　　C. 三个　　D. 没有

（二）多项选择题

1. 属于部门控制式项目组织缺点的是（ ）。

A. 各类人员来自不同部门，互相不熟悉

B. 不能适应大型项目管理需要，而真正需要进行施工项目管理的工程正是大型项目

C. 不利于对计划体系下的组织体制（固定建制）进行调整

D. 不利于精简机构

E. 具有不同的专业背景，难免配合不力

2. 属于工作队式项目组织特征的有（ ）。

A. 项目经理从职能部门抽调或招聘的是一批专家，他们在项目管理中配合，协同工作，可以取长补短，有利于培养一专多能的人才并充分发挥其作用

B. 各专业人才集中在现场办公，减少了扯皮和等待时间，办事效率高，解决问题快

C. 由于减少了项目与职能部门的结合部，项目与企业的结合部关系弱化，故易于协调关系，减少了行政干预，使项目经理的工作易于开展

D. 不打乱企业的原建制，传统的直线职能制组织仍可保留

E. 打乱企业的原建制，但传统的直线职能制组织可保留

3. 属于矩阵式项目组织优点的是（ ）。

A. 职责明确，职能专一，关系简单

B. 有部门控制式组织的优点

C. 能以尽可能少的人力，实现多个项目管理的高效率

D. 有利于人才的全面培养

E. 有工作队式组织的优点

4. 项目组织结构图应反映项目经理与（ ）主管工作部门或主管人员之间的组织关系。

A. 费用（投资或成本）控制、进度控制

B. 材料采购

C. 合同管理

D. 信息管理和组织与协调等

E. 质量控制

（三）判断题（正确填A，错误填B）

1. 常用的组织结构模式包括职能组织结构、线性组织结构和合同组织结构。（ ）

2. 矩阵组织结构中，指令源有两个。（ ）

3. 线性组织结构模式只有一个指令源。（ ）

9.3 施工项目目标动态控制

（一）单项选择题

1. 项目目标动态控制的核心是在项目实施的过程中定期进行（ ）的比较。

A. 项目目标计划值和偏差值　　B. 项目目标实际值和偏差值

C. 项目目标计划值和实际值　　D. 项目目标当期值和上一期值

2. 不属于运用动态控制原理控制施工成本步骤的是（　　）。

A. 施工成本目标的逐层分解

B. 在施工过程中对施工成本目标进行动态跟踪和控制

C. 调整施工成本目标

D. 进行进度分析

3.（　　）是目标能否实现的决定性因素。

A. 管理　　B. 技术　　C. 经济　　D. 组织

4. 总结经验，改正缺点，并将遗留问题转入下一轮循环是 PDCA 中的（　　）阶段。

A. 计划　　B. 执行　　C. 检查　　D. 处置

5. 不属于运用动态控制原理控制进度步骤之一的是（　　）。

A. 施工进度目标的逐层分解

B. 对施工进度目标的分析和比较

C. 在施工过程中对施工进度目标进行动态跟踪和控制

D. 调整施工进度目标

6. 对质量活动过程的监督控制属于（　　）。

A. 事前控制　　B. 事中控制　　C. 事后控制　　D. 事后弥补

（二）多项选择题

1. 项目目标控制的纠偏措施主要有（　　）。

A. 组织措施　　B. 管理措施　　C. 经济措施　　D. 技术措施　　E. 进度措施

2. 施工成本的计划值与实际值的比较包括（　　）。

A. 工程合同价与投标价中的相应成本项的比较

B. 工程合同价与施工成本规划中的相应成本项的比较

C. 施工成本规划与实际施工成本中的相应成本项的比较

D. 工程合同价与实际施工成本中的相应成本项的比较

E. 工程合同价与工程款支付中的相应成本项的比较

（三）判断题（正确填 A，错误填 B）

1. 管理措施是目标能否实现的决定性因素。（　　）

2. 落实加快工程施工进度所需的资金属于管理措施。（　　）

9.4　项目施工监理

（一）单项选择题

1. 我国的建设工程监理属于国际上（　　）项目管理的范畴。

A. 业主方　　B. 施工方　　C. 建设方　　D. 监理方

2. 监理单位是建筑市场主体之一，建设监理是一种高智能的有偿技术服务，在国际上把这类服务归为（　　）。

A. 监理服务　　B. 工程咨询服务

C. 建设方服务　　D. 劳务服务

（二）多项选择题

1. 我国推行建设工程监理制度的目的是（　　）。

A. 确保工程建设质量　　B. 提高工程建设水平

C. 充分发挥投资效益　　D. 提前项目工期

E. 监督建设方和施工方

2. 建设部规定必须实行监理的工程是（　　）。

A. 国家重点建设工程

B. 大中型公用事业工程

C. 成片开发建设的住宅小区工程

D. 利用外国政府或者国际组织贷款、援助资金的工程

E. 学校、影剧院、体育场馆项目

3. 从事工程建设监理活动，应当遵循（　　）的原则。

A. 守法　　B. 诚信　　C. 公正　　D. 科学　　E. 公平

（三）计算题或案例分析题

【题一】 A 热力公司将埋地热力管道的施工任务发包给了 B 施工单位，由 C 监理单位实施监理。

1. B 施工单位必须编制施工组织设计，该施工组织设计必须包含的内容有（　　）。（多项选择题）

A. 工程概况　　B. 施工部署及施工方案

C. 工程款回收计划　　D. 施工进度计划

E. 设计变更计划

2. 管道试压及管沟回填时，监理单位必须（　　）。（单项选择题）

A. 旁站监理　　B. 亲自指挥　　C. 听取汇报　　D. 无关紧要

3. 施工项目涉及多个单位联合共同完成，与本工程有关的单位是（　　）。（多项选择题）

A. 热力公司　　B. 施工单位　　C. 监理单位

D. 设计单位　　E. 材料供货单位

4. 施工组织设计编制依据有（　　）。（多项选择题）

A. 设计文件　　B. 施工合同

C. 施工方案　　D. 施工现场环境

E. 技术交底

5. 施工组织设计应该在（　　）编制审批完成。（单项选择题）

A. 竣工前　　B. 开工后　　C. 开工前　　D. 施工过程中

第10章　施工项目质量管理

10.1　施工项目质量管理的基本知识

（一）单项选择题

1. 影响施工项目质量的第一个重要因素是（　　）。

A. 人　　B. 材料　　C. 施工工艺　　D. 图纸

2. 不属于影响项目质量因素中人的因素是（　　）。

A. 建设单位　　B. 政府主管及工程质量监督

C. 材料价格　　D. 供货单位

3. 在质量管理的 PDCA 循环中，明确质量目标并制订实现质量目标的行动方案属于（　　）。

A. 计划　　B. 实施　　C. 检查　　D. 处置

4. 在质量管理的 PDCA 循环中，总结经验，纠正偏差，并将遗留问题转入下一轮循环属于（　　）。

A. 计划　　B. 实施　　C. 检查　　D. 处置

5. 在质量管理的 PDCA 循环中：其中 P 是指（　　）。

A. 计划　　B. 实施　　C. 检查　　D. 处置

6. 在质量管理的 PDCA 循环中：其中 A 是指（　　）。

A. 计划　　B. 实施　　C. 检查　　D. 处置

(二) 多项选择题

1. 机械设备的选用，应着重从（　　）予以控制。

A. 选型　　B. 主要性能参数

C. 使用操作要求　　D. 重量　　E. 体积

2. 工艺方法是影响施工质量的重要因素，包括施工项目建设期内所采取的（　　）。

A. 技术方案　　B. 工艺流程　　C. 检测手段

D. 施工组织设计　　E. 验收标准

10.2　施工项目质量控制

(一) 单项选择题

1. 施工项目质量策划的结果是形成（　　）。

A. 质量目标　　B. 组织机构　　C. 质量计划　　D. 质量保证体系

2. 施工项目质量计划的主要内容不包括（　　）。

A. 质量目标　　B. 组织机构

C. 主要施工方案　　D. 质量保证体系

3. 按照工程重要程度，单位工程开工前，应由企业或项目技术负责人组织全面的（　　）。

A. 组织管理　　B. 责任分工　　C. 进度安排　　D. 技术交底

4. 初步设计文件，符合规划、环境等要求，设计规范等属于设计交底中的（　　）。

A. 施工注意事项　　B. 设计意图

C. 施工图设计依据　　D. 自然条件

5. 为使施工单位熟悉有关的设计图纸，充分了解拟建项目的特点、设计意图和工艺与质量要求，减少图纸的差错，消灭图纸中的质量隐患，要做好（　　）的工作。

A. 设计交底、图纸整理　　B. 设计修改、图纸审核

C. 设计交底、图纸审核　　　　　　　D. 设计修改、图纸整理

6. 保温材料、电线电缆、风机盘管、散热器均要进行（　　）。

A. 无损检测　　B. 节能复试　　C. 物理检查　　D. 绝热检查

7. 机电安装单位对于（　　）提供的基准线和参考标高等的测量控制点应做好复核工作，确认后，才能进行后续相关工序的施工。

A. 总承包单位　B. 监理单位　C. 土建单位　D. 管理公司

8. 以下不是项目技术交底的层级是：（　　）。

A. 施工组织设计的交底　　　　　　B. 施工方案的交底

C. 分项工程交底　　　　　　　　　D. 分部工程交底

9. 以下哪个不属于关键过程：（　　）。

A. 锅炉安装　　　　　　　　　　　B. 变压器安装

C. 电缆线路布设　　　　　　　　　D. 洁具安装

10. 以下哪个不属于关键过程：（　　）。

A. 系统无负荷试运行　　　　　　　B. 大型设备现场安装

C. 超长/超重设备运输　　　　　　D. 给水管道安装

11. 以下哪个不属于特殊过程：（　　）。

A. 埋地管道防腐和防火涂料　　　　B. 胀管

C. 电气接线　　　　　　　　　　　D. 电梯安全保护装置安装

12. 工序质量控制的实质是（　　）。

A. 对工序本身的控制　　　　　　　B. 对人员的控制

C. 对工序的实施方法的控制　　　　D. 对影响工序质量因素的控制

(二) 多项选择题

1. 质量控制的依据包括（　　）。

A. 有关质量管理方面的法律、法规

B. 施工质量验收规范

C. 项目组织机构

D. 监理业主口头通知

E. 项目招标文件

2. 关键过程是指（　　）。

A. 施工难度大、过程质量不稳定或出现不合格频率较高的过程

B. 对产品质量特性有较大影响的过程

C. 施工周期长，原材料昂贵，出现不合格品后经济损失较大的过程

D. 基于人员素质、施工环境等方面的考虑，认为比较重要的其他过程

E. 项目主要环节的施工过程

3. 以下哪些属于特殊过程：（　　）。

A. 特殊部件或部位焊接　　　　　　B. 热处理

C. 高强度螺栓连接　　　　　　　　D. 洁具安装　　E. 吊装

4. 安装工程成品保护的措施包括（　　）。

A. 包裹　　B. 覆盖　　C. 封闭　　D. 罚款　　E. 专人负责

5. 施工工序质量检验质量检查的方法包括（　　）。

A. 目测法　　B. 资料检查　　C. 实测法　　D. 试验检查　　E. 数据统计

（三）判断题（正确填 A，错误填 B）

1. 质量策划的目的在于制定并实现工程项目的质量目标。（　　）

2. 质量策划的结果形成质量管理机构。（　　）

3. 采购物资应符合设计文件、标准、规范、相关法规及承包合同要求，如果项目部另有附加的质量要求，则不应予以满足。（　　）

4. 对用于工程的主要材料，进场时只要有正式的出厂合格证就可以用于施工。（　　）

5. 项目技术员负责监督工程质量通病预防措施的落实情况，并对质量通病的预防效果进行检验。（　　）

6. 高强螺栓施工属于特殊过程。（　　）

7. 机电工程检验批必须按楼层、施工段、变形缝等进行划分。（　　）

10.3　安装工程施工质量验收

（一）单项选择题

1. 当工程质量未达到规定的标准或要求，有十分严重的质量问题，对结构的使用和安全都将产生重大影响，而又无法通过修补办法给予纠正时，可以作出（　　）的决定。

A. 停工处理　　B. 返工处理　　C. 限制使用　　D. 不作处理

2. 当工程质量缺陷按修补方式处理不能达到规定的使用要求和安全，而又无法返工处理的情况下，可以作出（　　）的决定。

A. 不作处理　　B. 停工处理　　C. 限制使用　　D. 拆除处理

3. 检验批及分项工程的验收由（　　）组织施工单位项目专业质量（技术）负责人等进行。

A. 监理工程师　　B. 总包技术负责任人

C. 总包项目经理　　D. 施工单位负责人

4. 分部工程的验收应由（　　）组织施工单位项目负责人和技术、质量负责人等进行验收。

A. 监理工程师　　B. 总包技术负责任人

C. 总包项目经理　　D. 总监理工程师

5. 单位工程竣工验收由（　　）组织。

A. 总包项目经理　　B. 总包技术负责任人

C. 建设单位（项目）负责人　　D. 总监理工程师

6. 当参加验收各方对工程质量验收意见不一致时（　　）。

A. 以监理单位意见为准

B. 可请当地建设行政主管部门或工程质量监督机构协调处理

C. 建设单位意见为准

D. 法院仲裁

7. 工程竣工后（　　）应依据《建设工程质量管理条例》和建设部的有关规定，到县级以上人民政府建设行政主管部门或其他有关部门备案。

A. 建设单位　B. 监理单位　C. 总包单位　D. 设计单位

（二）多项选择题

1.《建筑工程施工质量验收统一标准》将建筑工程质量验收划分为（　　）几个部分。

A. 检验批　　　　B. 分部（子分部）

C. 分项　　　　　D. 单位（子单位）

E. 沉降缝

2. 单位工程质量竣工验收合格的条件包括（　　）。

A. 构成单位工程的各分部工程应该合格

B. 有关的资料文件应完整

C. 对涉及安全和影响结构使用功能的分部工程检验资料以及见证抽样检验报告进行复查合格

D. 对主要使用功能进行抽查合格

E. 观感质量检查合格

3. 对于工程质量缺陷，可采用以下哪些处理方案（　　）。

A. 修补处理　B. 返工处理　C. 限制使用

D. 不做处理　E. 停工处理

4. 下列对于单位子单位分部工程的划分原则，哪些是正确的（　　）。

A. 具备独立施工条件并能形成独立使用功能的建筑物及构筑物为一个单位工程

B. 建筑规模较大的单位工程，可将其能形成独立使用功能的部分为一个子单位工程

C. 子单位工程应按专业性质、建筑部位确定

D. 当分部工程较大或较复杂时，可按材料种类、施工特点、施工程序、专业系统及类别等划分为若干子分部工程

E. 单位工程是由若干分部工程组合而成

（三）判断题（正确填 A，错误填 B）

1. 竣工决算是在工程质量验收之后，由承包单位向业主进行移交项目所有权的过程。（　　）

2. 分项工程应按主要工种、材料、施工工艺和设备类别等进行划分。（　　）

3. 单位工程有分包单位施工时，分包单位对所承包的施工项目按标准规定的程序进行检查评定，总包单位可以不参加检查评定。（　　）

4. 当参加验收各方对工程质量验收意见不一致时，以监理单位意见为准。（　　）

10.4 施工质量事故处理

(一) 单项选择题

1. 根据工程质量事故造成的人员伤亡或者直接经济损失，工程质量事故分为 4 个等级；造成 100 万元以上 1000 万元以下直接经济损失的质量事故属于（　　）。

A. 一般事故　　B. 较大事故　　C. 重大事故　　D. 特别重大事故

2. 工序未执行施工操作规程；无证上岗引起的质量事故属于（　　）。

A. 操作责任事故　　B. 指导责任事故

C. 一般质量事故　　D. 严重质量问题

(二) 判断题（正确填 A，错误填 B）

1. 施工技术方案未经分析论证，贸然组织施工引起的质量事故属于指导责任事故。（　　）

2. 直接经济损失在 5 万元（含 5 万元以上），不满 10 万元的质量事故属于重大质量事故。（　　）

10.5 建筑工程施工技术资料管理（略）

10.6 工程质量保修和回访

(一) 单项选择题

1. 在正常使用条件下，供热与供冷工程的最低保修期限为（　　）。

A. 1 个采暖期、供冷期　　B. 2 个采暖期、供冷期

C. 两年　　D. 一年

2. 在正常使用条件下，电气管线、给水排水管道、设备安装的最低保修期限为（　　）。

A. 一年　　B. 18 个月　　C. 两年　　D. 五年

(二) 判断题（正确填 A，错误填 B）

1. 在正常使用条件下，工程的保修期应从工程移交之日起计算。（　　）

10.7 质量管理体系介绍

(一) 单项选择题

1. 质量管理的首要原则是（　　）。

A. 以顾客为关注焦点　　B. 领导作用

C. 全员参与　　D. 过程方法

2. 根据 GB/T 19000—2008 的规定，以下哪个不是质量管理体系文件的内容（　　）。

A. 企业管理手册

B. 质量手册

C. 质量管理标准所要求的各种生产、工作和管理的程序性文件

D. 为确保其过程的有效策划、运行和控制所需的文件

3.（　　）是阐明企业的质量政策、质量管理体系和质量实践的文件，它对质量体系作概括的表达，是质量体系文件中的主要文件。

A. 质量计划　　B. 质量手册　　C. 质量目标　　D. 管理手册

4.（　　）是质量手册的支持性文件，是企业各职能部门为落实质量手册要求而规定的细则。

A. 管理手册　　B. 程序文件　　C. 实施方案　　D. 实施记录

（二）判断题（正确填A，错误填B）

1. 企业质量计划是组织的质量宗旨和质量方向，是实施和改进组织质量管理体系的推动力。（　　）

第11章　施工项目进度管理

11.1　概述

（一）单项选择题

1. 选定施工方案后，制定施工进度时，必须考虑施工顺序、施工流向，主要分部分项工程的施工方法，特殊项目的施工方法和（　　）能否保证工程质景。

A. 技术措施　　B. 管理措施　　C. 设计方案　　D. 经济措施

2. 所谓工程工期是指（　　）。

A. 工程从开工至竣工所经历的时间

B. 从工程设计至竣工所经历的时间

C. 从工程立项至竣工所经历的时间

D. 从开工至保修期结束所经历的时间

3. 施工进度计划，可按项目的结构分解为（　　）的进度计划等。

A. 单位（项）工程、分部分项工程

B. 基础工程、主体工程

C. 建筑工程、装饰工程

D. 外部工程、内部工程

4. 施工进度目标的确定，施工组织设计编制，投入的人力及施工设备的规模，施工管理水平等影响进度管理的因素属于（　　）。

A. 业主　　B. 勘察设计单位

C. 承包人　　D. 建设环境

（二）多项选择题

1. 工程工期可分为（　　）。

A. 定额工期　　B. 计算工期　　C. 合同工期　　D. 实际工期　　E. 设计变更

2. 影响施工项目进度的因素有（　　）。

A. 业主　　　B. 勘察设计单位

C. 承包人　　D. 建设环境　　E. 项目位置

3. 根据工程项目的实施阶段，工程项目的进度计划可以分为（　　）。

A. 设计进度计划　　　　　　B. 施工进度计划

C. 物资设备供应进度计划　　D. 立项计划

E. 审批计划

11.2　施工组织与流水施工

（一）单项选择题

1. 依次施工的缺点是（　　）。

A. 由于同一工种工人无法连续施工造成窝工，从而使得施工工期较长

B. 由于工作面拥挤，同时投入的人力、物力过多而造成组织困难和资源浪费

C. 一种工人要对多个工序施工，使得熟练程度较低

D. 容易在施工中遗漏某道工序

2. 风管制作、风管安装分两个班组施工，责任明确，制作和安装同步进行，这种施工组织属于（　　）。

A. 依次施工　　B. 平行施工　　C. 流水施工　　D. 不清楚

3. 能够充分合理地利用工作面争取时间，减少或避免工人停工、窝工，属于（　　）。

A. 依次施工　　B. 平行施工　　C. 流水施工　　D. 不清楚

4. 施工速度最快，但由于工作面拥挤，同时投入的人力、物力过多而造成组织困难和资源浪费，属于（　　）。

A. 依次施工　　B. 平行施工　　C. 流水施工　　D. 不清楚

（二）多项选择题

1. 下列属于流水施工优点的是（　　）。

A. 连续性、均衡性好　　B. 提高劳动生产率

C. 施工速度最快　　D. 减少或避免工人窝工　　E. 节省成本

2. 在工程项目施工过程中，可以采用以下哪些组织方式（　　）。

A. 交叉施工　　B. 平行施工　　C. 依次施工　　D. 流水施工　　E. 交替施工

11.3　网络计划技术

（一）单项选择题

1. 总时差是指（　　）。

A. 在不影响总工期的条件下，可以延误的最长时间

B. 在不影响紧后工作最早开始时间的条件下，允许延误的最长时间

C. 完成全部工作的时间

D. 完成工作时间

2. 自由时差是指（　　）。

A. 在不影响总工期的条件下，可以延误的最长时间

B. 在不影响紧后工作最早开始时间的条件下，允许延误的最长时间

C. 完成全部工作的时间

D. 完成工作时间

（二）多项选择题

1. 属于绘制双代号网络图规则的是（　　）。

A. 网络图中不允许出现回路

B. 网络图中不允许出现代号相同的箭线

C. 网络图中的节点编号不允许跳跃顺序编号

D. 在一个网络图中只允许一个起始节点和一个终止节点

E. 双代号网络图节点编号顺序应从小到大，可不连续，但严禁重复

2. 与传统的横道图计划相比，网络计划的优点主要表现在（　　）。

A. 网络计划能够表示施工过程中各个环节之间互相依赖、互相制约的关系

B. 可以分辨出对全局具有决定性影响的工作

C. 可以从计划总工期的角度来计算各工序的时间参数

D. 网络计划可以使用计算机进行计算

E. 使得在组织实施计划时，能够分清主次，把有限的人力、物力首先用来保证这些关键工作的完成

3. 下列双代号网络图中，表达正确的是（　　）

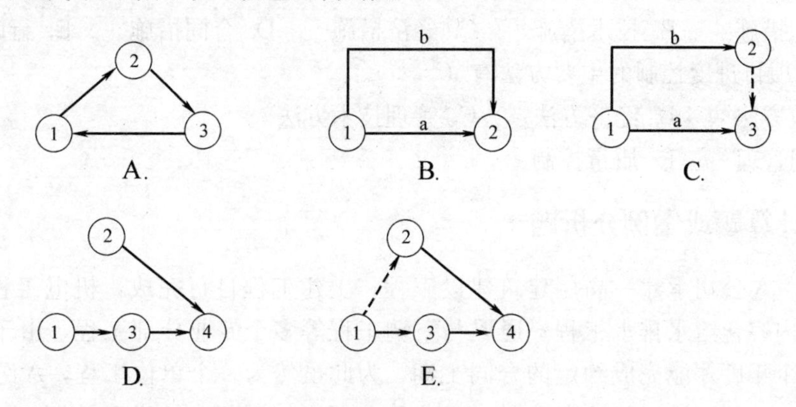

（三）判断题（正确填 A，错误填 B）

1. 网络图是有方向的，按习惯从第一个节点开始，各工作按其相互关系从左向右顺序连接，一般不允许箭线箭头从右方向指向左方向。（　　）

11.4 施工项目进度控制

（一）单项选择题

1. 建筑市场状况、国家财政经济形势、建设管理体制等影响进度管理的因素属于

（ ）。

A. 业主　　　　　　　　　　B. 勘察设计单位

C. 承包人　　　　　　　　　D. 建设环境

2. 在不影响总工期的条件下可以延误的最长时间是（ ）。

A. 总时差　　　　　　　　　B. 自由时差

C. 最晚开始时间　　　　　　D. 最晚结束时间

3. 在不影响紧后工作最早开始时间的条件下，允许延误的最长时间是（ ）。

A. 总时差　　　　　　　　　B. 自由时差

C. 最晚开始时间　　　　　　D. 最晚结束时间

（二）多项选择题

1. 进度计划调整的方法主要有（ ）。

A. 改变某些工作的逻辑关系　　B. 改变某些工作的持续时间

C. 增加劳动力　　　　　　　　D. 增加施工机械

E. 提前组织材料进场

2. 定额工期指在平均的（ ）水平及正常的建设条件（自然的、社会经济的）下，工程从开工到竣工所经历的时间。

A. 建设管理　　B. 施工工艺　　C. 机械装备

D. 工人收入　　E. 工人工作时间

3. 施工项目进度控制的措施包括（ ）。

A. 组织措施　　B. 技术措施　　C. 经济措施　　D. 合同措施　　E. 行政措施

4. 施工项目进度控制的主要方法有（ ）。

A. 行政方法　　B. 经济方法　　C. 管理技术方法

D. 合同管理　　E. 质量控制

（三）计算题或案例分析题

【题一】 A公司承建一高层建筑建设工程，土建工程自行完成，机电工程分包给B公司施工，内容含给水排水工程、通风与空调工程等多个专业分部工程，由于建筑体量大，需要三个年度才能完成约定的合同工期，为此虽然为一个单位工程，A公司考虑有效控制工期，编制了施工总进度计划，要求B公司也编制相应的进度计划，以利有效衔接进度共同履行总承包合同约定的工期。

1. A公司编制施工总进度计划的依据有（ ）内容。（多项选择题）

A. 合同工期的承诺　　　　　B. 业主的项目建设计划

C. 公司生产要素　　　　　　D. 监理单位实力

E. 监理合同

2. 根据计划深度不同来分，施工进度计划可分为（ ）。（多项选择题）

A. 总进度计划

B. 项目子系统进度计划

C. 项目子系统中的单项工程进度计划

D. 设计进度计划

E. 物资设备供应计划

3. 根据工程项目的实施阶段，施工进度计划可分为（　　）。（多项选择题）

A. 月计划　　B. 设计进度计划

C. 施工进度计划　　D. 物资设备供应计划

E. 总进度计划

4. 工程进度管理是一个动态过程，影响因素多，风险大，应认真分析和预测，采取合理措施，在动态管理中实现进度目标。影响工程进度管理的因素主要有（　　）。（多项选择题）

A. 业主　　B. 勘察设计单位

C. 安全生产监督管理局　　D. 施工单位

E. 建委

【题二】 A公司中标一高层建筑机电工程，内容含给水排水工程、通风与空调工程、电气工程等多个专业分部工程，由于工程量大，工期紧，需要编制施工进度网络计划，充分利用公司资源，进行严密组织施工，才能满足工期需要。

1. 施工进度网络计划图分为（　　）几种。（多项选择题）

A. 单代号网络图　　B. 双代号网络图

C. 时标网络图　　D. 横道图

E. 逻辑图

2. 本工程工期紧，如何组织施工显得尤为重要，常用施工组织方式为（　　）。（多项选择题）

A. 依次施工　B. 流水施工　C. 垂直施工

D. 混合施工　E. 平行施工

3. 施工项目进度控制的主要方法有（　　）。（多项选择题）

A. 合约措施　　B. 行政方法

C. 经济方法　　D. 管理技术方法

E. 合同方法

4. 本工程工期紧，任务重，工期履约是关键，施工项目进度控制的主要措施有（　　）。（多项选择题）

A. 组织措施　B. 技术措施　C. 经济措施

D. 合同措施　E. 行政措施

5. 施工项目进度控制是项目管理的关键环节，查找影响项目进度的因素，实行项目动态管理，是项目进度管理的关键所在。下列属于施工项目进度影响因素的是（　　）。（多项选择题）

A. 人的干扰因素　　B. 材料、机具和设备干扰因素

C. 地基干扰因素　　D. 资金干扰因素

E. 环境干扰因素

第12章　施工项目成本管理

(一) 单项选择题

1. 施工项目成本是施工项目在施工中所发生的全部（　　）的总和。

A. 管理费用　　B. 建设费用　　C. 生产费用　　D. ABC

2. 理想的项目成本管理结果应该是（　　）。

A. 承包成本>计划成本>实际成本

B. 计划成本>承包成本>实际成本

C. 计划成本>实际成本>承包成本

D. 承包成本>实际成本>计划成本

3. 不属于施工组织总设计技术经济指标的是（　　）。

A. 劳动生产率　　B. 投资利润率

C. 项目施工成本　　D. 机械化程度

4. 施工项目的成本管理的最终目标是（　　）。

A. 低成本　　B. 高质　　C. 短工期　　D. ABC

5. 建立进度控制小组，将进度控制任务落实到个人属于施工项目进度控制措施中的（　　）。

A. 组织措施　　B. 技术措施　　C. 经济措施　　D. 合同措施

6. 施工项目成本计划是（　　）编制的项目经理部对项目施工成本进行计划管理的指导性文件。

A. 施工开始阶段　　B. 施工筹备阶段

C. 施工准备阶段　　D. 施工进行阶段

7. 成本分析的内容分为事前的成本预测分析、（　　）、事后的成本监控。

A. 事中的成本分析　　B. 过程中的成本分析

C. 日常的成本分析　　D. 施工中的成本分析

8. ①购置和建造固定资产、无形资产；②机械使用费；③支付的滞纳金、违约金；④企业赞助、捐赠支出；⑤劳动保护费；⑥施工措施费；⑦国家法律、法规规定以外的各种付费。不属于施工项目成本的是（　　）。

A. ①②③④　　B. ①③④⑥　　C. ①③④⑦　　D. ⑧④⑤⑦

9. 施工措施费目标成本的编制，以施工图预算其他直接费为收入依据，按施工方案和施工现场条件，预计（　　）、场地清理费、检验试验费、生产工具用具费、标准化与文明施工等发生的各项费用。

A. 二次搬运费　　B. 现场水电费

C. 场地租借费　　D. ABC

10. 施工项目目标成本的确定，人工、材料、机械的价格（　　）。

A. 按市场价取定

B. 按投标报价文件规定取定

C. 按现行机械台班单价、周转设备租赁单价取定

D. 按实际发生价取定

11. 项目经理部对作业队分包成本的控制，不包括（　　）。

A. 作业队成本的节约或超支　　B. 工程量和劳动定额的控制

C. 钟点工的控制　　D. 对作业队的奖罚

12. 在施工项目目标责任成本的控制划分责任中形成三级责任中心，即班组责任中心、项目经理部责任中心、公司责任中心。其中公司责任中心负责控制的成本属于（　　）。

A. 制造成本　B. 使用成本　C. 责任成本　D. 目标责任成本

13. 对于分包工程，在签订经济合同的时候，特别要坚持“以施工图预算控制合同金额”的原则，绝不允许（　　）。

A. 合同金额超过施工图预算　　B. 施工图预算超过合同金额

C. 合同金额超过施工预算　　D. 施工预算超过合同金额

14. 分包项目的目标成本的编制，以预算部门提供的分包项目施工图预算为收入依据，按施工预算编制的分包项目施工预算的工程量，单价按（　　），计算分包项目的目标成本。

A. 指导价　　B. 市场价

C. 合同约定的下浮率　　D. 定额站提供的中准价

15. 人工费＝(　　)。

A. Σ（人工消耗量×日工资单价）

B. Σ（人工消耗量×基本工资单价）

C. Σ（人工消耗量×工资性补贴单价）

D. Σ（人工消耗量×职工福利费单价）

16. 材料费＝（　　）。

A. Σ（材料消耗量×供应价格）

B. Σ（材料消耗量×供应价格）＋检验试验费

C. Σ（材料消耗量×材料基价）

D. Σ（材料消耗量×材料基价）＋检验试验费

17. 施工机械使用费是指（　　）。

A. 施工机械作业所发生的机械使用费

B. 施工机械作业所发生的机械使用费以及机械安拆费和场外运费

C. 施工机械作业所发生的机械安拆费和场外运费

D. 施工机械作业所发生的机械使用费以及场外运费

18. 施工成本管理的流程如下：①成本预测；②成本计划；③成本控制；④成本核算；⑤成本分析；⑥成本考核，顺序正确的是（　　）。

A. ①②③④⑤⑥　　B. ②①③④⑤⑥

C. ①②⑤③④⑥　　D. ⑤①②③④⑥

19. 施工项目成本预测是施工项目成本决策与计划的（　　）。

A. 目的　B. 依据　C. 延伸　D. 结果

20. 成本预测的方法分为（　　）和（　　）两大类。

A. 初步预测，详细预测　　B. 定性预测，定量预测

C. 一次预测，二次预测　　D. 手工预测，电脑预测

21. 一个施工项目成本计划应包括从（　　）到（　　）所必需的施工成本，它是该施工项目降低成本的指导文件，是设立目标成本的依据。

A. 准备，开工　B. 开工，竣工　C. 开工，调试　D. 开工，结算

22. 成本计划一般由（　　）计划和（　　）计划组成。

A. 定性成本，定量成本　　　　B. 总成本，分段成本

C. 直接成本，间接成本　　　　D. 分时成本，分段成本

23. 施工项目成本可以按成本构成分解为人工费、材料费、施工机械使用费、（　　）和（　）等。

A. 夜间施工费，脚手架费　　　B. 排污费，二次搬运费

C. 超高费，保险费　　　　　　D. 措施项目费，企业管理费

24. 成本控制与进度控制之间有着必然的（　　）关系。

A. 异步　B. 反向　C. 同步　D. 合作

25. 施工项目（　　）是指在施工过程中，对影响施工项目成本的各种因素加强管理，并采用各种有效措施，将施工中实际发生的各种消耗和支出进行监督、调节和控制，及时预防、发现和纠正偏差，保证项目成本目标的实现。

A. 成本分析　B. 成本预测　C. 成本计划　D. 成本控制

26. 项目成本控制的主要内容包括项目（　　）、投标费用控制、设计成本控制和施工成本控制等内容。

A. 计划成本控制　　　　　　B. 决策成本控制

C. 采购成本控制　　　　　　D. 结算成本控制

27. 在项目的施工过程中，需按（　　）控制原理对实际施工成本的发生过程进行有效控制。

A. 动态　　B. 静态　　C. 半静半动　D. 随机

28. 施工成本控制的步骤：①检查；②分析；③预测；④比较；⑤纠偏。顺序正确的是（　　）。

A. ①②③④⑤　B. ④②③⑤①　C. ①③④②⑤　D. ④①②③⑤

29. 成本管理体系应包括两个不同层次的管理职能：(1)（　　）；(2)（　　）。

A. 项目管理层，技术员管理层　B. 项目管理层，劳务管理层

C. 企业管理层，劳务管理层　　D. 企业管理层，项目管理层

30. 施工成本控制的方法：(1) 项目成本分析表法；(2)（　　）；(3) 赢得值（挣值）法。

A. 经验法　　　　　　　　　　B. 经济法

C. 工期-成本同步分析法　　　　D. 组织法

31. 赢得值法基本参数有三项，即已完工作预算费用、计划工作预算费用和（　　）。

A. 已完工作实际费用

B. 计划工作实际费用

C. 计划工作实际费用－已完工作预算费用

D. 计划工作实际费用－计划工作预算费用

32. 已完工作预算费用（$BCWP$）＝（　　）。

A. 已完成工作量×实际单价　　B. 已完成工作量×预算单价

C. 计划完成工作量×实际单价　　D. 计划完成工作量×预算单价

33. 赢得值法的四个评价指标：(1) 费用偏差；(2) 进度偏差；(3) 费用绩效指数；(4) 进度绩效指数，其英文缩写分别是：（　　）。

A. SV，CV，SPI，CPI　　B. CV，SV，CPI，SPI

C. SPI，SV，CV，CPI　　D. SV，CV，CPI，SPI

34. 表格核算法：建立在内部各项（　　）基础上，由各要素部门和核算单位定期采集信息，按有关规定填制一系列的表格，完成数据比较、考核和简单的核算，形成项目施工成本核算体系，作为支撑项目施工成本核算的平台。

A. 成本预测　　B. 成本分析　　C. 成本计划　　D. 成本核算

35. 会计核算法：建立在会计核算基础上，利用会计核算所独有的（　　）的综合特点，按项目施工成本内容和收支范围，组织项目施工成本的核算。

A. 借贷记账法　　B. 收支全面核算

C. 借贷记账法和收支全面核算　　D. 收付实现制法

36. 施工成本分析是在施工（　　）的基础上，对成本的形成过程和影响成本升降的因素进行分析，以寻求进一步降低成本的途径，包括有利偏差的挖掘和不利偏差的纠正。

A. 成本预测　　B. 成本核算　　C. 成本分析　　D. 成本计划

37. 会计核算主要是（　　）核算。

A. 数量　　B. 价值　　C. 计划　　D. 日期

38. （　　）是各业务部门根据业务工作的需要而建立的核算制度，它包括原始记录和计算登记表。

A. 成本核算　　B. 成本计划　　C. 成本分析　　D. 业务核算

39. 业务核算的范围比会计、统计核算要（　　）。

A. 窄　　B. 广　　C. 一样　　D. 说不准

40. 下列哪个核算方法最灵活：（　　）。

A. 业务核算　　B. 会计核算　　C. 统计核算　　D. 数量

41. 统计（　　）是利用会计核算资料和业务核算资料，把企业生产经营活动客观现状的大量数据，按统计方法加以系统整理，表明其规律性。

A. 分析　　B. 核算　　C. 分类　　D. 统计

42. （　　），又称"指标对比分析法"，就是通过技术经济指标的对比，检查目标的完成情况，分析产生差异的原因，进而挖掘内部潜力的方法。

A. 统计核算　　B. 比较法　　C. 会计核算　　D. 业务核算

43. 分部分项工程成本分析是施工项目成本分析的（　　）。

A. 结果　　B. 依据　　C. 目标　　D. 基础

44. 分部分项工程成本分析的资料来源（依据）是：预算成本来自（　　）成本，目标成本来自（　　），实际成本来自施工任务单的实际工程量、实耗人工和限额领料单的实耗材料。

A. 施工预算，投标报价　　B. 投标报价，施工预算

C. 施工预算，承包合同　　D. 投标报价，承包合同

45. 因素分析法又称（　　）。这种方法可用来分析各种因素对成本的影响程度。在进行分析时，首先要假定众多因素中的一个因素发生了变化，而其他因素不变，然后逐个

替换，分别比较其计算结果，以确定各个因素的变化对成本的影响程度。

A. 比较法　B. 差额计算法　C. 连环置换法　D. 比率法

46. 企业对项目成本的考核包括对（　）的考核。

A. 设计成本

B. 施工成本目标（降低额）完成情况

C. 设计成本和施工成本目标（降低额）完成情况的考核和成本管理工作业绩

D. 成本管理工作业绩

47. 施工项目成本管理的措施为（　）等方面。

A. 组织措施、经济措施、合同措施

B. 组织措施、技术措施、经济措施

C. 技术措施、经济措施、合同措施

D. 组织措施、技术措施、经济措施、合同措施

48. 实行项目经理责任制，落实施工成本管理的组织机构和人员，明确各级施工成本管理人员的任务和职能分工、权利和责任，编制本阶段施工成本控制工作计划和详细的工作流程图等属于从施工成本管理的（　）方面采取的措施。

A. 经济　B. 组织　C. 合同　D. 经济

49. 工程中降低成本的技术措施，包括：进行（　）分析，从多方案中确定最佳的施工方案；结合施工方法，进行材料使用的比选，在满足功能、安全、质量要求的前提下，通过代用、改变配合比、使用添加剂等方法降低材料消耗的费用；确定最经济合适的施工机械、设备使用方案。

A. 技术　B. 技术经济　C. 经济　D. 质量

50. 采用合同措施控制施工成本，应贯穿从合同谈判开始到合同终结的整个合同周期。首先是选用合适的合同结构，对各种合同结构模式进行分析、比较，在合同谈判时，要争取选用适合于工程规模、性质和特点的（　）模式。

A. 合同内容　B. 合同形式　C. 合同类型　D. 合同结构

（二）多项选择题

1. 计划成本对于（　），具有十分重要的作用。

A. 降低施工项目成本　B. 建立和健全施工项目成本管理责任制

C. 控制施工过程中生产费用　D. 加强企业的经济核算

E. 加强项目经理部的经济核算

2. 施工员的成本管理责任有（　）。

A. 根据项目施工的计划进度，及时组织材料、构件的供应，保证项目施工的顺利进行，防止因停工待料造成的损失

B. 严格执行工程技术规范和以预防为主的方针，确保工程质量，减少零星修补，消灭质量事故，不断降低质量成本

C. 根据工程特点和设计要求，运用自身的技术优势，采取实用、有效的技术组织措施和合理化建议

D. 严格执行安全操作规程，减少一般安全事故，消灭重大人身伤亡事故和设备事故，确保安全生产，将事故减少到最低限度

E. 走技术和经济相结合的道路，为提高项目经济效益开拓新的途径

3. 成本偏差的控制，分析是关键，纠偏是核心。成本纠偏的措施包括（　　）。

A. 组织措施　　B. 合同措施　　C. 经济措施

D. 技术措施　　E. 环境措施

4. 属于施工项目质量控制系统建立程序的有（　　）。

A. 确定控制系统各层面组织的工程质量负责人及其管理职责，形成控制系统网络架构

B. 确定控制系统组织的领导关系、报告审批及信息流转程序

C. 制定质量控制工作制度

D. 部署各质量主体编制相关质量计划

E. 按规定程序完成质量计划的审批，形成质量控制依据

5. 施工项目成本核算的第一个基本环节是按照规定的成本开支范围，分阶段地对施工费用进行归集，计算出施工费用的额定发生额和实际发生额，核算所提供的各种成本信息，（　　），作为反馈信息指导下一步成本控制。

A. 是成本预测、成本计划的结果

B. 是成本计划、成本控制的结果

C. 又成为成本分析和成本考核等环节的依据

D. 又成为成本分析和成本计划等环节的依据

E. 又成为成本计划和成本考核等环节的依据

6. 分包工程成本核算要求包括（　　）。

A. 包清工工程，纳入人工费—外包人工费内核算

B. 对机械作业分包产值统计的范围，不仅统计分包费用，还包括物耗价值

C. 部位分项分包工程，纳入结构件费内核算

D. 双包工程，是指将整幢建筑物以包工包料的形式分包给外单位施工的工程。可根据承包合同取费情况和发包（双包）合同支付情况，即上下合同差，测定目标盈利率

E. 以收定支，人为调节成本

7. 施工成本管理的任务主要包括：（　　）。

A. 成本预测　　B. 成本计算　　C. 成本计划

D. 成本控制　　E. 成本分析

8. 施工成本是指在建设工程项目的施工过程中所发生的全部生产费用的总和，包括的费用如下（　　）。

A. 原材料　　B. 辅助材料

C. 构配件　　D. 周转材料的摊销费用或租赁费用

E. 利润

9. 建设工程项目施工成本由（　　）组成。

A. 直接成本　　B. 利润　　C. 间接成本

D. 规费　　E. 设计费

10. 直接工程费是指施工过程中耗费的直接构成工程实体的各项费用，包括（　　）。

A. 办公费　　B. 人工费　　C. 措施费

D. 材料费　　E. 施工机械使用费

11. 人工费是指直接从事建筑安装工程施工的生产工人开支的各项费用，内容包括：(　　)。

A. 工资性补贴　　B. 生产工人辅助工资

C. 保险费　　D. 职工福利费

E. 生产工人劳动保护费

12. 材料费是指施工过程中耗费的构成工程实体的原材料、辅助材料、构配件、零件、半成品的费用，内容包括：(　　)。

A. 材料生产费　　B. 材料运杂费

C. 运输损耗费　　D. 采购及保管费

E. 检验试验费

13. 措施费是指实际施工中必须发生的施工准备和施工过程中技术、生活、安全、环境保护等方面的非工程实体项目的费用，内容包括：(　　)。

A. 安全、文明施工费　　B. 夜间施工费

C. 环境保护费　　D. 临时设施费

E. 材料检验试验费

14. 规费是指政府和有关权力部门规定必须缴纳的费用，内容包括：(　　)。

A. 脚手架搭拆费　　B. 工程排污费

C. 社会保障费　　D. 住房公积金

E. 危险作业意外伤害保险

15. 企业管理费是指建筑安装企业组织施工生产和经营管理所需费用，内容包括：(　　)等。

A. 管理人员工资　　B. 办公费

C. 差旅交通费　　D. 固定资产使用费

E. 规费

16. 施工项目成本管理就是要在保证质量和工期满足要求的情况下，利用(　　)等措施把成本控制在计划范围内，并进一步寻求最大程度的成本节约。

A. 组织　　B. 经济　　C. 技术

D. 合同　　E. 法律

17. 施工成本计划的编制要求：(　　)

A. 合同规定的项目质量和工期要求

B. 组织对施工成本管理目标的要求

C. 以经济合理的项目实施方案为基础的要求

D. 有关定额及市场价格的要求

E. 企业的要求

18. 施工成本控制可分为(　　)。

A. 事先控制　　B. 事中控制（过程控制）

C. 事后控制　　D. 综合控制

E. 反馈控制

19. 施工成本控制的依据包括：(　　)等。

A. 市场价　　B. 施工成本计划

C. 进度报告　　　　　　　　　　D. 工程变更

E. 施工组织设计

20.（　）等会计六要素指标，主要是通过会计来核算。

A. 资产　　　　B. 负债　　　　C. 所有者权益

D. 利润　　　　E. 利息

（三）判断题（正确填A，错误填B）

1. 施工项目成本是指建筑企业以施工项目作为成本核算对象的施工过程中所消耗的生产资料转移价值和劳动者的必要劳动所创造的价值的数字形式。（　）

2. 施工预算就是施工图预算。（　）

3. 一般来说，一个施工项目成本计划应包括从开工到竣工所必需的施工成本。（　）

4. 项目的整体利益和施工方本身的利益是对立统一关系，两者有其统一的一面，也有其对立的一面。（　）

5. 直接成本是指施工过程中直接耗费的构成工程实体或有助于工程形成的各项支出，包括人工费、材料费、机械使用费和施工措施费等。（　）

6. 项目的账表和管理台账不仅可以用于项目成本的核算，还可以用于对项目成本管理工作的分析、评价和考核。（　）

7. 间接成本是指为施工准备、组织和管理施工生产的全部费用的支出，是非直接用于也无法直接计入工程对象，但为进行工程施工所必须发生的费用。（　）

8. 项目管理层是项目生产成本的控制中心。（　）

9. 间接成本计划反映间接成本的计划数及降低额，在计划制订中，成本项目与会计核算中间接成本项目的内容不一致。（　）

10. 在实践中，将工程项目分解为既能方便地表示时间，又能方便地表示施工成本支出计划的工作是不容易的。（　）

11. 编制网络计划时，应在充分考虑进度控制对项目划分要求的同时，还要考虑确定施工成本支出计划对项目划分的要求，做到二者兼顾。（　）

12. 按施工项目成本组成编制施工项目成本计划、按项目组成编制施工项目成本计划、按施工进度编制施工项目成本计划，以上三种编制施工成本计划的方法并不是相互独立的。（　）

13. 成本计划的编制方法有：按施工项目成本组成编制施工项目成本计划、按项目组成编制施工项目成本计划、按施工进度编制施工项目成本计划，以上三种编制施工成本计划的方法是相互独立的。（　）

14. 施工项目成本控制应贯穿于施工项目从投标阶段开始直到项目竣工验收的全过程，它是企业全面成本管理的重要环节。因此，必须明确各级管理组织和各级人员的责任和权限，这是成本控制的基础之一，必须给以足够的重视。（　）

15. 编制按施工进度的施工成本计划，通常可利用控制项目进度的网络图进一步扩充而得。（　）

16. 施工成本分析的方法包括比较法、因素分析法、差额计算法、比率法等基本方法。（　）

17. 合同文件和成本计划是成本控制的目标，进度报告和工程变更与索赔资料是成本

控制过程中的动态资料。（　　）

18. 费用（进度）偏差仅适合于对同一项目作偏差分析。费用（进度）绩效指数反映的是相对偏差，它不受项目层次的限制，也不受项目实施时间的限制，因而在同一项目和不同项目比较中均可采用。（　　）

19. 表格核算法简捷明了，直观易懂，易于操作，但覆盖范围窄，核算债权债务困难。会计核算法核算严密、逻辑性强、人为干扰因素小、核算范围大，但对核算人员要求有较高的专业水平。（　　）

20. 施工项目成本分析贯穿于施工成本管理的全过程，主要利用施工项目的成本核算资料，与计划成本、预算成本以及类似施工项目的实际成本等进行比较，了解成本的变动情况，同时也要分析主要技术经济指标对成本的影响，系统地研究成本变动原因，检查成本计划的合理性，深入揭示成本变动的规律，以便有效地进行成本管理控制。（　　）

第13章　施工项目安全环境管理

（一）单项选择题

1. 安全生产管理包括安全生产法制管理、行政管理、监督检查、工艺技术管理、设备设施管理、作业环境和条件管理等。安全生产管理的基本对象是（　　）。

A. 生产工艺　B. 设备设施　C. 人员　D. 作业环境

2. 某建筑工人经过安全教育培训后，仍然未戴安全帽就进入现场作业施工。从事故隐患的角度来说，这种情况属于（　　）。

A. 人的不安全行为　B. 物的不安全状态

C. 管理上的缺陷　D. 环境的缺陷

3. 建筑企业的安全生产方针是（　　）。

A. 加大惩罚力度　B. 安全第一，预防为主，综合治理

C. 综合治理　D. 确保安全

4. 在生产经营单位的安全生产工作中，最基本的安全管理制度是（　　）。

A. 安全生产目标管理制　B. 安全生产承包责任制

C. 安全生产奖励制度　D. 安全生产责任制

5. 对工程项目中的安全生产负技术领导责任的是（　　）。

A. 项目经理　B. 工程师　C. 安全员　D. 班组长

6. 安全规章制度日常管理的重点是（　　），确保得到贯彻落实。

A. 组织有关部门人员学习培训　B. 对相关人员进行考试，合格后才能上岗

C. 检查安全规章制度的宣传情况　D. 在执行过程中的动态检查

7. 安全带使用报废期限是（　　）。

A. 2年　B. 2.5年　C. 3年　D. 5年

8. 环境管理体系由（　　）个一级要素和（　　）个二级要素组成。

A. 5，16　B. 3，17　C. 5，17　D. 6，18

9. 对合同工程项目的安全生产负领导责任的是（　　）。

A. 项目经理　B. 项目技术负责人

C. 安全员　　　　　　　　　　D. 班组长

10. 安全生产中规定，（　　）以上的高处、悬空作业、无安全设施的，必须系好安全带，扣好保险钩。

A. 2m　　　B. 3m　　　C. 4m　　　D. 5m

11. 工程项目应坚持逐级安全技术交底制度。以下说法错误的是（　　）。

A. 工程开工前，应将工程概况、施工方法、安全技术措施等情况，向工地负责人、工班长进行详细交底

B. 两个以上施工队或工种配合施工时，应按工程进度定期或不定期地向有关施工单位和班组进行交叉作业的安全书面交底

C. 工程师每天工作前，必须跟项目经理进行书面的施工技术交底，必要时甚至向参加施工的全体员工进行交底

D. 工长安排班组长工作前，必须进行书面的安全技术交底，班组长应每天对工人进行施工要求、作业环境等书面安全交底

12. 安全教育的主要内容不包括（　　）。

A. 安全生产思想教育　　　　B. 安全知识教育

C. 安全技能教育　　　　　　D. 交通安全

13.（　　），应进行针对性的安全教育。

A. 上岗前　　　　　　　　　B. 法定节假日前后

C. 工作对象改变时　　　　　D. ABC

14. 现行《建筑施工安全检查标准》的标准编号是（　　）。

A. JGJ 59—99　　　　　　　B. JGJ 59—2004

C. JGJ 59—2010　　　　　　D. JGJ 59—2011

15. 施工现场临时用电设备在（　　），应编制临时用电施工组织设计。

A. 5 台及以上　　B. 10 台　　C. 12 台　　D. 8 台及以上

16.（　　）是电梯的防超速和断绳的保护装置的重要机械装置，主要作用是使轿厢（或对重）停止向下运动。

A. 运行极限位置限制器　　　B. 缓冲装置

C. 安全钩　　　　　　　　　D. 安全钳

17.《生产安全事故报告和调查处理条例》规定，根据生产安全事故造成的人员伤亡或者直接经济损失，将生产安全事故分为（　　）四个等级。

A. 特大事故、重大事故、一般事故和轻微事故

B. 特别重大事故、重大事故、较大事故和一般事故

C. 重大事故、大事故、一般事故和小事故

D. 特别重大事故、特大伤亡事故、重大伤亡事故和死亡事故

18. 电气设备的绝缘电阻用（　　）测量。

A. 功率表　　B. 电压表　　C. 电流表　　D. 兆欧表

19.《建筑施工安全检查标准》(JGJ 59—2011) 是（　　）。

A. 推荐性行业标准　　　　　B. 强制性行业标准

C. 推荐性国家标准　　　　　D. 强制性国家标准

20. 下列哪些情况不属于违章作业？（　　）

A. 高处作业穿硬底鞋
B. 任意拆除设备上的照明设施
C. 特种作业持证者独立进行操作
D. 非岗位人员任意在危险区域内逗留

21. 编制工程项目顶管施工组织设计方案，其中必须制订有针对性、实效性的（ ）。
A. 施工技术指标　　B. 施工进度计划
C. 节约材料措施　　D. 安全技术措施和专项方案

22. 从事特种作业人员必须年满（ ）周岁。
A. 18　B. 20　C. 22　D. 24

23. 开关箱与用电设备的水平距离不宜超过（ ）。
A. 1m　B. 2m　C. 3m　D. 4m

24. 施工现场用电工程中，PE 线的重复接地点不应少于（ ）。
A. 一处　B. 二处　C. 三处　D. 四处

25. 安全带应（ ），注意防止（ ）。
A. 高挂低用，摆动碰撞　　B. 高挂低用，串联使用
C. 高挂高用，摆动使用　　D. 低挂低用，摆动碰撞

26. 为防止风机、水泵等振动所采用的隔振、减振措施，同时可以起到降低或减少（ ）危害的作用。
A. 高温　B. 噪声　C. 碰撞　D. 辐射

27. 事故调查组应当自事故发生（ ）日内调教事故调查报告。
A. 45　B. 60　C. 30　D. 90

28. 应急演练分为（ ）
A. 实地演练　B. 模拟演练　C. 桌面演练　D. 现场演练

29. 环境管理体系是（ ）
A. ISO 19000　B. ISO 14000　C. ISO 28000　D. ISO 18000

(二) 多项选择题

1. 企业必须建立的基本制度包括：（ ）。
A. 安全生产责任制　　B. 安全生产定期检查
C. 安全技术措施　　D. 安全生产培训和教育
E. 应急保障制度

2. 安全生产管理的目标是（ ）。
A. 减少和控制危害　　B. 减少和控制事故
C. 减少人员伤亡　　D. 降低事故损失
E. 尽量避免生产过程中由于事故所造成的人身伤害、财产损失、环境污染以及其他损失

3. 施工安全技术保证由（ ）部门组成。
A. 专项工程　B. 专项技术　C. 专项管理　D. 专项治理　E. 工程技术

4. 施工安全技术措施的主要内容包括（ ）。
A. 一般工程安全技术措施　　B. 特殊工程施工安全技术措施

C. 季节性施工安全措施　　　　　　D. 气候性施工安全措施

E. 环境性施工安全措施

5. 施工中"四口"所指内容是（　　）。

A. 楼梯口　　　B. 楼洞口　　　C. 预留洞口

D. 通道口　　　E. 电梯井口

6. 安全检查的类型包括（　　）。

A. 季度性　　　B. 日常性　　　C. 节假日检查　D. 不定期　　　E. 常规

7. 施工安全技术措施的编制，对于针对性地体现主要考虑（　　）等方面。

A. 不同工程的特点可能造成施工的危害，从技术上采取措施，消除危险，保证施工安全。不同的施工方法，可能给施工带来不安全因素，从技术上采取措施，保证安全施工

B. 使用的各种机械设备、变配电设施给施工人员可能带来危险因素，从安全保险装置等方面采取的技术措施

C. 针对施工现场及周围环境，可能给施工人员或周围居民带来危害，以及材料、设备运输带来的不安全因素，从技术上采取措施，予以保护

D. 施工中有毒有害、易燃易爆等作业，可能给施工人员造成的危害，从技术上采取措施，防止伤害事故

E. 为确保安全，对于采用的新工艺、新材料、新技术和新结构，制定有针对性的、行之有效的专门安全技术措施

8. 职业安全健康管理体系的运行模式可以追溯到一系列的系统思想，最主要的是PDCA概念，分别是（　　）。

A. 策划　　　B. 实施　　　C. 评价　　　D. 改进　　　E. 分析

9. 根据有关法律规定，发生生产安全事故后，应当立即成立事故调查组。事故调查组的主要职责是（　　）。

A. 决定参加单位和人员

B. 查明事故原因和性质

C. 确定事故责任，提出对事故责任者的处理建议

D. 提出防止事故发生的措施建议

E. 提出事故调查报告

10. "四不放过"原则是（　　）。

A. 事故原因没有查清楚不放过

B. 事故责任者没有受到处理不放过

C. 群众没有受到教育不放过

D. 防范措施没有落实不放过

E. 事故责任没有调查清楚不放过

11. 手工电弧焊作业场所中，电弧焊操作工人可能接触的化学性职业危害因素主要有（　　）。

A. 电焊烟尘　　　　　　　　　　B. 焊条药皮中主要金属的氧化物

C. 紫外线　　　　　　　　　　　D. 噪声

E. 苯

12. 施工中对高处作业的安全技术设施发现有缺陷和隐患时，下列处置措施正确的是

（　　）。

A. 发出整改通知单　　B. 必须及时解决

C. 悬挂安全警告标志　　D. 危及人身安全时，必须停止作业

E. 追究原因

13. 进行交叉作业，（　　）严禁堆放任何拆下物件。

A. 基坑内　　B. 楼层边口　　C. 脚手架边缘

D. 电梯井口　　E. 通道口

14. 在下列哪些部位进行高处作业必须设置防护栏杆（　　）。

A. 基坑周边

B. 雨篷、挑檐边

C. 无外脚手的屋面与楼层周边

D. 料台与挑平台周边

E. 有外脚手的屋面与楼层周边

15. 总配电箱电器设置种类的组合应是（　　）。

A. 隔离开关、断路器、漏电保护器

B. 隔离开关、熔断器、漏电保护器

C. 隔离开关、断路器、熔断器、漏电保护器

D. 隔离开关、断路器

E. 断路器、漏电保护器

16. 在涂刷各种防腐涂料作业时，必须根据（　　）场地大小，采取多台抽风机把苯等有害气体抽出室外，以防止急性苯中毒。

A. 露台　　B. 地面

C. 通风不良的车间　　D. 通风不良的地下室

E. 通风不良的防水池内

17. 下列（　　）火灾不能用水扑救。

A. 碱金属　　B. 高压电气装置

C. 硫酸　　D. 油毡

E. 熔化的钢水

18. 建筑工地常备的消防器材有（　　）。

A. 沙子　　B. 水桶　　C. 铁锹

D. 灭火器　　E. 水池

19. 消防安全责任制度主要有（　　）。

A. 消防安全制度和安全操作规程　　B. 防火档案

C. 防火安全检查　　D. 消防安全培训

E. 建立义务消防队

（三）判断题（正确填 A，错误填 B）

1. 施工总承包方是工程施工的总执行者和总组织者，它除了完成自己承担的施工任务以外，还负责组织和指挥它自行分包的分包施工单位，但业主指定的分包施工单位的施工不由他们负责。（　　）

2. 对大中型项目工程、结构复杂的重点工程除了必须在施工组织总体设计中编制施工安全技术措施外，还应编制单位工程或分部分项工程安全技术措施。（　）

3. 四级风力及其以上应停止一切吊运作业。（　）

4. 攀登和悬空高处作业人员以及搭设高处作业安全设施的人员，必须经过上岗培训，并定期进行体格检查。（　）

5. 施工现场用电工程的二级漏电保护系统中，漏电保护器可以分设于分配电箱和开关箱中。（　）

6. 需要三相五线制配电的电缆线路必须采用五芯电缆。（　）

7. 施工现场停、送电的操作顺序是：送电时，总配电箱→分配电箱→开关箱；停电时，开关箱→分配电箱→总配电箱。（　）

8. 氧气瓶应设有防震圈和安全帽。（　）

9. 建设项目的职业病防护设施应按照规定与主体工程同时投入生产和使用。（　）

10. 吊钩由于长期使用产生剥裂，必须对其焊接修补后方可继续使用。（　）

（四）计算题或案例分析题

【题一】 某市建筑装潢公司油漆工吴某、王某二人将一架无防滑包脚的竹梯放置在高3米多的大铁门上。吴某爬上竹梯用喷枪向大门喷油漆，王某在下面扶梯子。工作一段时间油漆不够，吴某叫王某到存放油漆点调油漆，吴某在梯上继续工作。突然竹梯失重向右侧滑倒，导致吴某（未戴安全帽）坠落后脑着地，经送医院抢救无效死亡。

1. 造成事故的原因是（　　）。（多项选择题）

A. 竹梯底部无防滑措施，竹梯直接搭在铁门上，无固定成防倾倒措施

B. 未戴安全帽，个人未采取防高空坠落措施

C. 王某离开，无监护人，造成不能及时抢救

D. 准备工作不充分

E. 没有设置正规的脚手架

【题二】 某施工现场，一工人徒手推一运砖小铁车辗过一段地面上的电焊机电源线（电缆），一声爆裂，该工人倒地身亡。

1. 造成事故的主要原因是（　）。（多项选择题）

A. 小车将电缆线辗断，电缆破皮漏电，工人手扶小铁车触电死亡

B. 电焊机的开关箱中无漏电保护器或漏电保护器失灵

C. 电焊机电源电缆线不应覆设在地面上，应埋地或架设

D. 工人安全意识淡薄，未对电缆采取防护措施。工人未戴绝缘手套

E. 事故责任因工人疏忽大意，故责任自负

【题三】 某12层高的公寓工程，在建筑物的四周搭设了一道高40m的封圈型扣件式钢管外脚手架，外装修以后，需将脚手架拆除。拆除时，工人将拆下来的构配件随手往地面抛掷，当拆到30m高时，往下掷一根钢管，刚好打在路过此处戴着安全帽的施工员头上，安全帽破碎，施工员当场死亡。

1. 事故发生的原因是（　　）。（多项选择题）

A. 违反了拆除脚手架时构配件严禁抛掷地面的规定，未采用滑道等专用措施

B. 编制专项拆除方案但是交底不到位

C. 拆除脚手架没有设置警戒区域

D. 无专人监护

E. 安全帽质量问题

【题四】 各项目部必须建立健全施工现场的安全验收制度。

1. 举例你所熟悉的安全验收内容。（ ）（多项选择题）

A. 模板支撑　　　　　　　　B. 基坑支护

C. 脚手架安装、拆除　　　　D. 临电验收

E. 土方回填

【题五】 安全技术交底制度是?

1. 安全技术交底包括哪些内容（ ）。（多项选择题）

A. 分部分项工程概况

B. 资源配置

C. 文明施工和环境管理的要求和措施

D. 施工人员应注意的安全事项

E. 工程量清单

【题六】 某厂房消防工程管道施工过程中，因暑热难当，工地采取上早晚两头班的预防高温的措施，当天管道班班长沙某安排管道工彭某、焊工王某、监护配合人徐某对该项目1号建筑1FC/㉒～㉓轴安装出错的消防水管“三通”进行返工。三人晚上19时开始工作，先在地面做配管等准备，23时左右彭某与王某登上4米高底部装有胶轮的移动式钢架操作平台，由焊工王某气割下原安装规格出错的“三通”。在王某将新“三通”点焊几点初步就位后，就把电焊钳往消防水管上一挂，左手扶住消防水管，右手取“线锤”递给彭某，由彭某攀趴在消防水管上进行管口对接的校对工作；此时电焊钳在重力作用下自动往下滑移，焊条头触及钢架操作平台，致使钢架操作平台带电；又由于暑天高温，二人作业时浑身都被汗水湿透，致使二人触电。因彭某上身攀趴在消防水管上，触电后身体就趴倒在消防水管上：王某因焊工的工作鞋、工作服绝缘性能相对较好，扶在消防水管上的右手挣脱后，就抓着气割皮管跳下至地面，随即切断电源，彭某身体从消防水管上滑坠下来，被地面负责监护的徐某托住后紧急进行人工呼吸急救，随即送往就近医院抢救，经抢救无效死亡。做出事故原因分析及预防事故重复发生的措施。

1. 事故发生的直接原因是（ ）。（单项选择题）

A. 电焊搭住消防管　　　　　B. 彭某从消防管上滑坠下来

C. 作业过程中发生触电　　　D. 高温作业

2. 事故接引原因分析：（ ）。（多项选择题）

A. 电焊机未加装二次降压保护器

B. 电焊工及管工作业的钢质操作平台上未垫橡胶垫进行绝缘保护

C. 作业人员没有穿绝缘鞋和戴绝缘手套

D. 现场安全管理不到位，对电焊机使用存在的安全隐患未能及时发现并整改

E. 事故应急措施不完善

3. 预防事故重复发生的措施：（ ）。（多项选择题）

A. 电焊机必须加装触电保护器

B. 加强对电焊工等特种作业人员专业安全教育，严格按照安全操作规程施工

C. 现场要采取通风等防暑降温措施

D. 杜绝违章操作

E. 杜绝高温作业

【题七】 2003年12月16日早上7时30分，某联合厂房工地施工队现场队长分派电工王某、孙某、黄某三人到联合厂房屋面进行屋顶风机电源管施工。上午9时10分，王某在屋顶上煨弯电线管时，一只脚踩在电线管上，一只脚踩在煨弯器上，由于用力不当，身体失去平衡摔倒在屋面采光板上，采光板受力后，固定点破裂，在人体的重压下采光板一端出现一个洞，王某顺势就从洞口坠落到联合厂房Ⓒ轴/⑧～⑨轴间的吊车梁上，坠落高度为5.45m，头部受伤，经抢救无效死亡。作出事故原因分析及预防事故重复发生的措施。

1. 事故直接原因分析：(　　)。(单项选择题)

A. 不当施工操作　　B. 高空坠落

C. 头部受伤，抢救无效死亡　　D. 安全设施不到位

2. 事故间接原因：(　　)。(多项选择题)

A. 作业人员未戴安全帽，高处作业时未使用安全带

B. 施工队队长在没有接到总包施工指令的情况下，在6级大风天气违章安排人员进行施工作业，且没有进行相应的安全技术交底和采取相应的安全防范措施

C. 施工现场安全监管不到位，未能及时发现并制止违章指挥和工人违章作业（不戴安全帽、高处作业不使用安全带）的行为

D. 采光板存在质量问题

E. 作业人员没有掌握施工技巧

3. 预防事故重复发生的措施：(　　)。(多项选择题)

A. 加大检查力度，发现隐患及时整改，杜绝违章指挥、违章作业行为

B. 加强对施工现场所有作业人员的安全教育，提高自我保护能力和安全生产意识，正确使用个人防护用品

C. 严格把好方案、安全技术交底关，杜绝所有在无方案、无安全技术交底情况下作业的行为

D. 避免高处作业

E. 完善应急事故处理预案

第14章　施工项目信息管理

(一) 单项选择题

1. (　　) 是指项目经理部以项目管理为目标，以施工项目信息为管理对象，所进行的有计划地收集、处理、储存、传递、应用各类各专业信息等一系列工作的总和。

A. 施工项目资料管理　　B. 施工项目信息管理

C. 施工项目软件管理　　D. 施工项目文件管理

三、参考答案

专业施工技术

第1章　设备安装工程

(一) 单项选择题

1. C; 2. C; 3. C; 4. D; 5. A; 6. B; 7. B; 8. A; 9. C; 10. C; 11. B; 12. A; 13. C; 14. A; 15. B; 16. B; 17. C; 18. D; 19. A; 20. B; 21. B; 22. D; 23. C; 24. C; 25. D; 26. C; 27. D; 28. D; 29. B; 30. B; 31. D; 32. C

(二) 多项选择题

1. ABCD; 2. ABDE; 3. ABC; 4. CDE; 5. BCD; 6. ABD; 7. AC; 8. AB; 9. ACDE; 10. ABCD; 11. ACD; 12. AD

(三) 判断题

1. B; 2. A; 3. B; 4. B; 5. A; 6. A; 7. A; 8. B; 9. B; 10. A; 11. B; 12. B; 13. A; 14. A; 15. A; 16. A; 17. B

第2章　管道及消防安装工程

(一) 单项选择题

1. C; 2. A; 3. C; 4. A; 5. D; 6. B; 7. C; 8. A; 9. C; 10. D; 11. A; 12. C; 13. B; 14. A; 15. D; 16. B; 17. D; 18. D; 19. B; 20. B; 21. D; 22. C; 23. C; 24. B; 25. D; 26. A; 27. C; 28. C; 29. B; 30. D; 31. B; 32. C; 33. C; 34. C; 35. C; 36. A; 37. A; 38. C; 39. C; 40. C; 41. D; 42. D; 43. B; 44. C; 45. D; 46. C; 47. C; 48. C; 49. D; 50. C; 51. A; 52. B; 53. C; 54. C; 55. D; 56. C; 57. A; 58. D; 59. A; 60. B; 61. B; 62. D; 63. D; 64. C; 65. C; 66. C; 67. C; 68. C; 69. D; 70. A; 71. D; 72. A; 73. C; 74. C; 75. B; 76. C; 77. A; 78. C; 79. C; 80. B

（二）多项选择题

1. ABC；2. BC；3. ABCDE；4. ABCD；5. CD；6. BDE；7. ABE；8. BDE；9. ABD；10. ABCD；11. ACDE；12. ABCDE；13. ABCDE；14. ABCD；15. ABCD；16. ABDE；17. ABCDE；18. ABDE；19. ABCE；20. ABCDE；21. ABCDE；22. ABCDE；23. ABCDE；24. ABCD；25. AB；26. ABCDE；27. ABCDE；28. ABC；29. ABCD；30. ABCDE

（三）判断题

1. B；2. A；3. A；4. B；5. A；6. B；7. A；8. A；9. A；10. A；11. A；12. A；13. A；14. A；15. A；16. B；17. B；18. A；19. A；20. A；21. B；22. A；23. B；24. B；25. A；26. B；27. A；28. A；29. B；30. B

（四）计算题或案例分析题

【题一】

1. ABC；2. D；3. D；4. C；5. A

【题二】

1. BC；2. A；3. ABE；4. C；5. B；6. A；7. D；8. B；9. C

【题三】

1. A；2. B；3. C；4. B；5. B

【题四】

1. B；2. A；3. D；4. A；5. A

第3章　通风与空调安装工程

（一）单项选择题

1. C；2. A；3. C；4. C；5. B；6. B；7. A；8. B；9. D；10. B；11. B；12. C；13. D；14. D；15. A；16. A；17. A；18. B；19. C；20. B；21. B；22. D；23. C；24. A；25. C；26. B；27. C；28. C；29. A；30. A；31. B；32. A；33. D；34. B；35. A；36. A；37. A；38. B；39. B；40. B；41. A；42. B；43. A；44. D；45. C；46. A；47. D；48. B；49. A；50. D；51. B；52. B；53. C

（二）多项选择题

1. CDE；2. BDE；3. ABCE；4. ACE；5. ACDE；6. ABC；7. AD；8. ACD；9. ABCD；10. ABC；11. ACDE；12. ABCDE；13. ABCDE；14. ABCD；15. ABCE；16. ABDE；17. ABCD；18. ABE；19. ABCD；20. ABCDE；21. ABCDE；22. ABCD；23. ABCD

（三）判断题

1. A；2. B；3. A；4. B；5. A；6. B；7. A；8. A；9. A；10. A；11. A；12. A；13. A；14. A；15. B；16. A；17. A；18. A；19. A；20. A；21. A；22. B

（四）计算题或案例分析题

【题一】

1. B；2. D；3. A；4. ADE；5. CDE

【题二】

1. A；2. BD；3. BC；4. A；5. D

第4章 建筑电气工程安装

（一）单项选择题

1. B；2. B；3. D；4. A；5. B；6. B；7. D；8. B；9. B；10. B；11. A；12. D；13. B；14. B；15. A；16. D；17. B；18. B；19. D；20. B；21. D；22. D；23. D；24. C；25. A；26. B；27. B；28. C；29. C；30. D；31. C；32. B；33. C；34. C；35. A；36. C；37. B；38. C；39. D；40. C；41. C；42. A；43. C；44. D；45. B；46. C；47. D；48. C；49. D；50. B

（二）多项选择题

1. ABCD；2. ABCD；3. BCDE；4. BCD；5. ACE；6. ABC；7. BDE；8. ABCD；9. ABCD；10. ABCD；11. ABCD；12. ABCD；13. AB；14. ABCD；15. ABCD；16. ABCD；17. AB；18. ABCD；19. ABCD；20. ABC

（三）判断题

1. B；2. B；3. A；4. A；5. B；6. A；7. B；8. A；9. B；10. A；11. B；12. B；13. A；14. B；15. A；16. B；17. B；18. A；19. A；20. B

（四）计算题或案例分析题

【题一】

1. B；2. B；3. C；4. C；5. D

【题二】

1. C；2. B；3. B；4. C；5. B

【题三】

1. C；2. D；3. D；4. C；5. B

【题四】

1. D；2. C；3. B；4. D；5. A

【题五】

1. D；2. B；3. B；4. C；5. D

第5章　自动化仪表安装工程

（一）单项选择题

1. A；2. A；3. A；4. A；5. C；6. D；7. B；8. C；9. B；10. B；11. A；12. B；13. B；14. C；15. B；16. B；17. C；18. A；19. A；20. A；21. A；22. B；23. A；24. A；25. A；26. C；27. A；28. C；29. B；30. C；31. A；32. A；33. A；34. A；35. B；36. A；37. A；38. B；39. C；40. A；41. B；42. A；43. A；44. C；45. A；46. C；47. B；48. D；49. C；50. B

（二）多项选择题

1. AB；2. AB；3. AC；4. ABC；5. ABCDE；6. ABC；7. AB；8. ABCD；9. ABC；10. ABCD

（三）判断题

1. B；2. B；3. B；4. B；5. B；6. A；7. A；8. A；9. A；10. B

第6章　建筑智能化安装工程

（一）单项选择题

1. A；2. A；3. C；4. C；5. C；6. A；7. D；8. B；9. C；10. C；11. A；12. C；13. A；14. A；15. C；16. D；17. B；18. B；19. A；20. B

（二）多项选择题

1. ABC；2. CD；3. ABCD；4. ABC；5. ABC；6. ABCD；7. ABCD；8. ABCD；9. ABCD；10. ABCDE；11. ABC；12. ABCDE；13. ABCDE；14. ABCDE；15. ABCDE；16. ABC；17. ABC；18. ABCDE；19. AB；20. ABC

（三）判断题

1. A；2. B；3. A；4. B；5. B；6. A；7. A；8. B；9. B；10. B；11. B；12. B；13. A；14. A；15. A；16. A；17. B；18. A；19. B；20. A

（四）计算题或案例分析题

【题一】

1. B；2. B；3. C；4. ABCD；5. D

【题二】

1. ABC；2. B；3. A；4. C；5. A

【题三】

1. B；2. D；3. D；4. A；5. B

【题四】

1. B；2. B；3. D；4. A；5. D

【题五】

1. A；2. B；3. A；4. A；5. ABCDE

第7章　电梯安装工程

(一) 单项选择题

1. D；2. B；3. A；4. B；5. C；6. C；7. C；8. A；9. B；10. B；11. A；12. B；13. B；14. A；15. C；16. B；17. C；18. D；19. C；20. B；21. A；22. A；23. B；24. C；25. C；26. C；27. A；28. D；29. A；30. C；31. A；32. D；33. D

(二) 多项选择题

1. ABCD；2. ABC；3. ABCD；4. AC；5. AB；6. ABC；7. ABCD；8. ABCD；9. ABC

(三) 判断题

1. B；2. A；3. B；4. B；5. B；6. A；7. B；8. A；9. A；10. B；11. A；12. B；13. A；14. A；15. A；16. A；17. A

第8章　防腐绝热工程

(一) 单项选择题

1. D；2. B；3. C；4. A；5. B；6. C；7. D；8. D；9. A；10. C；11. A；12. D；13. A；14. A；15. C；16. D；17. A；18. D；19. B；20. D；21. C；22. C；23. B；24. B；25. C

(二) 多项选择题

1. ABCD；2. ABCD；3. ABC；4. ABC；5. BCD；6. ABCD；7. ABCD；8. ABD；9. ABCD；10. BCD

(三) 判断题

1. A；2. B；3. A；4. B；5. A；6. A；7. A；8. B；9. A；10. A

施工项目管理

第9章　施工项目管理概论

9.1　施工项目管理概念、目标和任务

（一）单项选择题

1. C；2. B；3. A；4. A；5. C；6. A；7. A；8. B；9. C；10. B

（二）多项选择题

1. ABD；2. ABC；3. ABC；4. ABC；5. ABCD；6. ABC

（三）判断题

1. B

9.2　施工项目的组织

（一）单项选择题

1. A；2. B；3. B；4. C；5. C；6. A；7. C；8. A

（二）多项选择题

1. BCD；2. ABCD；3. BCDE；4. ACDE

（三）判断题

1. B；2. A；3. A

9.3　施工项目目标动态控制

（一）单项选择题

1. C；2. D；3. D；4. D；5. B；6. B

（二）多项选择题

1. ABCD；2. ABCDE

（三）判断题

1. B；2. B

9.4　项目施工监理

(一) 单项选择题

1. A；2. B

(二) 多项选择题

1. ABC；2. ABCD；3. ABCD

(三) 计算题或案例分析题

【题一】

1. ABD；2. A；3. ABCDE；4. ABD；5. C

第10章　施工项目质量管理

10.1　施工项目质量管理的基本知识

(一) 单项选择题

1. A；2. C；3. A；4. D；5. A；6. D

(二) 多项选择题

1. ABC；2. ABCD

10.2　施工项目质量控制

(一) 单项选择题

1. C；2. C；3. D；4. C；5. C；6. B；7. A；8. D；9. D；10. D；11. C；12. D

(二) 多项选择题

1. AB；2. ABCD；3. ABC；4. ABC；5. ACD

(三) 判断题

1. A；2. B；3. B；4. B；5. B；6. A；7. B

10.3　安装工程施工质量验收

(一) 单项选择题

1. B；2. C；3. A；4. D；5. C；6. B；7. A

(二) 多项选择题

1. ABCD；2. ABCDE；3. ABCD；4. ABD

(三) 判断题

1. B；2. A；3. B；4. B

10.4 施工质量事故处理

(一) 单项选择题

1. A；2. B

(二) 判断题

1. A；2. B

10.5 建筑工程施工技术资料管理（略）

10.6 工程质量保修和回访

(一) 单项选择题

1. B；2. C

(二) 判断题

1. B

10.7 质量管理体系介绍

(一) 单项选择题

1. A；2. A；3. B；4. B

(二) 判断题

1. B

第11章 施工项目进度管理

11.1 概述

(一) 单项选择题

1. A；2. A；3. A；4. C

(二) 多项选择题

1. ABC；2. ABCD；3. ABC

11.2 施工组织与流水施工

(一) 单项选择题

1. A；2. C；3. C；4. B

(二) 多项选择题

1. ABD；2. BCD

11.3 网络计划技术

(一) 单项选择题

1. A；2. B

(二) 多项选择题

1. ABDE；2. ABCD；3. CEF

(三) 判断题

1. A

11.4 施工项目进度控制

(一) 单项选择题

1. C；2. B；3. B

(二) 多项选择题

1. BC；2. CE；3. ABCD；4. ABE

(三) 计算题或案例分析题

【题一】
1. ABC；2. ABC；3. BCD；4. ABD
【题二】
1. ABC；2. ABE；3. BCD；4. ABCD；5. ABCDE

第12章 施工项目成本管理

(一) 单项选择题

1. C；2. B；3. B；4. D；5. A；6. B；7. D；8. C；9. D；10. A；11. D；12. D；

13. A；14. C；15. A；16. D；17. B；18. A；19. B；20. B；21. B；22. C；23. D；24. C；25. D；26. B；27. A；28. B；29. D；30. C；31. A；32. B；33. B；34. D；35. C；36. B；37. B；38. D；39. B；40. A；41. B；42. B；43. D；44. B；45. C；46. C；47. D；48. B；49. B；50. D

（二）多项选择题

1. BC；2. CE；3. ABCD；4. ABE；5. CDE；6. A；7. ACDE；8. ABCD；9. AC；10. BDE；11. ABDE；12. BCDE；13. ABCD；14. BCDE；15. ABCD；16. ABCD；17. ABCD；18. ABC；19. BCDE；20. ABCD

（三）判断题

1. A；2. B；3. A；4. A；5. A；6. B；7. A；8. A；9. B；10. A；11. A；12. A；13. B；14. A；15. A；16. A；17. A；18. A；19. A；20. A

第13章　施工项目安全环境管理

（一）单项选择题

1. C；2. A；3. B；4. D；5. B；6. D；7. D；8. C；9. A；10. A；11. C；12. D；13. C；14. D；15. A；16. D；17. B；18. D；19. B；20. C；21. D；22. A；23. C；24. B；25. A；26. B；27. B；28. B；29. B

（二）多项选择题

1. ABCD；2. ABE；3. ABCD；4. ABC；5. ACDE；6. BCD；7. ABCD；8. ABCD；9. BCDE；10. ABCD；11. AB；12. BD；13. BCE；14. ABCD；15. ABC；16. CDE；17. ABCE；18. ABCD；19. ABCD

（三）判断题

1. B；2. A；3. B；4. A；5. B；6. A；7. A；8. A；9. A；10. B

（四）计算题或案例分析题

【题一】

1. ABC

【题二】

1. ABCD

【题三】

1. ACD

【题四】

1. BD

【题五】

1. ABCD

【题六】

1. C；2. ABCD；3. ABC

【题七】

1. B；2. ABC；3. ABC

第14章　施工项目信息管理

(一) 单项选择题

1. B

第三部分

模 拟 试 卷

模拟试卷

第一部分　专业基础知识（共60分）

一、单项选择题（以下各题的备选答案都只有一个是最符合题意的，请将其选出，并在答题卡上将对应题号后的相应字母涂黑。共40题，每题0.5分，共20分）

1. 平行投影法中，投射线与投影面相倾斜时的投影称为（　）。

A. 中心投影法　　B. 斜投影

C. 平行投影法　　D. 正投影

2. 电气原理图阅读分析的步骤：（　）

①分析主电路；②分析控制电路；③分析辅助电路；④分析联锁与保护环节；⑤综合分析

A. ①②③④⑤　　B. ②①④③⑤

C. ②①③④⑤　　D. ②①⑤③④

3. 管径有时也用英制尺寸表示，如“*DN*25”相当于公称直径为（　）的管子。

A. 1/2in　　B. 3/5in

C. 3/4in　　D. 1in

4. 在电气工程图中导线的敷设方式一般要用文字符号进行标注，其中SC表示（　）。

A. 穿焊接钢管敷设　　B. 用塑料线槽敷设

C. 用电缆线桥架敷设　　D. 穿金属软管敷设

5. 建筑用铜管件主要连接方式为（　）。

A. 卡压　　B. 钎焊　　C. 沟槽　　D. 法兰

6. 压力式温度计测量的介质压力不能超过（　）。

A. 5MPa　　B. 6MPa　　C. 10MPa　　D. 12MPa

7. 耐火、阻燃电力电缆允许长期工作温度≤（　）℃。

A. 120　　B. 100　　C. 80　　D. 70

8. 指示仪表能够直读被测量的大小和（　）。

A. 数值　　B. 单位　　C. 变化　　D. 差异

9. 高压电器是指交流电压（　）直流电压1500V及其以上的电器。

A. 1500V　　B. 1200V　　C. 1000V　　D. 900V

10. （　）一般只应用于防排烟系统。

A. 酚醛复合风管　B. 复合玻纤板风管　C. 无机玻璃钢风管　D. 聚氨酯复合风管

11. 压缩机按压缩气体方式可分为容积型和（　）两大类。

A. 转速型　　B. 轴流型　　C. 速度型　　D. 螺杆型

12. 再沸器是静置设备中的（　）。

A. 反应设备　　B. 分离设备　　C. 换热设备　　D. 过滤设备

13. 力的三要素是力的大小、方向及（　　）。

A. 作用力　　B. 位置

C. 标高　　D. 作用点

14. 所谓（　　），是指力偶作用面为轴的横截面，它使杠轴产生扭转变形。

A. 力矩　　B. 力偶矩

C. 扭转力偶　　D. 力偶

15. 气压传动是以（　）为工作介质进行能量传递或信号传递的传动系统。

A. 液体气体　　B. 高温气体　　C. 压缩空气　　D. 低压气体

16. 向心滑动轴承中，由轴承盖、轴承座、轴瓦和连接螺栓等组成的是（　）。

A. 整体式　　B. 调心式　　C. 剖分式　　D. 推力式

17. 起重机交付使用前，必须进行静态和动态试验。动态试验荷载为额定荷载的（　）倍。

A. 1.05　　B. 1.10　　C. 1.15　　D. 1.25

18. 以下不属于吊装方案编制内容是（　）。

A. 吊装方案编制的主要依据

B. 施工步骤与工艺岗位分工

C. 按方案选择的原则、步骤，进行比较、选择，并得出结论，确定采用的方案

D. 临时用电布置

19. 关于焊接工艺评定报告，正确的说法是（　　）。

A. 焊接工艺评定报告可直接指导生产

B. 同一份焊接工艺评定报告可作为几份焊接工艺卡的依据

C. 焊接细则卡是简单地重复焊接工艺评定报告

D. 同一份焊接工艺卡必须来源于一份焊接工艺评定报告

20. 下列选项中，对焊接质量没有直接影响的环境因素是（　　）。

A. 风　　B. 噪声　　C. 温度　　D. 湿度

21. 下列物体属于非牛顿流体的是（　）。

A. 水　　B. 酒精　　C. 空气　　D. 油漆

22. 我们把实现热能和机械能相互转化的媒介物质（　　）。

A. 工质　　B. 热源　　C. 冷源　　D. 热能

23. 流动阻力与水头损失的大小取决于（　）。

A. 流速　　B. 流量　　C. 过水面积　　D. 流道的形状

24. 圆管层流流量变化与（　　）。

A. 黏度成正比　　B. 管道半径的平方成正比

C. 压降成反比　　D. 黏度成反比

25. 周期 T、频率 f、角频率 ω 三者间内在的联系是（　　）。

A. $\omega=\pi T=\pi/f$　　B. $\omega=\pi f=\pi/T$

C. $\omega=2\pi T=2\pi/f$　　D. $\omega=2\pi f=2\pi/T$

26. 测量高电压、大电流时使用的一种特殊的变压器叫做（　）。

A. 心式变压器　B. 仪用变压器　C. 电焊变压器　D. 电炉变压器

27. 电动机启动方式没有（　）。

A. 直接启动　B. 降压启动　C. 并电抗器启动　D. 软启动

28. 不属于常用的低压开关设备有：（　）。

A. RN 型熔断器　B. 刀开关　C. 刀熔开关　D. 负荷开关

29. 以建筑物或构筑物各个分部分项工程为对象编制的定额是（　）。

A. 施工定额　B. 预算定额　C. 概算定额　D. 概算指标

30. 按照我国有关规定，预付款的预付时间应不迟于约定的开工日期前（　）天。

A. 6　B. 7　C. 8　D. 9

31. 下列不属于材料消耗定额的是（　）。

A. 主要材料　B. 周转性材料　C. 技术材料　D. 零星材料

32. 下列关于施工图预算价格的说法错误的是（　）。

A. 是按照施工图纸在工程实施前所计算的工程价格

B. 是按照主管部门统一规定的预算单价、取费标准、计价程序计算得到的计划中的价格

C. 是根据企业自身的实力和市场供求及竞争状况计算的反映市场的价格

D. 是按照招标文件编制的商务价格

33. 我国目前实行的工程量清单计价采用的综合单价是部分费用综合单价，即不完全费用综合单价。单价中未包括措施费、其他项目费、规费和（　）。

A. 风险费　B. 管理费　C. 利润　D. 税金

34. 燃气管道应涂以何种颜色的防腐识别漆（　）。

A. 红色　B. 蓝色　C. 黄色　D. 绿色

35. 工程量清单的组成不包括（　）。

A. 措施项目清单　B. 规费项目清单　C. 分部工程量清单　D. 税金项目清单

36. 按照现行规定，下列哪项费用不属于材料费的组成内容（　）。

A. 运输损耗费　B. 检验试验费

C. 材料二次搬运费　D. 采购及保管费

37. 招标人与中标人应当自中标通知发出之日（　）内，按招标文件和中标人的投标文件订立书面合同。

A. 40 天　B. 30 天　C. 50 天　D. 20 天

38. 下列不属于工程问题的四类措施的是（　）。

A. 问题的处理　B. 技术措施

C. 经济措施　D. 合同措施

39. 按事故的伤害程度区分，伤亡事故可分为（　）。

A. 轻伤、重伤、死亡　B. 轻伤、重伤、重大伤亡

C. 轻伤、重伤、死亡、重大伤亡　D. 轻伤、重伤、严重伤亡

40. 施工现场搅拌机、混凝土输送泵及运输车辆清洗等产生的废水应（　）。

A. 根据施工方便就近排放　B. 直接排入市政排水管网或河流

C. 直接排出场外　D. 通过现场沉淀池后排入市政排水管网

二、多项选择题（以下各题的备选答案都两个或两个以上是最符合题意的，请将它们选出，并在答题卡上将对应题号后的相应字母涂黑。共多选、少选、错选均不得分。共20题，每题1分，共20分）

41. 平面图是表示管道平面布置的图样，通过识读平面图可达到的目的是（　　）。

A. 了解建筑物的基本构造、轴线分布及有关尺寸

B. 了解设备编号、名称、平面定位尺寸、接管方向及其标高

C. 掌握各条管线的编号、平面位置、介质名称、管子及管路附件的规格、型号、种类、数量

D. 管道支架的形式作用，数量及其构造

E. 掌握控制点的状况

42. 平面控制网建立的测量方法有（　　）。

A. 水平角测量法　B. 三角测量法　C. 竖直角测量法

D. 三边测量法　E. 导线测量法

43. 玻璃棉作为常用的隔热材料，具有（　　）优点。

A. 密度小　B. 导热系数小　C. 不燃烧

D. 无粉尘　E. 耐腐蚀

44. 以下（　　）种类的电力电缆能承受机械外力作用，且可承受相当大的拉力，可敷设在竖井内、高层建筑的电缆竖井内，且适用于潮湿场所。

A. VLV型　B. VLV22型　C. VV22型

D. VLV32型　E. VV32型

45. 灯具的分类按安装方式可分为（　　）。

A. 嵌入式　B. 移动式　C. 明装式

D. 固定式　E. 吸顶式

46. 在机械设备中最常见的传动件有（　　）。

A. 轴承　B. 轴　C. 键　D. 离合器　E. 联轴器

47. 电工测量仪器仪表中的指示仪表按工作原理可分为磁电系、（　　）等。

A. 直流系　B. 电磁系　C. 电动系　D. 感应系

E. 静电系

48. 静置设备按设备在生产工艺过程中的作用原理分为（　　）等几类。

A. 反应设备　B. 换热设备　C. 分离设备　D. 压力设备

E. 储存设备

49. 下列关于面积矩说法正确的是（　　）。

A. 某图形对某轴的面积矩若等于零，则该轴必通过图形的形心

B. 图形对于通过形心的轴的面积矩恒等于零

C. 形心在对称轴上，凡是平面图形具有两根或两根以上对称轴则形心C必在对称轴的交点上

D. 某图形对某轴的面积矩若等于零，则该轴垂直于该图形

E. 图形对于通过形心的轴的面积矩不一定为零

50. 起重机包括：（　　）。

A. 自行式起重机　　　　　　　　B. 塔式起重机
C. 门座式起重机　　　　　　　　D. 桅杆式起重机
E. 叉车

51. 主要用于检测焊缝表面缺陷的检测方法有：（　）。
A. 渗透探伤　B. 超声波探伤　C. 声发射试验　D. 射线探伤
E. 磁性探伤

52. 属于流体静压强的特性的是（　）。
A. 垂向性　　B. 各向等值性　　C. 稳定性
D. 恒定性　　E. 黏性

53. RLC 串联电路根据阻抗角 φ 为正、为负、为零的 3 种情况，将电路分为（　）。
A. 电压性电路　B. 感性电路　C. 容性电路
D. 电阻性电路　E. 电流性电路

54. 自动控制系统根据系统元件的属性可分为（　）。
A. 机电系统　B. 前馈系统　C. 液动系统
D. 气动系统　E. 分程系统

55. 施工机械使用费是指施工机械作业发生的（　）。
A. 机械使用费　B. 机械安拆费　C. 场外运费
D. 机械折旧费　E. 运输损耗费

56. 单位工程施工图预算的编制方法包括（　）。
A. 单价法　B. 清单计价法　C. 实物法
D. 综合单价法　E. 合同计价法

57. 综合单价应包括人工费、材料费、机械费、（　），并考虑风险因素。
A. 材料购置费　B. 利润　C. 税金　D. 管理费
E. 利润

58. 下列关于合同价格分析中正确的是（　）。
A. 合同所采用的计价方法及合同价格所包括的范围
B. 工程计量程序，工程款结算方法和程序
C. 合同价格的调整，即费用索赔的条件、价格调整方法、计价依据、索赔有效期规定
D. 拖欠工程款的合同责任
E. 对合同中明示的法律应重点分析

59. 施工现场固体废物的治理方法有（　）。
A. 无害化　　B. 安定化　　C. 回收化
D. 减量化　　E. 运输化

60. 关于爱岗敬业的说法中，你认为正确的是（　）。
A. 爱岗敬业是现代企业精神
B. 现代社会提倡人才流动，爱岗敬业正逐步丧失它的价值
C. 爱岗敬业要树立终生学习观念
D. 发扬螺丝钉精神是爱岗敬业的重要表现

E. 爱岗敬业就是要以企业为家，多加班

三、判断题（以下各题对错，并在答案卡上将对应题号后的相应字母涂黑。正确的涂A，错误的涂B。共16题，每题0.5分，共8分）

61. 室外给水排水图按平面图→管道节点图→管道纵横剖面图的顺序进行读图，读图时注意分清管径、管件和构筑物，以及它们间的相互位置关系、流向、坡度坡向、覆土等有关要求和构件的详细长度、标高等。（ ）

62. 设备安装测量时，最好使用一个水准点作为高程起算点。当厂房较大时，可以增设水准点，但其观测精度应提高。（ ）

63. 圆形密闭式多叶调节阀的流通性、密闭性和调节性优于国标，广泛应用于工业与民用建筑通风空调及净化空调。（ ）

64. 碳素结构钢具有良好的塑性和韧性，易于成型和焊接，常以冷轧态供货，一般不再进行热处理，能够满足一般工程构件的要求，所以使用极为广泛。（ ）

65. 锻压设备按传动方式的不同，分为曲柄压力机、旋转锻压机和螺旋压力机。（ ）

66. 气压传动是以压缩空气为工作介质进行能量传递或信号传递的传动系统。它工作介质是空气，来源方便；传递运动平稳、均匀但噪声较大。（ ）

67. 电工测量仪器仪表的性能由被测量对象来决定。（ ）

68. 熔化极气体保护焊机特性是温度高、能量集中、较大冲击力、比一般电弧稳定、各项有关参数调节范围广的特点。（ ）

69. 对于液体流动问题，工程上一般采用体积流量，简称流量，实验室中常采用重量流量。（ ）

70. 高压真空断路器是利用“真空”作为绝缘和灭弧介质，具有无爆炸、低噪声、体积小、重量轻、寿命长、电磨损少、结构简单、无污染等优点，但可靠性不高、维修麻烦。（ ）

71. 招标人在工程量清单中提供的用于支付必然发生但暂时不能确定价格的材料的单价以及专业工程的金额称为暂列金额。（ ）

72. 计算风管长度时，以图注中心长度为准，不扣除管件长度，也不扣除部件所占位置长度等。（ ）

73. 投标人依据工程量清单进行投标报价，对工程量清单不负有核实的义务，具有修改和调整的权力。（ ）

74. 外部条件包括的内容不属于建设工程监理合同标准条件。（ ）

75. 节能建筑市场，即以节能建筑为交易对象的市场，其市场供方是房屋使用者，即业主，需方是开发商。（ ）

76. 道德修养必须靠自觉，要增强职业道德修养的自觉性，必须做到深刻认识职业道德和职业道德修养的重大意义。（ ）

四、计算或案例分析题（请将以下各题的正确答案选出，并在答题卡上将对应题号后的相应字母涂黑。共12分）

（一）某民用建筑工程中，空调通风系统按中压系统选用，所有空调送、回风管，新风管均采用复合风管（包括设置于管井内的）；排烟系统风管按高压系统选用，防排烟系

统风管采用镀锌钢板。(单项选择题，每题1分)

77. 传统风管镀锌钢板风管广泛用于各种空调场合，但在（　）环境下使用会使风管寿命降低。

A. 露天　B. 地下室　C. 高湿度　D. 高温

78. 适用于低、中压空调系统及潮湿环境，但对高压及洁净空调、酸碱性环境和防排烟系统不适用的为（　）。

A. 无机玻璃钢风管　B. 复合玻纤板风管　C. 酚醛复合风管　D. 玻镁复合风管

79. 易燃，且燃烧时会产生带火熔滴，释放出有毒气体的复合风管材料为（　）。

A. 复合玻纤板　B. 硬质聚氨酯发泡材料

C. 无机玻璃钢风管　D. 无机玻璃钢

80. 常用消声器中对中、高频有良好的消声效果为（　）。

A. 矩形阻抗复合式消声器　B. 末端消声器

C. 组合消声器　D. 微孔板消声器

(二) 甲单位与乙单位于2013年3月5日就某消防工程签订施工总承包合同，甲作为该工程的施工总承包单位，该工程建筑面积为20000 m^2，合同约定本工程于2013年3月15日开工，开工初期，甲需采购5吨角钢制作支架，角钢的供应价格为4100元/吨，运费为70元/吨，运输损耗0.2%，采购保管费率为1%。(单项选择题，每题2分)

81. 乙单位需最迟在（　）将工程预付款支付给甲单位。

A. 2013.3.5　B. 3013.3.8　C. 2013.3.15　D. 2013.3.20

82. 工程开工时，甲单位为施工人员支付了意外伤害保险费，这笔费用属于建筑安装工程的（　）。

A. 人工费　B. 措施费　C. 规费　D. 企业管理费

83. 购买角钢过程中，材料费不包括（　）元/吨。

A. 材料运费　B. 材料保管费

C. 材料使用费　D. 检验试验费

84. 本批角钢的预算价格为（　）元/吨。

A. 4108.2　B. 4220.12

C. 4211　D. 4178.2

第二部分　专业管理实务（共90分）

一、单项选择题（以下各题的备选答案中都只有一个是最符合题意的，请将其选出，并在答题卡上将对应题号后的相应字母涂黑。共30题，每题1分，共30分）

85. 设备基础在安装前需要进行预压，设备基础预压至（　）时，停止预压。

A. 均匀下沉　B. 基础不再下沉为止

C. 沉降不大于50mm　D. 沉降偏差不大于10mm

86. 试验用压力表的最大量程最好为试压压力的（　）倍。

A. 1.5　B. 2　C. 3　D. 4

87. 高层建筑中明敷设穿楼板排水塑料管应设置（　）或防火套管。

A. 阻火圈　　B. 防火带　　C. 防水套管　　D. 普通套管

88. 室内给水管道的水压试验，当设计未注明时，一般应为工作压力的（　　）倍。

A. 1　　B. 1.5　　C. 2　　D. 2.5

89. 生活给水系统采用气压给水设备供水时，气压水罐内的（　　）应满足管网最不利点所需压力。

A. 最高工作压力　　B. 最低工作压力

C. 平均工作压力　　D. 某一工作压力

90. 生活给水系统管道在交付使用前应（　　），并经有关部门取样检验合格方可使用。

A. 试压　　B. 满水 24 小时　　C. 吹扫　　D. 冲洗和消毒

91. 消防电话塞孔在墙上安装时，其底边距地面的高度宜为（　　）m。

A. 1.1～1.3　　B. 1.3～1.5　　C. 1.5～1.7　　D. 1.6～1.8

92. 火灾自动报警系统若采用专用接地装置时，接地电阻值不应大于（　　）Ω；若采用共用接地装置时，接地电阻值不应大于（　　）Ω。

A. 4，1　　B. 4，2　　C. 2，1　　D. 2，4

93. 矩形风管铁皮厚度选择错误的是：（　　）

A. 1000×320 排烟风管 $\delta=1.0$mm　　B. 1000×320 中压风管 $\delta=0.75$mm

C. 700×320 排烟风管 $\delta=1.0$mm　　D. 1250×320 排烟风管 $\delta=1.2$mm

94. 风管安装必须符合的规定，下列描述错误的是（　　）。

A. 风管内严禁其他管线穿越

B. 输送含有易燃、易爆气体或安装在易燃、易爆环境的风管系统应有良好的接地，通过生活区或其他辅助生产房间时可设置接口，并保证必须严密

C. 室外立管的固定拉索严禁拉在避雷针或避雷网上

D. 风管必须按材质、保温情况等合理设置支吊架

95. 采用普通薄钢板制作风管时内表面应涂防锈漆（　　）。

A. 1 遍　　B. 2 遍　　C. 3 遍　　D. 不用涂

96. 照明开关安装位置便于操作，开关边缘距门框边缘的距离（　　）m。

A. 0.15～0.2　　B. 0.2～0.25　　C. 0.3　　D. 0.4

97. 塑料电线管（PVC 电线管）根据目前国家建筑市场中的型号可分为轻型、中型、重型三种，在建筑施工中宜采用（　　）。

A. 轻型　　B. 中型　　C. 重型　　D. 中型、重型

98. 电缆桥架水平敷设时，支撑跨距一般为 1.5～3m，电缆桥架垂直敷设时，固定点间距不大于（　　）m。

A. 1　　B. 2　　C. 2.5　　D. 3

99. 以下哪一个符号代表电气转换器。（　　）

A. FE　　B. FY　　C. FT　　D. FV

100. 电磁流量计应安装在流量调节阀的上游，流量计的下游应有（　　）倍管径长度的直管段。

A. 4～5 倍　　B. 8～9 倍　　C. 10～11 倍　　D. 15～16 倍

101. 涡轮式流量变送器上游应有（　　）倍管道直径的直管段。

A. 5 倍　　B. 8 倍　　C. 10 倍　　D. 15 倍

102. 机房、井道、地坑、轿厢接地装置的接地电阻值不应大于（　　）Ω。

A. 1　　B. 2　　C. 4　　D. 8

103. 管道保温采用捆扎法施工时，铁丝间距一般为（　　）mm，每根管壳绑扎不少于两处，捆扎要松紧适度。

A. 150　　B. 200　　C. 250　　D. 300

104.（　　）是目标能否实现的决定性因素。

A. 管理　　B. 技术　　C. 经济　　D. 组织

105. 总结经验，改正缺点，并将遗留问题转入下一轮循环是 PDCA 中的（　　）阶段。

A. 计划　　B. 执行　　C. 检查　　D. 处置

106. 在质量管理的 PDCA 循环中，总结经验，纠正偏差，并将遗留问题转入下一轮循环属于（　　）。

A. 计划　　B. 实施　　C. 检查　　D. 处置

107. 在质量管理的 PDCA 循环中：其中 P 是指（　　）。

A. 计划　　B. 实施　　C. 检查　　D. 处置

108. 风管制作、风管安装分两个班组施工，责任明确，制作和安装同步进行，这种施工组织属于（　　）。

A. 依次施工　　B. 平行施工　　C. 流水施工　　D. 不清楚

109. 能够充分合理的利用工作面争取时间，减少或避免工人停工、窝工，属于(　　)。

A. 依次施工　　B. 平行施工　　C. 流水施工　　D. 不清楚

110. 施工措施费目标成本的编制，以施工图预算其他直接费为收入依据，按施工方案和施工现场条件，预计（　　）、场地清理费、检验试验费、生产工具用具费、标准化与文明施工等发生的各项费用。

A. 二次搬运费　　B. 现场水电费　　C. 场地租借费　　D. ABC

111. 施工项目目标成本的确定，人工、材料、机械的价格（　　）。

A. 按市场价取定

B. 按投标报价文件规定取定

C. 按现行机械台班单价、周转设备租赁单价取定

D. 按实际发生价取定

112. 对合同工程项目的安全生产负领导责任的是（　　）。

A. 项目经理　　B. 项目技术负责人

C. 安全员　　D. 班组长

113. 安全生产中规定，（　　）以上的高处、悬空作业、无安全设施的，必须系好安全带，扣好保险钩。

A. 2m　　B. 3m　　C. 4m　　D. 5m

114. 安全教育的主要内容不包括（　　）。

A. 安全生产思想教育　　B. 安全知识教育

C. 安全技能教育　　　　　　　　　　　D. 交通安全

二、多项选择题（以下各题的备选答案中都有两个或两个以上是最符合题意的，请将它们选出，并在答题卡上将对应题号后的相应字母涂黑。多选、少选、选错均不得分。共20题，每题2分，共30分）

115. 对于地脚螺栓安装，正确的说法是（　　）。

A. 地脚螺栓任一部分离孔壁的距离，应大于30mm

B. 地脚螺栓底端不应碰到孔底

C. 地脚螺栓在预留孔中应垂直，无倾斜

D. 预留孔中的混凝土达到设计强度的75%以上时，方可拧紧地脚螺栓

E. 活动地脚螺栓用来固定没有强烈振动和冲击的设备

116. 铸铁管道接口形式分为（　　）。

A. 水泥接口　　B. 青铅接口　　C. 焊接接口

D. 橡胶圈接口　E. 螺纹接口

117. 柔性防水套管的组成（　　）。

A. 钢制套管　　B. 翼环　　　　C. 密封圈

D. 法兰压盖　　E. 膨胀水泥

118. 下列（　　）场所宜采用快速响应喷头。

A. 公共娱乐场所、中庭环廊

B. 医院、疗养院的病房及治疗区域

C. 老年、少儿、残疾人的集体活动场所

D. 超出水泵接合器供水高度的楼层

E. 地下商业及仓储用房

119. 薄钢板法兰风管连接形式有（　　）。

A. 弹簧夹式　　B. 插接式　　　C. 顶丝卡式

D. 组合式　　　E. 铆接

120. 电气配管所用管材包括：（　　）等。

A. 焊接钢管　　B. 镀锌钢管　　C. 薄壁电线管

D. 塑料管　　　E. 不锈钢管

121. 压力仪表根据压力测量原理可分为（　　）。

A. 液柱式　　　B. 弹性式　　　C. 电阻式

D. 电容式　　　E. 电感式

122. 通信系统主要包括（　　）。

A. 用户交换设备　B. 通信线路　　C. 用户终端

D. 监控设备　　　E. 互联网

123. 钢丝绳端接装置通常有（　　）。

A. 锥套型　　　B. 自锁楔型　　C. 绳夹　　　D. 绳扣　E. 绳套

124. 常用的管道和设备表面涂漆方法有（　　）。

A. 手工涂刷　　B. 空气喷涂　　C. 静电喷涂

D. 高压喷涂　　E. 低压喷涂

125. 项目目标控制的纠偏措施主要有（   ）。

A. 组织措施　　B. 管理措施　　C. 经济措施

D. 技术措施　　E. 进度措施

126.《建筑工程施工质量验收统一标准》将建筑工程质量验收划分为（   ）几个部分。

A. 检验批　　B. 分部（子分部）

C. 分项　　D. 单位（子单位）

E. 沉降缝

127. 下列属于流水施工优点的是（   ）。

A. 连续性、均衡性好　　B. 提高劳动生产率　　C. 施工速度最快

D. 减少或避免工人窝工　　E. 节省成本

128. 计划成本对于（   ），具有十分重要的作用。

A. 降低施工项目成本

B. 建立和健全施工项目成本管理责任制

C. 控制施工过程中生产费用

D. 加强企业的经济核算

E. 加强项目经理部的经济核算

129. 安全生产管理的目标是（   ）。

A. 减少和控制危害　　B. 减少和控制事故

C. 减少人员伤亡　　D. 降低事故损失

E. 尽量避免生产过程中由于事故所造成的人身伤害、财产损失、环境污染以及其他损失

130. 下列说法正确的是（   ）。

A. 压力容器属于特种设备的范畴

B. 由于自来水中的氯离子含量较高，不能够直接进行不锈钢容器的试压

C. 压力容器安装前建设单位必须办理告知手续

D. 技术质量监督局对压力容器制造和安装都要进行监督

E. 压力容器的压力必须大于 1.6MPa

131. 屋面雨水系统按管道的设置位置和屋面的排水条件分为（   ）。

A. 内排水　　B. 外排水　　C. 檐沟排水

D. 天沟排水　　E. 密闭排水

132. 下列消声器中（   ）型式的需安装吸声材料。

A. 阻性　　B. 抗性　　C. 共振

D. 阻抗　　E. 柔性

133. 薄壁金属电线管包括（   ）。

A. 紧定式金属电线管　　B. 扣压式金属电线管

C. 不锈钢管　　D. 水煤气管

E. 铸铁管

134. 导轨架在井壁上的稳固方式有（   ）。

A. 埋入式　　　　　　　　　　　　　B. 焊接式
C. 预埋螺栓或膨胀螺栓固定式　　　　D. 对穿螺栓固定式
E. 锚固式

三、判断题（判断下列各题对错，并在答题卡上将对应题号后的相应字母涂黑。正确的涂 A，错误的涂 B。共 10 题，每题 1 分，共 10 分）

135. 风机试运转时必须拆开联轴器，启动电机，确认运转方向正确。（　　）

136. 安全阀的开启压力，一般为系统工作压力的 1.1 倍。（　　）

137. 不锈钢管道的支架不得使用碳钢型钢制作。（　　）

138. 防排烟系统的柔性短管的制作材料必须为不燃材料，空气洁净系统的柔性短管应是内壁光滑、不产生的材料。（　　）

139. 所有不同回路、不同电压和交流与直流的导线，不得穿入同一管内。（　　）

140. 电磁流量计可以测量气体介质流量。（　　）

141. 模拟信号应采用普通电线。（　　）

142. 管理措施是目标能否实现的决定性因素。（　　）

143. 对用于工程的主要材料，进场时只要有正式的出厂合格证就可以用于施工。（　　）

144. 需要三相五线制配电的电缆线路必须采用五芯电缆。（　　）

四、案例分析题（请将以下各题的正确答案选出，并在答题卡上将对应题号后的相应字母涂黑。两大题 10 小题，每题 2 分，共 20 分）

（一）某宾馆新建工程计划于 2012 年 10 月 30 日竣工，目前该工程的消防工程已基本完工，正在进行相关的调试工作。该工程在竣工验收时应如何处理以下问题？（单项选择题）

145. 关于消防系统的调试要求，下列叙述错误的是（　　）。

A. 消防工程安装完毕，应立即进行系统调试
B. 消防工程安装完毕，以建设单位为主，对固定灭火系统进行调试检验
C. 系统调试的方案制定者，要经消防专业考试合格
D. 系统调试使用的仪器应在周检有效期内

146. 消防工程验收所需资料包括：施工单位提交的竣工图、施工记录、设计变更、（　　）等。

A. 设备开箱记录　　　　　　　　　B. 质量管理制度
C. 防火安全管理方案　　　　　　　D. 旁站记录

147. 消防工程验收资料中应提供建筑消防产品等合格证明，以下哪一项不包含（　　）。

A. 合格证　　　　B. 认证证书　　　　C. 检测报告　　　　D. 验收报告

148. 消防工程全部施工完成后，施工安装单位必须委托（　　）进行技术调试，取得测试报告后，方可验收。

A. 具备资格的建筑消防设施检测单位
B. 消防验收主管单位
C. 公安机关消防机构
D. 当地技术质量监督部门

149. 消防验收应由（　　）向公安机关消防机构提出申请，要求对竣工工程进行消

防验收。

A. 建设单位　　B. 设计单位　　C. 施工单位　　D. 监理单位

（二）某施工单位承接一地下室通风空调工程，因空间狭窄，设计将排风与排烟系统两个单独的系统共用一个排出主管，风管尺寸为1200×500，新风管与消防加压风管共用一进风主风管，尺寸为800×400，管段长均为1.95m，风管材质为镀锌铁皮。

150. 设计可以将排风与排烟系统两个单独的系统共用一个排出主管。（　　）（判断题，正确涂A，错误涂B）

151. 排风与排烟系统共用一个排出主管，需要在排风管安装的阀门有（　　）。（多项选择题）

A. 调节阀　　B. 止回阀　　C. 排烟防火阀

D. 70℃防火阀　　E. 280℃防火阀

152. 新风管与消防加压风管共用一进风主风管，需要在消防加压风管安装的阀门有（　　）。（多项选择题）

A. 调节阀　　B. 止回阀　　C. 排烟防火阀

D. 70℃防火阀　　E. 280℃防火阀

153. 新风管主管道800×400的风管必须加固。（　　）（判断题，正确填A，错误填B）

154. 排风与排烟系统共用一个排出主管，风管铁皮厚度应为（　　）。（单项选择题）

A. 0.5mm　　B. 0.6mm　　C. 0.8mm　　D. 1.2mm